陕西师范大学优秀学术著作出版资助

先进陶瓷织构化及其各向异性

吴雯雯　著

化学工业出版社

·北京·

内容简介

先进陶瓷材料凭借其耐高温、耐腐蚀、高硬度等优异性能，在航空航天、能源、电子信息等高新技术领域发挥关键作用。然而，传统陶瓷材料由于固有的脆性和各向同性特征，难以满足极端环境下高温承载、定向热传导等应用场景。通过晶粒定向排列来调控陶瓷材料微观结构的织构化技术，有望实现陶瓷材料性能的定向强化。作者通过强磁场辅助烧结、热锻工艺、增材制造定向调控等先进制备方法，在 ZrB_2 基超高温陶瓷、金红石 TiO_2 等功能陶瓷中构建可控各向异性结构，使材料在特定方向上的力学、热学及电学性能得到显著提升。本书不仅系统总结了织构化陶瓷的基础理论、制备策略和典型应用，还结合 EBSD、同步辐射 X 射线断层扫描等先进表征手段，建立了“工艺-结构-性能”的定量关联，为高性能陶瓷的设计与优化提供了科学依据。此外，本书以问题为导向，贯通“基础研究-工艺开发-工程应用”全链条，为航空航天、电子信息等领域的高性能陶瓷创新提供理论工具与技术蓝图。

本书可供材料相关企业科研人员、技术人员、管理人员阅读使用，也可作为高等院校材料相关专业师生的教学参考书。

图书在版编目（CIP）数据

先进陶瓷织构化及其各向异性 / 吴雯雯著. -- 北京 ：化学工业出版社，2025. 11. -- ISBN 978-7-122-49137-4

Ⅰ. TQ174.75

中国国家版本馆 CIP 数据核字第 2025Z9X451 号

责任编辑：于　水　　　　装帧设计：韩　飞

责任校对：宋　夏

出版发行：化学工业出版社

（北京市东城区青年湖南街 13 号　邮政编码 100011）

印　　装：北京天宇星印刷厂

710mm×1000mm　1/16　印张 14¼　字数 254 千字

2025 年 11 月北京第 1 版第 1 次印刷

购书咨询：010-64518888　　　　售后服务：010-64518899

网　　址：http://www.cip.com.cn

凡购买本书，如有缺损质量问题，本社销售中心负责调换。

定　　价：148.00 元

前　言

材料科学的发展始终与人类文明的进步紧密相连。从石器时代到信息时代，每一次技术的飞跃都离不开材料性能的突破。在当今高新技术迅猛发展的背景下，材料的多功能化、高性能化需求日益迫切，而各向异性作为材料本征特性的重要维度，正成为突破传统性能瓶颈的关键切口。其中，先进陶瓷材料因其优异的耐高温、耐腐蚀、高硬度等特性，在航空航天、能源、电子信息等领域占据不可替代的地位。然而，陶瓷材料固有的脆性和各向同性特征，长期制约着其在高性能场景中的应用。如何通过材料设计突破这一局限？织构技术——这一源自金属材料研究的微观调控手段——为陶瓷材料的性能跃升提供了全新思路。《先进陶瓷织构化及其各向异性》聚焦这一前沿领域，系统阐述了通过晶粒定向排列实现陶瓷材料性能定向强化的科学原理与技术路径。

20世纪80年代，日本学者首次在氧化铝陶瓷中实现晶粒定向排列，使得材料沿特定方向的断裂韧性提升达40%，这一突破性进展揭示了织构技术的巨大潜力。此后三十年间，随着表征技术与制备工艺的进步，织构化陶瓷逐渐从实验室研究走向工程应用，在压电陶瓷、超导材料、超高温陶瓷等领域展现出革命性的应用前景。

21世纪以来，多物理场耦合技术的引入加速了织构化技术的发展。如强磁场织构法利用晶粒磁化率各向异性，在10T级强磁场中可使非磁性陶瓷（如 Al_2O_3）的晶粒取向度达85%以上。日本国立材料研究所通过磁场辅助烧结，成功制备出热导率各向异性比达15∶1的氮化硅陶瓷基板。增材制造定向调控法则利用激光选区熔化技术，通过熔池动态控制在 ZrB_2-SiC超高温陶瓷中构建出三维梯度织构，使材料在保持室温韧性的同时，1600℃高温强度提升至传统烧结体的3倍。

织构化带来的性能增益在多个维度重塑着陶瓷材料的应用边界。在结构陶瓷方面，定向排列的SiC晶粒使陶瓷基复合材料的裂纹扩展路径发生偏转，断裂功耗散效率提升70%以上；在功能陶瓷方面，织构化铋层状结构铁电陶瓷的介电和铁电性能非常显著，不同方向的电阻率和压电系数值差异可达一个数量级以上，这种各向异性为其在微波器件、传感器等领域提供了重要的性能优化空间。这种性能飞跃的背后，是织构技术对材料多层次结构的协同调控。

展望未来，各向异性陶瓷将在量子器件衬底、聚变堆第一壁材料等极端环境应用中扮演关键角色。要实现这些突破，仍需攻克若干基础科学问题：多物理场耦合下晶粒旋转的动力学机制、织构稳定性与相变行为的关联规律、跨尺度织构结构的性能耦合效应等。这些问题的解决，需要材料、物理、化学、计算科学等多学科的深度融合——而这正是本书希望推动的方向。

全书共有九章。第1章从单晶各向异性的物理本质出发，揭示多晶陶瓷织构化的科学意义，提出通过晶粒择优取向、纤维定向排列及仿生层状设计重构可控各向异性的必要性。第2章系统解析了现有陶瓷织构化技术，同时详述极图、EBSD、中子衍射等织构表征手段，建立工艺-结构-性能的定量关联。第3～6章以ZrB_2基超高温陶瓷为核心，解析其在2000℃以上极端环境中的性能需求。第7章和第8章针对5G通信与高密度储能需求，系统研究TiO_2掺杂（BN、Al^{3+}/Nb^{5+}共掺）对介电性能的调控规律。第9章总结了织构化技术在超高温承载、介电响应等领域的突破，指出跨尺度结构协同设计、极端环境原位表征等挑战。本书以问题为导向，贯通“基础研究-工艺开发-工程应用”全链条，为航空航天、电子信息等领域的高性能陶瓷创新提供理论工具与技术蓝图。

在本书出版之际，特别感谢我的博士生导师张国军教授引领我进入丰富多彩的陶瓷领域，并在我工作后持续给予关怀和鞭策；感谢刘鹏教授带领我深入精彩纷呈的电介质物理世界，并在我工作期间与我进行大量深度的讨论，为我提供诸多解决问题的思路。此外，感谢乌镇实验室、嘉兴睿创新材料有限公司王震研究员的大力支持，以及对我工作的长期鼓励与认可；感谢中国科学院上海硅酸盐研究所王佩玲研究员、阚艳梅研究员、倪德伟研究员、王新刚研究员，武汉理工大学邹冀教授以及陕西师范大学陈晓明教授、朱刚强教授、周剑平教授的关心和帮助；感谢中国科学院上海光学精密机械研究所刘海涛博士，陕西师范大学宋月婵博士以及研究生周权、刘金秋参与本书所介绍内容的研究工作，对他们的辛勤工作深表谢意！

这些年来，笔者的科研工作持续得到国家自然科学基金和陕西省自然科学基金等各类科研项目的资助，并获得陕西师范大学出版基金一类资助，一并致谢。

向书中所引用文献资料的所有作者致以诚挚的谢意！

囿于笔者的学术水平和研究视野，书中难免存在疏漏，热忱欢迎广大读者批评指正。

吴雯雯
2025年7月

目 录

第 1 章 绪论 1

1.1 结构陶瓷的力学性能突破 / 2

1.2 功能陶瓷的物理性能提升 / 3

1.3 先进陶瓷织构技术特点 / 4

第 2 章 先进陶瓷材料的织构策略及织构化结构的测量和标定 6

2.1 引言 / 6

2.2 热加工织构法 / 7

2.2.1 热压 / 7

2.2.2 热锻 / 8

2.2.3 烧结热锻 / 10

2.3 模板晶粒生长织构法 / 11

2.3.1 模板晶粒生长法 / 11

2.3.2 反应模板晶粒生长技术 / 15

2.4 定向凝固技术 / 16

2.5 冰模板法 / 17

2.6 强磁场定向织构法 / 19

2.6.1 强磁场技术 / 19

2.6.2 强磁场对物质的主要作用方式 / 19

2.6.3 强磁场下晶体取向行为的研究 / 21

2.6.4 强磁场下单个球形陶瓷晶粒取向的动力学研究 / 25

2.7 增材制造 / 29

2.7.1 电子束增材制造 / 29

2.7.2 激光增材制造 / 30

2.8 织构化结构的测定和表示 / 31

2.8.1 极图的测量原理 / 31

2.8.2 取向的表示方法 / 31

2.8.3 欧拉角 / 32
2.8.4 取向分布函数 ODF / 33
2.8.5 织构度 / 33
参考文献 / 34

第 3 章 超高温陶瓷及反应热压过程中的显微结构演变 38

3.1 引言 / 38
3.2 超高温陶瓷材料 / 39
3.2.1 超高温材料的发展历程及研究体系 / 39
3.2.2 超高温陶瓷材料的合成、制备及性能 / 43
3.2.3 ZrB_2 基超高温陶瓷的应用 / 60
3.3 ZrB_2 基超高温陶瓷烧结过程中的显微结构演化 / 62
3.3.1 ZrB_2-SiC 基超高温陶瓷的反应烧结过程 / 63
3.3.2 热压烧结制备 ZrB_2-SiC-ZrC 复相陶瓷反应过程 / 72
3.4 ZrB_2 棒晶增韧 ZrB_2-$MoSi_2$ 基超高温陶瓷 / 74
3.4.1 反应烧结 / 74
3.4.2 显微结构演化 / 78
3.4.3 ZrB_2 板晶的生长机理与显微结构演变 / 81
3.5 小结 / 86
参考文献 / 87

第 4 章 反应热压制备 ZrB_2 棒晶增韧 ZrB_2-$MoSi_2$ 超高温陶瓷及其织构化 92

4.1 引言 / 92
4.2 反应热压织构的过程 / 92
4.2.1 反应热压温度 / 92
4.2.2 $MoSi_2$ 含量和保温时间 / 94
4.2.3 反应热压总过程微结构发展路线图 / 95
4.3 反应热压制备 ZrB_2-$MoSi_2$ 基复相陶瓷的力学性能 / 97
4.3.1 $MoSi_2$ 含量 / 97
4.3.2 保温时间 / 98
4.3.3 力学性能的各向异性 / 99
4.4 热锻制备织构化 ZrB_2-$MoSi_2$ 超高温陶瓷及性能 / 101
4.4.1 热锻过程 / 101

4.4.2 微结构与织构化程度表征 / 102
4.4.3 热锻极限 / 105
4.4.4 力学性能 / 107
4.4.5 各向异性氧化 / 108
4.5 小结 / 118
参考文献 / 119

第 5 章 流延成型制备织构化 ZrB_2 基超高温陶瓷及性能 121

5.1 引言 / 121
5.2 ZrB_2 棒晶与流延膜的制备与表征 / 121
5.2.1 棒晶 ZrB_2 粉体的制备与表征 / 121
5.2.2 流延膜的制备与表征 / 123
5.3 显微结构 / 124
5.4 流延成型制备织构化陶瓷的各向异性 / 127
5.5 小结 / 129
参考文献 / 129

第 6 章 ZrB_2 基超高温陶瓷的强磁场织构 131

6.1 引言 / 131
6.2 高温强度各向异性 / 132
6.2.1 微观结构 / 132
6.2.2 室温力学强度 / 136
6.2.3 高温强度 / 136
6.3 强磁场定向制备织构化 ZrB_2 和 ZrB_2-$MoSi_2$ 陶瓷的微观结构和各向异性 / 141
6.3.1 强磁场织构 / 141
6.3.2 力学性能 / 144
6.3.3 氧化性能 / 146
6.4 小结 / 149
参考文献 / 149

第 7 章 TiO_2 基巨介电材料及其应用 152

7.1 引言 / 152
7.2 巨介电材料简介 / 152
7.2.1 电介质极化 / 152

7.2.2 介电常数和介电损耗 / 154
7.2.3 介电弛豫 / 155
7.2.4 巨介电材料的种类 / 157
7.3 掺杂调控 TiO_2 基巨介电陶瓷性能 / 162
7.3.1 BN 的引入对金红石 TiO_2 陶瓷介电性能的调控 / 164
7.3.2 BN 的引入对 Al^{3+} 与 Nb^{5+} 共掺杂金红石 TiO_2 陶瓷介电性能的调控 / 174
7.3.3 TiO_2-BN 和 TiO_2-NH_4Cl 陶瓷的微观结构与介电性能 / 182
7.4 小结 / 189
参考文献 / 190

第 8 章 织构化共掺杂 TiO_2 陶瓷的制备及其各向异性 195

8.1 引言 / 195
8.2 强磁场织构化 $(La_{0.5}Nb_{0.5})_xTi_{1-x}O_2$ 陶瓷的介电性能 / 196
8.3 强磁场织构化 $(Al_{0.5}Nb_{0.5})_xTi_{1-x}O_2$ 陶瓷的巨介电性能 / 205
8.4 不同磁场强度和磁场方向下织构化共掺杂 TiO_2 陶瓷的微观结构和性能 / 211
8.5 小结 / 217
参考文献 / 218

第❶章

绪论

材料的各向异性源于其原子或分子在空间中的非对称排列，这一特性在单晶材料中体现得尤为显著。以单晶石英为例，其弹性模量沿不同晶向的差异可达30%以上，而压电系数随晶向的变化甚至可超过3倍。这种方向依赖性不仅是晶体物理性质的固有特征，也为材料性能的定向调控提供了天然模板。自19世纪末，人们开始尝试各种方法人工生长晶体。迄今为止，已发明了几十种晶体生长的方法，如提拉法、浮区法、焰熔法、坩埚下降法、助熔剂法和水热法等。利用这些方法，人们不仅能生长自然界中已有的晶体，还能制造出自然界中没有的晶体。人工晶体具有优越的机电、压电、声光、电光和非线性光学等特性，以及良好的热稳定性和化学稳定性，被广泛地应用于信息发射、处理、传输与接收，以及电子技术、光纤通信和航天等领域，在人类科技文明的发展中发挥着重要作用。然而，单晶材料的规模化制备受限于高昂的成本与复杂的工艺，且难以满足复杂形状器件的需求。

陶瓷是大量微小单晶的集合体，相较于晶体的研制，陶瓷的研制具有周期相对较短，生产成本较低、工艺相对简单，可实现大尺寸、大批量生产等优势，是集成电路、移动通信、能源技术和国防军工等现代高新科技领域的重要基础材料。一般认为，由于微晶取向杂乱无章，陶瓷的物理性能呈现各向同性，这是晶体与陶瓷的最大区别。这一特性也导致陶瓷无法继承单晶的优异方向性能，甚至可能因晶界弱化而带来脆性加剧等缺陷。为突破这一局限，陶瓷织构技术应运而生：通过控制晶粒的择优取向或引入定向增强相，在多晶体系中重建可控的各向异性，从而在保留陶瓷良好可加工性的同时，赋予其接近单晶的定向性能或超越单晶的复合功能。织构化陶瓷可以弥补单晶难以具有的均质、大尺寸、工艺相对简单、耗时短和成本低等缺陷，有助于充分发掘多晶陶瓷的潜力，提升性能，降低成本，为高性能器件的设计与研制提供理论和实验依据。随着高技术陶瓷材料研究的深入，织构在陶瓷材料中的应用十分活跃，已引起国内外材料科学与工程界广大科技人员的极大关注。

1.1 结构陶瓷的力学性能突破

结构陶瓷是以力学性能为核心的高性能陶瓷材料，广泛应用于机械、能源、航空航天等领域，承担高强度、耐磨损或极端环境下的关键功能。常见的结构陶瓷包括氧化铝、氮化硅、碳化硅和氧化锆。例如，氧化铝陶瓷硬度接近刚玉，广泛用于切削工具和耐磨部件；氮化硅因低热膨胀系数和优异的高温强度，成为燃气轮机叶片和高温轴承的首选；碳化硅凭借出色的导热性和抗氧化能力，被用于半导体制造和防弹装甲；氧化锆则通过相变增韧机制显著提升韧性，在人工关节和精密机械中发挥重要作用。结构陶瓷的突破性应用体现在航空航天领域，如航天飞机热防护瓦需耐受1600℃以上高温，而陶瓷基复合材料（CMC）正推动新一代航空发动机的轻量化与高效化发展。这类材料通过强共价键或离子键形成致密结构，具备高硬度、耐高温、抗腐蚀等特性，但脆性较高是其固有缺陷。

在结构陶瓷领域，各向异性设计的核心目标是克服其本征脆性并提升力学性能的定向承载能力。以氮化硅（Si_3N_4）为例，通过热压烧结工艺诱导β-Si_3N_4晶粒沿c轴择优生长，形成长柱状晶粒交织的“自增韧”结构，其断裂韧性可从$5MPa \cdot m^{1/2}$提升至$10MPa \cdot m^{1/2}$，同时沿晶粒长轴方向的抗弯强度达1.2GPa，成为航空发动机轴承的理想材料。类似地，碳化硅纤维（SiC_f）增强氧化铝基复合材料通过纤维的轴向排列，使裂纹扩展时发生界面脱粘与纤维桥接，断裂韧性突破$15MPa \cdot m^{1/2}$，成功应用于高超声速飞行器的热防护系统，耐受2000℃以上的气动加热。

近年来，3D打印技术的引入进一步推动了结构陶瓷的仿生梯度织构化。例如，多孔氧化锆支架通过孔隙率从表层（5%）到内部（30%）的梯度分布，既保证了力学支撑强度，又促进了骨细胞的长入，骨整合效率提升30%。仿生材料的启示为陶瓷织构化提供了全新的设计范式。自然界中，生物材料通过亿万年进化形成的多级有序结构（如竹子的梯度纤维排列、蜘蛛丝的纳米纤维定向组装、骨骼的孔隙-矿化复合体系）展现出卓越的力学性能与功能适应性。例如，贝壳珍珠层中无机与有机界面层的交替结构，其断裂韧性可达天然碳酸钙的3000倍，这一机制被成功移植至陶瓷层状复合材料中，通过调控界面层的化学成分（如引入石墨或氮化硼）和厚度（微米至纳米级），实现裂纹扩展路径的主动控制。层状仿生设计通过交替堆叠SiC陶瓷层与石墨界面层，模仿贝壳珍珠层的“砖-泥”结构，迫使裂纹在垂直方向扩展时发生分层断裂，断裂功提升至均质陶瓷的 100 倍，显著增强了核反应堆包壳管的抗热震性与抗辐照能力。此外，竹材的梯度孔隙与纤维取向分布启发了陶瓷的多尺度各向异性设计：通过 3D 打印技术结合冷冻铸造工艺，可在氧化铝陶瓷中构建类似竹纤维的定向孔道与致密-多孔梯度结构，使其抗弯强度提升 40%，同时热导率沿孔道方向增加 2 倍，成为高效热管理材料的候选。仿生设计还推动了陶瓷的多功能集成，如模仿荷叶表面微纳结构的超疏水陶瓷涂层，通过激光微织构化在表面形成定向沟槽与纳米突起，接触角超过 150°，兼具自清洁与抗冰性能，应用于高压输电绝缘子时可减少污闪事故率 90%以上。

1.2　功能陶瓷的物理性能提升

功能陶瓷以独特的物理或化学特性为核心，广泛应用于电子、光学、生物医学等领域。其价值在于实现能量转换、信息传递或环境响应等特殊功能。这类材料通过成分设计与微观结构调控，展现出介电、压电、铁电、超导或生物活性等性能。典型代表有：钛酸钡（高介电常数用于多层陶瓷电容器）、锆钛酸铅（压电效应驱动声呐传感器）、氧化锌（变阻特性保护电路免受过压冲击）以及生物活性羟基磷灰石（与人体骨骼键合，用于骨科植入材料）。功能陶瓷的前沿应用极具创新性：例如，透明陶瓷（如钇铝石榴石）用于高能激光器窗口；钙钛矿型陶瓷在固态燃料电池中实现高效离子传导；多铁性材料则致力于探索磁电耦合效应，以开发新型存储器。随着纳米技术和复合工艺的进步，功能陶瓷在柔性电子、智能传感和新能源等领域的应用持续拓展，已成为现代科技不可或缺的基石。

功能陶瓷的织构化则聚焦于电、磁、光等物理性能的定向优化与功能集成。以压电陶瓷为例，锆钛酸铅（PZT）通过模板晶粒生长（TGG）技术，实现晶粒沿［001］方向高度取向，其压电系数 d_{33} 从 400pC/N 跃升至 800pC/N 以上，使超声换能器的分辨率突破 0.1mm，成为医学成像与工业无损检测的核心元件。在介电陶瓷领域，通过流延成型技术定向堆叠纳米钛酸钡（$BaTiO_3$）薄层，并利用平行排列的银-钯电极形成定向电场，多层陶瓷电容器（MLCC）相对介电常数在特定方向达到 3000 以上。同时层间界面设计有效抑制了漏电流，使 5G 通信滤波器的体积缩减至传统金属腔体的 1/10。超导陶瓷的织构化同样彰显了各向异性的价值，熔融织构法制备的钇钡铜氧（YBCO）块材，通过控制晶粒 c 轴取向，使临界电流密度在 77K 下达到

$10^6 A/cm^2$，支撑核磁共振成像（MRI）磁体产生 3T 以上的均匀磁场。光电功能陶瓷中，钇铝石榴石透明陶瓷通过热等静压（HIP）消除晶界散射，实现沿光轴方向超过 80%的可见光透过率，成为高功率激光器窗口材料的关键突破。

1.3 先进陶瓷织构技术特点

传统织构技术在调控陶瓷晶粒形貌时，往往受限于工艺原理与材料体系的固有特性，导致晶粒形状、尺寸及取向的调控精度与自由度不足。以热压烧结为例，其通过高温高压促使晶粒沿压力方向择优生长，但晶粒的最终形貌高度依赖初始粉末的尺寸分布与烧结动力学条件。例如，在制备长柱状 β-Si_3N_4 晶粒时，若初始 α-Si_3N_4 粉末粒径分布不均（如 $D_{50}=0.5\mu m$ 但存在>2μm 的粗颗粒），烧结过程中大颗粒会作为异常晶粒生长的核心，形成局部粗大的等轴晶（直径可达 5～10μm），破坏晶粒的均匀柱状化取向，导致材料沿不同方向的抗弯强度差异从预期的 1.5 倍缩小至 1.2 倍。类似地，模板晶粒生长技术虽能通过定向模板诱导晶粒取向，但模板材料（如片状 $BaTiO_3$ 或 Al_2O_3）的几何尺寸（厚度通常>100nm）与刚性界面限制了晶粒的形貌多样性——最终晶粒往往被迫沿模板平面延展，难以形成高长径比的针状或分支结构，使得压电陶瓷的压电系数 d_{33} 上限被锁定在 800pC/N 左右，仅为单晶理论值的 70%。

在流延成型、挤出成型等工艺中，剪切力场虽可诱导片状或纤维状颗粒的定向排列，但颗粒的原始形貌（如纵横比、表面粗糙度）直接决定织构效果。例如，制备层状 Al_2O_3/石墨仿生陶瓷时，若 Al_2O_3 片状颗粒的纵横比低于 10∶1，层间剪切应力难以驱动其完全平行堆叠，导致层状结构的界面一致性下降，裂纹扩展时分层断裂的比例从 90%降低至 60%，断裂功相应减少 40%。此外，传统工艺对纳米尺度晶粒形貌的调控能力尤为薄弱：在纳米 ZrO_2 陶瓷的烧结过程中，晶界迁移的随机性使纳米晶粒（<100nm）易发生异常长大，形成局部微米级晶粒（尺寸差异达 2 个数量级），导致相变增韧效果被削弱，断裂韧性从 $12MPa\cdot m^{1/2}$ 降至 $8MPa\cdot m^{1/2}$。

强磁场织构技术通过利用材料固有的磁各向异性，在无物理接触条件下实现对晶粒取向的精准调控，展现出传统工艺难以企及的优势。在非立方晶系陶瓷（如六方氮化硅、四方氧化锆）中，晶粒的磁化率随晶向显著差异（例如，β-Si_3N_4 的 c 轴与 a 轴磁化率差 $\Delta\chi\approx1\times10^{-6}$ emu/g），当施加 10T 以上的强磁场时，晶粒受磁转矩作用自发旋转至磁化能最低的取向，形成高度一致的晶体学排列。以氮化硅陶瓷为例，磁场辅助烧结可使 β-Si_3N_4 晶粒沿 c 轴取向度达

95%以上，长径比突破 8∶1，沿取向方向的断裂韧性提升至 12MPa·$m^{1/2}$，较传统热压工艺提高 40%，且晶粒尺寸分布标准差从 0.8μm 降至 0.2μm，显著降低力学性能波动。对于功能陶瓷，强磁场可突破模板法的几何限制：在制备铌酸钾钠（KNN）无铅压电陶瓷时，磁场诱导晶粒沿［001］方向择优排列，压电系数 d_{33} 从 400pC/N 提升至 550pC/N，且无需引入模板剂，避免了杂质相导致的介电损耗（$\tan\delta$ 从 5%降至 1.2%）。该技术还兼容复杂形状成型，例如在立体光刻 3D 打印过程中同步施加脉冲磁场，可使氧化铝陶瓷的晶粒沿预设三维路径定向生长，实现多孔支架的力学性能各向异性定制，其轴向抗压强度达 300MPa，径向孔隙率梯度调控至 5%～50%，为骨组织工程提供精准仿生结构。相较于机械应力或模板诱导，强磁场织构的“非接触”特性避免了界面污染与晶格畸变，在超导陶瓷 YBCO 的织构化中，晶粒 c 轴取向偏差角小于 5°，临界电流密度提升至 1.5×10^6 A/cm^2（77K），较熔融织构法提高 50%，且晶界洁净度极高，弱连接效应几乎被消除。随着超导磁体技术的进步，20T 级磁场装置的成本逐步降低，该技术正从实验室向半导体封装基板、核聚变堆第一壁材料等工业场景渗透。

从单晶的各向异性到多晶陶瓷的织构化，这一演化历程不仅是材料科学的必然选择，更是人类对自然规律的创造性利用。通过精准调控微观结构的空间排列，陶瓷材料得以突破性能极限，在力学承载、能量转换、信息传递等维度重新定义技术边界。当前，陶瓷织构化仍面临跨尺度结构控制、工艺-性能关联建模及规模化成本等核心挑战。例如，纳米晶粒取向与宏观组件织构的协同设计缺乏理论工具，而放电等离子烧结（SPS）与 3D 打印技术的高成本限制了工业化应用。未来，机器学习辅助设计有望通过深度学习预测最优织构参数组合，如晶界网络拓扑与界面能的关联规律；超精密增材制造技术如双光子聚合，实现亚微米级仿生结构（如蜂窝-层状混合构型）的定制化打印，使断裂韧性较传统工艺提升 80%。随着材料基因组计划与数字孪生技术的融合，陶瓷织构化将迈向“性能可编程”时代，为深空探测器、量子计算器等尖端领域提供颠覆性材料解决方案。

第❷章

先进陶瓷材料的织构策略及织构化结构的测量和标定

2.1 引言

多晶陶瓷材料在形成过程中，通过控制外加条件，可使材料中的晶粒沿着某一特定方向排列，这种组织结构及规则排列状态的形成过程即为织构。织构化的陶瓷材料既保持了多晶的优异性能，又能呈现出类似于单晶体各向异性的性能。

陶瓷晶粒织构技术是指通过工艺控制，使原本无规则取向的陶瓷晶粒定向排列，从而具有接近单晶的性能。晶粒定向技术是一种结构改性技术，可以通过在材料制备过程中施加机械力、电场、磁场或者利用温度梯度来获得，也可以通过添加模板晶粒的方法获得。其中，研究最多的是热处理技术和模板晶粒生长技术。热处理技术包括热压和热锻等；模板晶粒生长技术包括流延和挤塑等。近年来，磁场定向织构技术也受到了越来越多的关注。

为获得材料的取向信息，常采用以下几种方法：①电子背散射衍射技术EBSD；②微束电子衍射；③中子衍射技术；④X射线衍射技术。目前，EBSD常作为扫描电子显微镜（SEM）的标准附件，可在进行形貌分析的同时获得材料的取向和结构信息。EBSD技术通过标定试样产生的背散射衍射花样得出晶体的微区取向，其应用范围正逐步扩大。透射电子显微镜（TEM）分析技术具有高分辨率，在衍射模式下，通过电子束与样品相互作用产生菊池花样，进而获得材料的取向数据。由于中子的吸收系数低、穿透能力强，常用来分析一些具有不均匀织构化结构的材料、含有粗晶粒的组织以及吸收因子各向异性的材料。X射线衍射技术因其对制样的要求低、检测容易，是分析材料织构化结构最常用的技术。

2.2 热加工织构法

在热加工方法中，通常是材料中已存在各向异性的晶粒，或者在制备过程中原位生成各向异性的晶粒。随后，在高温下施加外力，通过位错运动和晶界滑移使这些各向异性生长的晶粒发生偏转和重排，从而使其沿垂直于压力的方向定向排列，实现材料的织构化（图 2.1）。

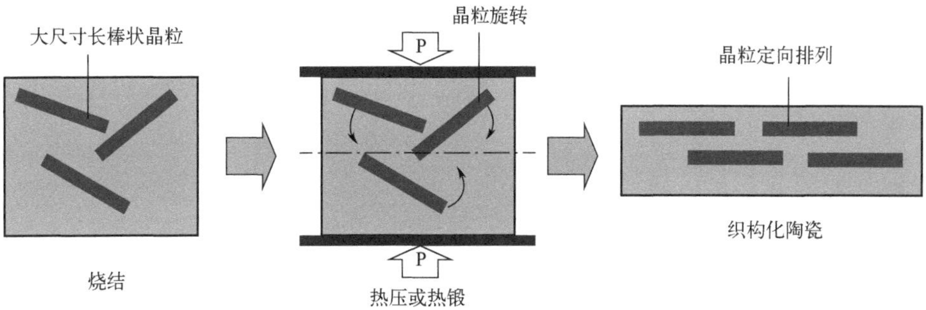

图 2.1　热加工方法实现材料织构化示意图

2.2.1 热压

热压不仅是陶瓷烧结致密化的有效手段，也是一种有效的微结构调控手段。热压过程采用的起始材料可以是粉体，也可以是陶瓷生坯体。在加热的同时轴向施加压力，由于轴向压力的施加提高了烧结的驱动力，加快了烧结的致密化速度，因此可获得较高致密度的陶瓷材料，同时也有利于微观结构中具有各向异性形貌晶粒的转动和重排，从而形成一定的定向排列[1-4]。特别是对于自扩散系数低、难以烧结的陶瓷粉末（如氮化硅、碳化硅及硼化物系列等），热压是一种非常有效的致密化技术。Lee 等[5-6]采用热压法制备出 a 轴或 b 轴取向的氮化硅陶瓷，由于使用 α-Si_3N_4 为原料，在热压烧结过程会发生 α 相向 β 相的转变，进而形成较大的棒状晶粒，这些棒状晶粒的 c 轴（即长轴）会在垂直于热压方向的平面内排列，形成 a 轴或 b 轴取向的双轴织构化 Si_3N_4 陶瓷。Duan 等[7]也通过热压烧结方法获得了织构化的 BN 复合陶瓷，BN 晶粒的 c 轴沿着热压方向择优取向，施加的压力越高，形成的织构度（织构化程度，又称取向度）也越高。热压过程中，陶瓷素坯在垂直于压力方向上延伸，在平行于压力方向上收缩，导致内部的晶粒在外力作用下会发生偏转和滑移，形成一定的取向。而且在后续的烧结过程中，会发生晶粒的择优生长，促进陶瓷体织构度的增大，并表现出力学性能的各向异性（图 2.2）。

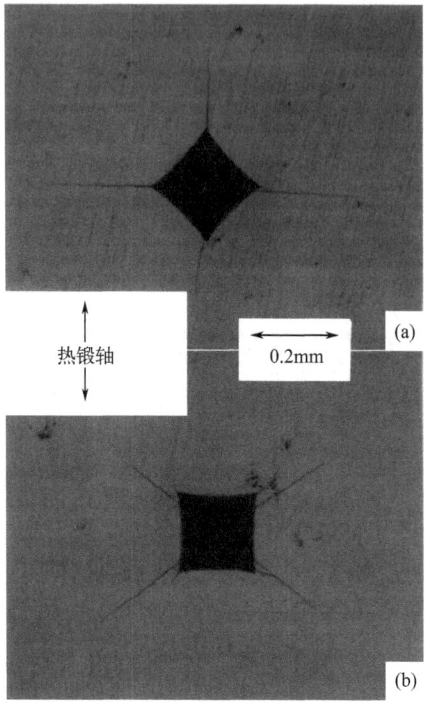

图 2.2 热锻 Si_3N_4 中各向异性裂纹扩展的光学显微照片（箭头表示样品的热锻方向）
(a) 1 型和 3 型断裂；(b) 2 型断裂

2.2.2 热锻

热锻是一种超塑性成型技术，使陶瓷材料在高温烧结条件下通过施加外在压力或拉伸力，产生塑性变形，形成择优取向[8-11]。热锻与热压技术较为类似，都是晶粒在轴向压力作用下产生横向变形。二者的区别在于：热锻时施加的是冲击力，而热压施加的是静力。在高温高压作用下，试样的变形量较大。热锻的起始原料是通过一定的致密化过程（如热压、无压烧结等）获得的陶瓷烧结体，且热锻的模具尺寸通常大于陶瓷烧结体的尺寸。因此，在热锻过程中，可利用部分陶瓷材料的超塑性，实现在热锻模具中的塑性延展。相比于热压，热锻过程可以在材料受压力的塑性延展过程中，实现晶粒更大程度的转动和重排，达到更高的织构化程度。一般来说，热锻过程分为两种模式：简单压缩（simple compression，SC）和平面应变压缩（plane strain compression，

PSC）（图 2.3[12-13]）。如前所述，由于热锻的起始原料为陶瓷烧结体，因此热锻的总过程分为陶瓷的致密化与热锻两个步骤进行。

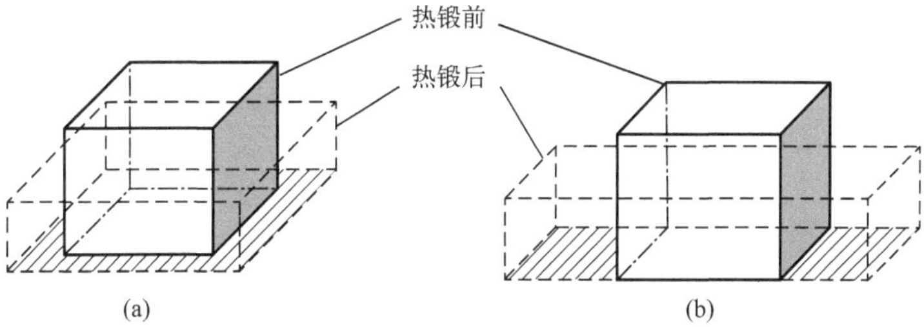

图 2.3　热锻的两种模式

（a）简单压缩（SC）；（b）平面应变压缩（PSC）

Rout 等[14]采用热锻技术制备了 $SrBi_4Ti_4O_{15}$ 陶瓷，图 2.4 和图 2.5 分别为 XRD 图谱和对应的不同方向的 SEM 图。由于 X 射线的衍射强度与晶体的结构和取向密切相关，从 XRD 图谱中可以看出择优取向的多晶体结构。图 2.4 展示了 SBT-CP（普通烧结 $SrBi_4Ti_4O_{15}$ 陶瓷）、SBT（⊥）（垂直于锻压方向的 $SrBi_4Ti_4O_{15}$ 陶瓷）、SBT（//）（平行于锻压方向的 $SrBi_4Ti_4O_{15}$ 陶瓷）的 X 射线衍射结果。其中，普通烧结 SBT-CP 的衍射谱显示晶粒无明显取向；相对应地，SBT（//）在（001）方向上衍射强度很高，衍射峰尖锐；SBT（⊥）则在（001）方向上无衍射峰，而在（h00）、（0k0）方向出现强衍射峰。这表明 SBT（//）晶粒沿着 c 轴方向择优取向，SBT（⊥）的晶粒则主要沿 b 轴分

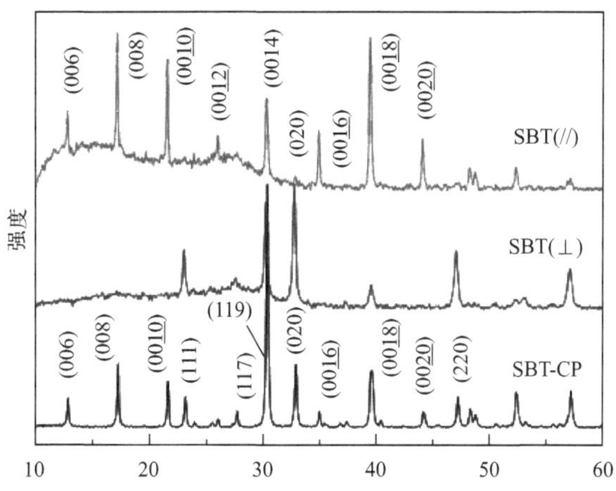

图 2.4　$SrBi_4Ti_4O_{15}$ 陶瓷的室温 XRD 图谱[14]

布，这一点也可从SEM图（图2.5）看出。图2.5（a）中，片状$SrBi_4Ti_4O_{15}$晶粒垂直于热锻方向定向排列；图2.5（b）则呈现出截然不同的表面形貌。除了常见的通过压力使晶粒偏转定向外，采用拉伸变形也可得到织构化陶瓷。Wu等[15]在1550℃热处理过程中施加大的拉伸应力，制备出了β-Sialon陶瓷，其晶粒形态由原来的粒状变为细长状，形成了强*c*轴取向织构化，且随着外界拉伸力的增大，取向效果更加明显。

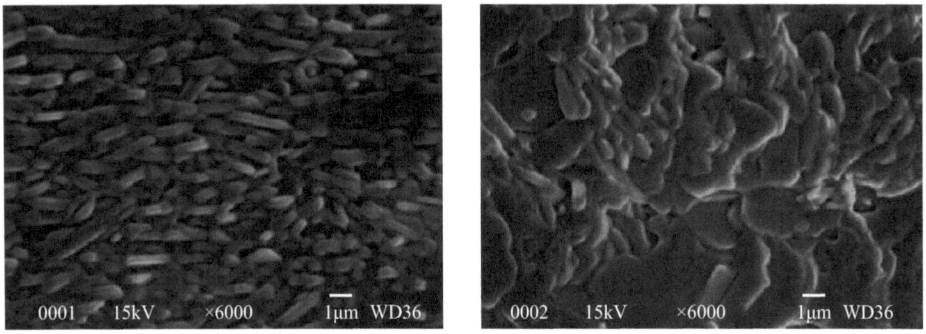

(a) (b)

图2.5 不同方向的$SrBi_4Ti_4O_{15}$陶瓷的SEM

（a）垂直于热锻方向；（b）平行于热锻方向[14]

值得注意的是，单纯通过热处理技术得到的陶瓷材料仅在两个方向上表现出各向异性，而综合其他手段可进一步微调陶瓷的显微结构，得到三个方向均呈现各向异性的陶瓷。Fuierer等[16]在采用热锻法的同时，在垂直于热锻方向上施加一定大小的电场，制备了各方向均呈现各向异性的织构化$Bi_4Ti_3O_{12}$陶瓷。

2.2.3 烧结热锻

烧结热锻是将烧结过程与热锻过程有机结合并一步完成的技术。其起始原料是陶瓷生坯体，所使用的模具与热锻模具相同，尺寸大于陶瓷生坯体。陶瓷生坯体通常通过常规压力成型及冷等静压（CIP）成型，以获得具有一定堆积密度和强度的陶瓷坯体；随后将其置于烧结热锻模具中，在陶瓷烧结致密化的同时，实现材料的塑性流动及内部晶粒的转动和定向排列。与热锻相比，该方法因一步完成，从而简化了制备过程，降低了制备成本。Kondo等[17]将此方法应用于Si_3N_4陶瓷的制备，不仅获得了致密的Si_3N_4陶瓷，还因其特殊的织构化显微结构（图2.6），使陶瓷的力学性能得到了大幅度提高。

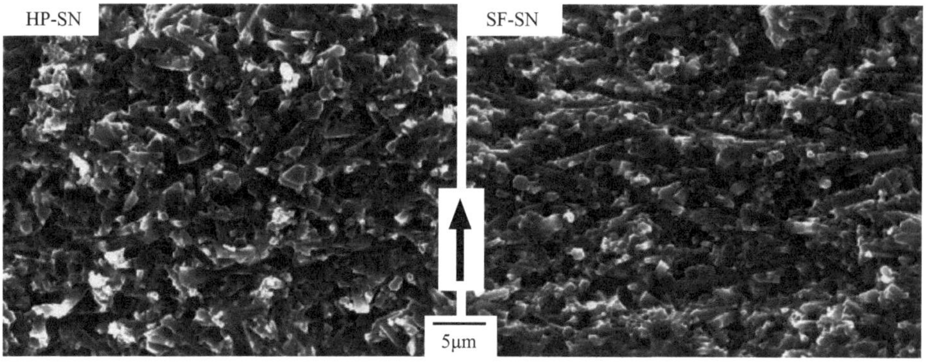

图 2.6　HP-SN 和 SF-SN CNB 试样的断裂表面
（垂直方向为加压方向，箭头表示裂纹扩展方向）

2.3　模板晶粒生长织构法

2.3.1　模板晶粒生长法

模板晶粒生长法（templated grain growth，TGG）是一种晶粒定向生长技术，因其生产成本低、节约能源、可重复性好等优点，成为最常用的多晶织构化陶瓷制备方法[18-21]。该技术的主要步骤包括混合、球磨、制备薄膜或涂覆、烧结。首先，将粉体、溶剂和黏结剂按组分配比混合球磨；然后通过晶粒定向工艺（如流延成型、丝网印刷、挤出成型等）使模板在浆料中能够均匀、高度取向排列；经切割、叠加、热压、冷等静压等一系列操作制备出陶瓷素坯；经过炉内排胶去除素坯中的添加剂与残留的溶剂；烧结过程中，借助界面曲率减小的趋势，使基体在模板上定向生长，同时利于烧结致密化，使烧成的陶瓷更加致密。当模板晶粒与基体成分相同时，该技术称为同性模板生长技术[22]。在烧结过程中，晶粒生长过程可以用奥斯瓦尔德机理来解释：大晶粒的能量低于小晶粒，所以在生长过程中，大晶粒通过吞并小晶粒长大。这样制备出的织构化陶瓷性能通常较好。当模板晶粒与基体成分不同时，该技术称为异性模板生长技术[22]。在烧结时，异性模板是非均匀形核点，在晶格常数相近的情况下，基体在异质模板表面形核生长；由于模板及后续生长基体的引导作用，少量模板即可使陶瓷达到很高的取向度，过程如图 2.7 所示。

在上述织构生长过程中，可以采用晶体生长经典热力学理论解释各向异性的模板晶粒引导基体组分定向生长的热力学过程。目前多数相关文献中，在晶

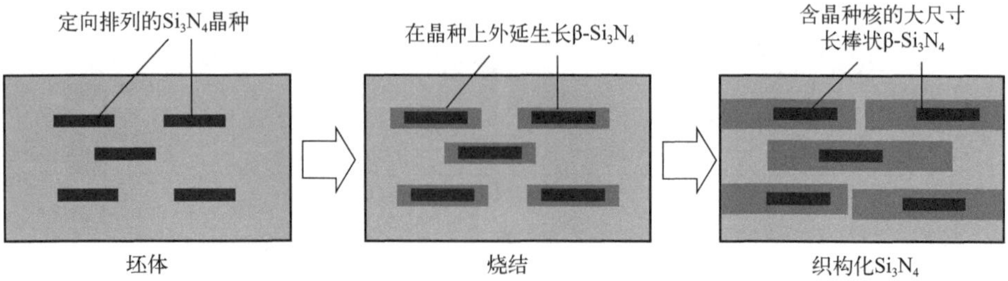

图 2.7 模板晶粒生长法实现材料织构化示意图

界中均发现存在液相区域，根据物质在液相中的扩散速率远大于固相（相差4～5 个数量级），此现象可以解释液相中晶界的快速迁移和取向生长速率。Yao 等[18]对在液相晶界下模板晶粒引导基体组分长大的过程进行了详细的数学描述，认为驱动织构化晶粒长大的生长动力是模板晶粒和多晶基体在液相晶界中形成的溶解度差。根据 Gibbs-Thomson 方程[23]，超饱和状态下，晶粒平均尺寸为 r_m 的多晶基体在液相层中的溶解度 S_m 可表示为：

$$S_m = S_0 \exp(2\sigma_m M/\rho r_m RT) \quad (2\text{-}1)$$

式中，S_0 为基体的平衡溶解度；M 为基体的摩尔质量；ρ 为基体密度；r_m 表示平均晶粒尺寸；σ_m 表示基体的平均表面自由能；T 为体系温度；R 为摩尔气体常数。

当 S_m 与 S_0 差别不大时，上式可以简化为：

$$S_m = S_0(1 + 2\sigma_m M/\rho r_m RT) \quad (2\text{-}2)$$

为了简化计算过程，假设模板晶粒属于同性模板，只考虑模板的晶粒取向对模板在液相相界中溶解度的影响，假设模板晶粒某一晶面的溶解度 S_{hkl} 为：

$$\mathrm{d}R/\mathrm{d}t = D\Delta S/\rho\delta = DS_0/\rho\delta[(1 - k_{hkl}) + 2\sigma_m M/\rho r_m RT] \quad (2\text{-}3)$$

TGG 过程中，液相相界中模板晶粒引导基体组分定向生长的速率可表示为：

$$\mathrm{d}R_T/\mathrm{d}t = 0.98(1 - k_{hkl})t^{-1/3}K_m^{2/3}\rho RT/\sigma_m M + 1.94K_m^{1/3}t^{-2/3} \quad (2\text{-}4)$$

将上式经过积分处理后，即可得到模板晶粒引导基体组分取向生长的速率：

$$R_T - R_0 = 5.81K_m^{1/3}t^{1/3} + 1.48K_m^{2/3}[(1 - k_{hkl})\rho RT/\sigma_m M]t^{2/3} \quad (2\text{-}5)$$

Messing 等[23]提出了模板晶粒生长法的生长模型，当模板晶粒和基体组分的界面自由能差异满足热力学要求时，界面会向多晶基体一侧逐步迁移。因为物质在液相的扩散速率远高于固相，所以在界面处存在的少量液相，可加快基体晶粒的溶解速率，使陶瓷织构化进程加快。

根据上述的 TGG 法织构生长模型可知，模板晶粒和基体晶粒尺寸的比值决定了织构化结构的生长速率，模板晶粒的各向异性尺寸越大，基体晶粒尺寸越小，则生长速率越快。因此，为实现陶瓷的高度择优取向生长，理想化的模板晶粒通常为薄片状，且需具有较大的宽厚比。由于一般制备的陶瓷粉体颗粒尺寸在几百纳米级别，相应的片状模板晶粒尺寸需与之匹配，才能保证陶瓷体系具有足够的取向生长动力，实现织构化陶瓷的高度取向生长。因此，模板的质量、形貌、分散情况以及均一性等都直接影响着织构化无铅压电陶瓷的织构情况。制备模板的技术有许多，如水热法、溶胶-凝胶法等，但这些方法制备的模板尺寸较小，大多是在纳米级，不利于模板在流延中定向排列。相比较而言，熔盐法可制备微米级模板，在织构化压电陶瓷中应用广泛。

研究发现，自然界存在一些层状钙钛矿结构（如 Dion-Jaconson、Ruddlesen-Popper、Aurivillius 等晶体结构），通常是由钙钛矿层与结合力较弱的中间层交替排列堆积而成的。这些结构的特点是 c 轴晶格具有高度不对称性，因此在不受外力情况下易生长成片状的微观形貌，故通过简单的熔盐法能够制备出大量层状钙钛矿微晶作为前驱体。之后再通过局部微晶转化过程，用其他离子将层状钙钛矿中的 A 位离子以及中间层替代出来，便可以保留其高径厚比的片状形貌，制备出各向异性的简单钙钛矿结构微晶。目前，TGG 法已广泛应用于制备钙钛矿型铅基织构化陶瓷、KNN 基织构化陶瓷、BNT 基织构化陶瓷以及 BT 基织构化陶瓷。当铅基压电陶瓷的组分形成准同型相界（MPB）时，所制备的织构化陶瓷具有优异的压电性能和介电性能。

模板晶粒生长法包括如下几种织构方法。

（1）冷压成型定向（cold pressing alignment，CPA）

对陶瓷坯体施加压力，使坯体内部的各向异性形貌的晶种发生转动重排而实现定向排列，从而在随后的烧结过程中作为其他晶粒生长的模板，通过相关晶粒生长机理，在实现致密化的同时亦实现了陶瓷材料的织构化。

（2）挤出成型定向（extrusion alignment，EA）

首先是含有晶种等原料粉体的黏稠前驱体的制备；然后将前驱体置于相关设备中，通过剪切应力的作用，实现陶瓷晶粒的旋转，获得具有晶种定向排列的挤出体；最后，通过叠加及成型，实现定向坯体的制备。需要指出的是，该方法适用于棒状形貌晶种的定向，不适合板状晶种的定向。

（3）流延成型定向（tape casting alignment，TCA）

流延成型定向作为一种低成本、可制备大尺寸样品的定向手段得到了很大程度的发展和应用，其过程如图 2.8 所示。成型定向过程中，首先是流延浆料的制备，通过调整浆料中有机添加剂的用量及对比成膜性能，确定最优化的浆料固含量、有机添加剂配比及制备工艺（图 2.9）；其次是流延膜的成型，使陶瓷浆料中具有各向异性形貌的晶种在流延刮刀的剪切力作用下实现定向排列；随后通过裁剪、叠层、冷等静压、排胶及烧结等过程，实现陶瓷的致密化与织构化。流延过程特别适用于板状晶种的定向。对于棒状晶种而言，流延定向只能实现其在二维平面方向上的定向排列，相比于挤出成型中实现一维方向的排列略有逊色，但通过改进工艺（如采用具有梳状结构的流延刮刀），也可以实现棒状晶粒一维方向的定向排列。

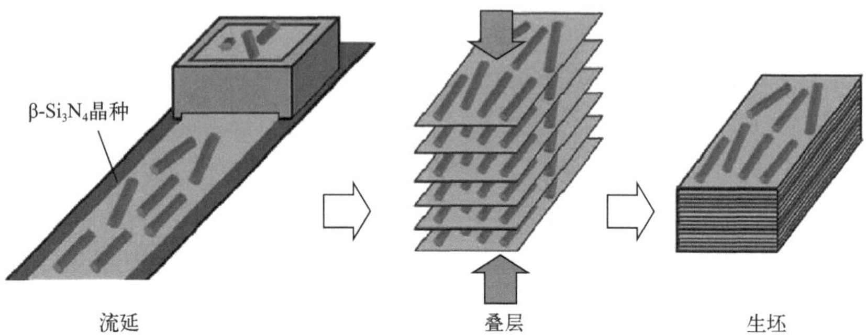

图 2.8 流延定向成型过程

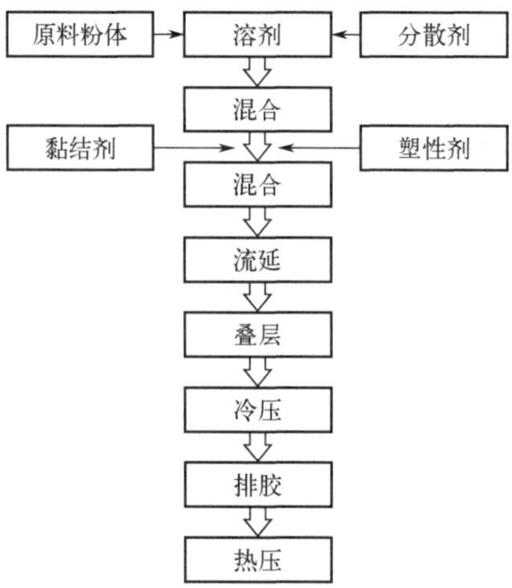

图 2.9 流延工艺流程图

Seabaugh 等将含有 4%质量分数的薄片状 α-Al_2O_3（模板晶粒）流延处理之后，添加到等轴状的 α-Al_2O_3 基体中，在 1600℃加热 2h 后得到了高度定向排列的 α-Al_2O_3 陶瓷（图 2.10）。在烧结过程中，基体中的等轴状 α-Al_2O_3 晶粒或者被逐渐长大的模板晶粒消耗，或者沿模板晶粒方向生长，最终使得所有的 α-Al_2O_3 都产生择优取向。该研究还表明，少量取向模板晶粒即可在烧结过程中诱发大面积的取向生长。

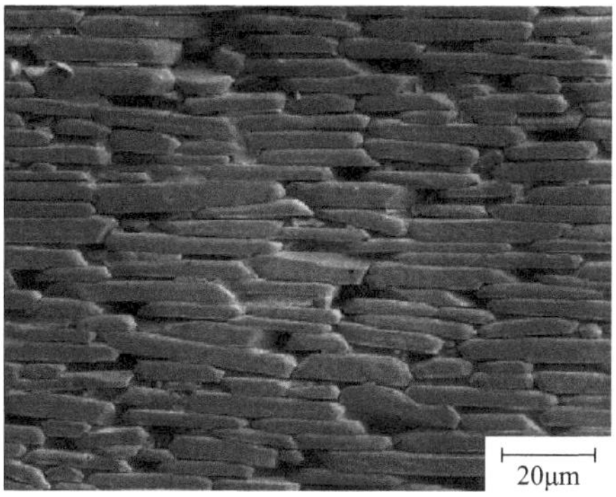

图 2.10 液相烧结 α-Al_2O_3 的 SEM 图[23]

2.3.2 反应模板晶粒生长技术

相对于传统模板晶粒生长（TGG）技术，反应模板晶粒生长（RTGG）技术对模板的要求没有那么严格。RTGG 区别于 TGG 技术的地方在于，RTGG 技术使用的是未经过预烧（固相反应）的原始粉末，在后续烧结过程中，预烧与烧结工艺同时进行，并通过原位拓扑化学反应转变成适合基体取向生长的模板。陶瓷基体在该模板周围形核生长以达到织构的效果。在 RTGG 技术里，模板在诱导晶粒生长的同时也会与陶瓷基体产生化学反应，而且可以织构许多不同成分的基体[24-28]。

无论是 TGG 技术还是 RTGG 技术，都需要在基体中引入模板，并借助剪切力使模板在基体当中沿着固定方向均匀排列，然后在烧结过程诱导基体晶粒定向生长。图 2.11 展示了采用流延成型制备（001）取向的无铅压电织构化陶瓷的晶粒生长过程示意图。从该图可知，陶瓷织构化过程主要分为三个阶段：①模板周围异质成核长大；②取向晶粒的快速生长；③取向晶粒相互碰撞后致密化。在第一阶段中，由于大尺寸的模板相比于基体有着更大的表面自由能，当外界烧结温度能够提供足够的表面自由能差（活化能）时，基体颗粒会在模板的最低能量面[29]进行异质外延成核。进入第二阶段，在奥斯瓦尔德熟化机理作用下，晶粒以同质外延的方式快速生长。在不断加热过程中，取向晶粒不断消耗周围基体颗粒，其晶界也逐渐向多晶基体迁移。在持续加热（或保温）过程中，取向晶粒的晶界开始互相碰撞，此时织构化过程进入第三阶段。因为取向晶粒互相碰撞、晶界处的生长驱动力较低，所以晶粒生长速率减缓，最终形成高度致密化的织构化陶瓷。

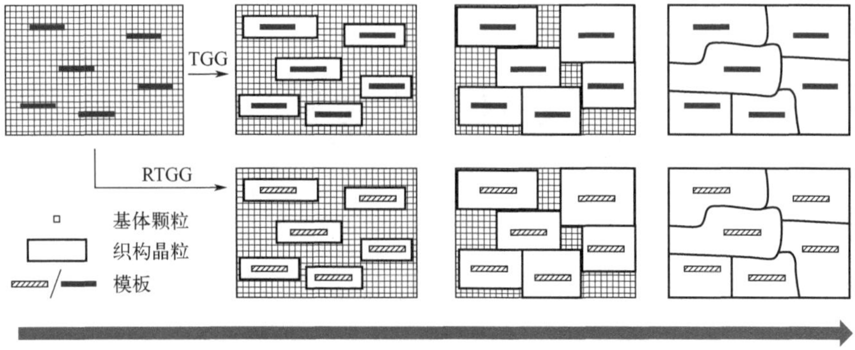

图 2.11 织构化陶瓷的晶粒生长过程（包括成核、长大和致密化三个阶段）

研究还表明，在晶界处存在液相层时，会加快取向晶粒生长以及晶界迁移速率。这不难想象，液相会促进物质传输和能量交换，其速率比固相反应中快几个数量级，能够增强取向晶粒向多晶基体迁移的动力。这种液相促进生长的本质是通过溶解液相层的基体颗粒，同时沉积在织构晶粒面，从而促使晶粒长大。该过程的热力学驱动力主要来源于多晶基体和取向晶粒在液相层中的溶解度差（ΔS），其中后者很明显小于前者，因此液相层的存在能够促进取向晶粒快速生长，形成致密结构。

2.4 定向凝固技术

定向凝固技术是指首先将陶瓷材料熔化，在凝固过程中采用强制性手段，在凝固相与未凝固熔体相之间建立沿特定方向的温度梯度，使熔体形核后沿着热流相反方向生长，按照预期的结晶取向进行凝固的技术。采用此技术能够很好地控制凝固组织的晶粒取向，消除横向晶界，获得柱晶或单晶组织，从而较大幅度地提高材料的力学性能。定向凝固技术在金属材料的组织控制方面已得到深入研究与应用。随着此技术的不断发展，其已逐渐应用于半导体材料、磁性材料和复合材料的研究中。日本和欧美的研究者运用此技术对高温超导块材进行了广泛研究，国内的西北有色金属研究院也采用 PMP 法和籽晶重熔生长法制备出 YBCO 超导陶瓷，西北工业大学朱丹等采用自主设计研制的氧化物定向凝固装置进行定向凝固实验，通过调节参数成功制备出高度晶粒取向排列的 YBCO 高温超导陶瓷，且低抽拉速率有利于高质量超导体的生长[30-33]。中国科学院上海硅酸盐研究所孙士文等[34]利用该技术制备出取向生长的压电陶瓷，具体过程为将各组分的氧化物加热至熔融状态，借助温度梯度使晶粒成核，通过调节工艺条件来控制晶粒的取向生长，最终获得具有一定取向的陶瓷。他们所制备的沿［221］方向生长的 $0.7Pb(Mg_{1/3}Nb_{2/3})O_3$-$0.3PbTiO_3$ 陶瓷，具有类似于单晶的优异性能。因此，定向凝固技术也可以实现多晶陶瓷材料晶粒的定向排列。

2.5 冰模板法

冰模板法（又称冷冻铸造法）在多领域应用广泛，包括纳米材料、多孔材料、生物材料的制备等。冰模板法的基本原理是通过在温度梯度场中定向诱导冰晶在凝固溶液或悬浮液中成核和生长，形成临时的冰晶模板；冰模板升华后，其占据的空间变成通道，从而构建高度有序的、各向异性的、结构连续的三维穿孔材料。由于冰模板法几乎适用于任何材料，其内在原理更多地取决于物理学规律而不是化学原理的影响[35]。

冰模板起源于海水结冰时将杂质排挤到凝固的冰晶前沿这一自然现象。悬浮在海水中的颗粒处于一个很复杂的环境中，它不仅受到重力、浮力、颗粒之间的相互作用力，还受到周围环境的热物理作用，如布朗运动、扩散、吸附、团聚等。此外，颗粒自身的形状、尺寸、表面粗糙度、颗粒表面带电性能等也影响了它的悬浮状态。

当水凝固时，悬浮在溶液中的陶瓷颗粒可以被生长的冰晶前沿所“吞噬”，也可以被生长的冰晶所“排斥”，这取决于冰晶的生长速率。为简化分析，假设单个陶瓷颗粒主要受一对相反作用力：系统为阻止表面能变化而将颗粒保持在液相中的排斥力，以及由于浆料的黏性阻力将颗粒推向固液界面的吸引力[36]。凝固前沿系统的自由能可表示为：

$$\Delta\sigma = \sigma_{sp} - (\sigma_{lp} + \sigma_{sl}) \tag{2-6}$$

式中，σ_{sp}、σ_{lp} 和 σ_{sl} 分别是固相和陶瓷颗粒、液相和陶瓷颗粒以及固相和液相之间的表面能。从热力学上讲，如果新形成的固相和陶瓷颗粒的表面能小于从体系消失的液相和陶瓷颗粒以及固相和液相之间的表面能之和，即 $\Delta\sigma<0$，陶瓷颗粒就会被吞噬或捕获；反之则被排斥。

在液相中的陶瓷颗粒（半径为 r）受到的排斥力（F_R）和吸引力（F_η）分别为：

$$F_R = 2\pi r \Delta\sigma (a_0/d) \tag{2-7}$$

$$F_\eta = 6\pi\eta v r^2/d \tag{2-8}$$

式中，a_0 为颗粒之间的平均距离；$\Delta\sigma$ 为系统自由能的变化量；d 为颗粒与凝固冰晶前沿之间液体层厚度；v 为凝固前沿冰晶生长速率；η 为浆料的黏度。

当凝固前沿颗粒受到的吸引力和排斥力达到平衡状态时，可推导出颗粒被凝固前沿的冰晶所吞噬的临界凝固速率 v_{cr}：

$$v_{cr}=\Delta\sigma a_0/3\eta r \tag{2-9}$$

当凝固前沿的生长速率低于该值时，颗粒就会被固液界面排斥；反之则颗粒就会被固液界面吞噬。当选择去离子水作为溶剂时，形成的结构为片层，在相邻的冰晶片层之间形成陶瓷片层“墙”。这种特殊的形貌可从冰晶的基本晶体学特征和生长动力学来解释。冰晶沿着 a 轴方向的生长速率比平行于 c 轴方向的高 100～1000 倍[37]。

这种各向异性生长动力学导致冰晶沿 a 轴方向快速生长，而 c 轴方向则受到了限制，最终导致冰晶呈现层状结构形貌。当冰晶的凝固速率小于临界速率时，陶瓷颗粒被凝固的冰晶前沿排斥到相邻片层之间；随后冰在低温低压条件下升华，即可得到陶瓷片层结构[37]。类似地，当选用莰烯作为溶剂时，则呈现枝晶状形貌，选用叔丁醇则呈现棱柱状形貌。

根据其形成过程，Deville[37]将冰模板制备多孔陶瓷的原理归纳为四个步骤：陶瓷浆料的制备、浆料的定向凝固、冰晶在低温低压条件下的升华和坯体烧结。即冰模板法是将陶瓷粉末在适量的黏结剂和分散剂的作用下和适量的溶剂（水或有机物）混合，配制成含有一定固含量的陶瓷浆料；溶剂（水或有机物）在一定的温度梯度下定向凝固，随后升华形成连通孔结构；经烧结后获得具有一定强度的多孔陶瓷。

溶剂的本质特征主要影响孔结构形貌。目前用的溶剂包括水、莰烯、叔丁醇、萘-樟脑、二氧己环、萜烯、共晶溶剂、二氧化碳等，其形成的孔形貌如图 2.12 所示。因此，冰模板法具有操作简便、成本较低、环境相容性好的特点。

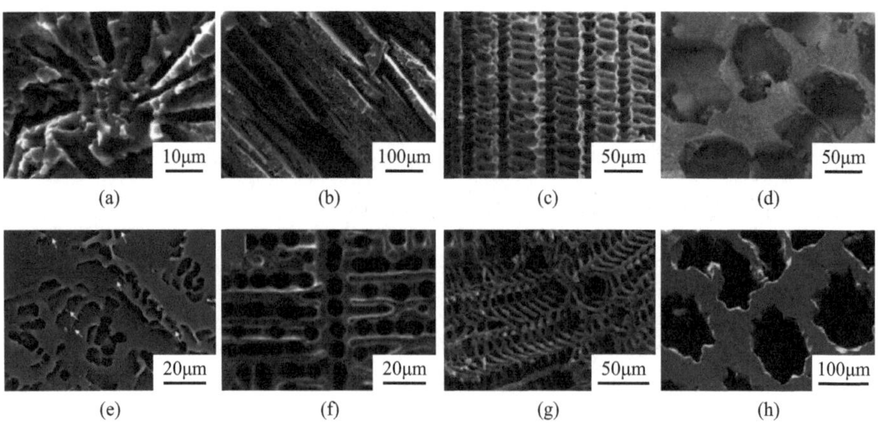

图 2.12　不同溶剂浆料制备的定向陶瓷孔形貌

2.6 强磁场定向织构法

2.6.1 强磁场技术

磁场可分为连续磁场和脉冲磁场两大类，其中连续磁场又可分为稳恒磁场和时变磁场。一般来说，磁感应强度大于 2T 的磁场被称为强磁场。稳恒强磁场的发生装置主要包括三种：电磁铁磁体、超导磁体以及由以上两种组合而成的混合磁体[38-39]。随着超导磁体技术和超低冷却技术的发展，强磁场技术实现了突破性进展，稳恒强磁体的强度及分布空间不断扩大。且随着强磁场装置的逐渐商品化，强磁场的应用范围也得到空前扩展，甚至可以实现在实验室里开展强磁场相关工作。这推动了材料科学、生命科学、生物技术、物理学、化学等多学科的突破性进展。目前，规模较大、设备齐全的强磁场研究机构主要分布在美国、日本、德国、荷兰、波兰、俄罗斯等国家。1960 年，第一个脉冲强磁场实验室在美国麻省理工学院建成，其在强磁场科学领域的研究至今仍十分活跃。1990 年，在美国国家科学基金会和佛罗里达州政府共同资助下，美国强磁场国家重点实验室建成，它是全球规模最大、实力最强的强磁场实验室之一，拥有最全面的磁体设备及系统。1992 年，法国与德国联合在格勒诺布尔建成格勒诺布尔强磁场实验室（由法国国家科学研究中心和马克斯-普朗克学会联合创建），磁场强度可达 30T。1993 年，日本在筑波国立材料研究所建立强磁场研究中心，于 1996 年投入使用，包括 35T 直流磁体、30～50T 长脉冲磁体及 220T 爆炸式脉冲磁体。荷兰、德国及波兰也相继建成各自的强磁场实验室。

我国强磁场技术起步较晚，2005 年，国家脉冲强磁场科学中心在武汉成立，包括 50～80T 的短脉冲磁体、长脉冲磁体及长短合成脉冲磁体。2008 年，中国科学院强磁场科学中心在武汉成立，包括 40T 稳态混合磁体及不同口径、不同磁场强度的水冷磁体和超导磁体。这些强磁场实验室的建立，使我国强磁场水平跻身于世界先进行列，为我国研究者开展强磁场科学前沿研究提供了平台。另外，东北大学、上海大学、大连理工大学、清华大学、西北工业大学等高校也分别采购了强磁场实验设备，从事相关研究。

2.6.2 强磁场对物质的主要作用方式

所有物质都具有磁性，只不过是磁性强弱不同。根据物质磁化率差异，大致可分为抗磁性、顺磁性、反铁磁性、铁磁性和亚铁磁性。抗磁性是指在外磁场作用下，材料的磁化方向与外加磁场方向相反，其磁化率是负值。抗磁性物质有水、氢和铜等，本文研究的陶瓷材料也属于抗磁性材料。顺磁性是指在外场作用下，每个原子磁矩都比较规则地取向，材料具有极弱的磁性，磁化强度与外磁场方向一致，磁化率是比较小的正值，为 10^{-6}～10^{-3} 数量级。顺磁性物质有氧气、一氧化氮、铝、铂等。反铁磁性是指由于交换作用是负值，电子自旋磁矩方向平行排列。在同一子晶格中有自发磁化强度，电子磁矩是同向排列的；在不同子晶格中，电子磁矩反向排列。两个子晶格中自发磁化强度大小相同，方向相反，整个晶体磁化强度为 0，磁化率为小的正数。反铁磁性物质有 FeO、CoO、NiO、Cr_2O_3、MnO 等。铁磁性物质在较弱的磁场下可达到强磁化强度，去除外磁场后仍可保留极强磁性，磁化率是特别大的正数，数量级为 10^1～10^6，包括铁、钴及镍等金属。亚铁磁性是指由两套子晶格形成的磁性材料。不同子晶格的磁矩方向和反铁磁一致，但不同子晶格的磁化强度不同，不能完全抵消，所以有剩余磁矩。磁化率没有铁磁体的大，数值为 10^0～10^3。亚铁磁性物质有磁铁矿、铁氧体等。较弱磁场可对铁磁性材料产生较强的作用，但对抗磁性材料可能起不到作用。由于物质在磁场中所受的磁化力与其磁化率和外加磁场强度的平方成正比，因此，在 10T 的强磁场中，抗磁性材料可产生与铁磁性材料在弱磁场中相同的磁化效应。强磁场作为一种特殊的高能物理场，能够无接触地将能量传递给物质的原子，使材料产生许多新的现象。强磁场会对置于其中的物质产生洛伦兹力、磁化能、磁化力及磁极间相互作用力。

2.6.2.1 洛伦兹力

洛伦兹力是指运动的带电粒子在磁场中受到的电磁力，表达式为：

$$F = i_e \times \boldsymbol{B} = q\boldsymbol{v} \times \boldsymbol{B} \tag{2-10}$$

式中，i_e 为等效电流；q 为带电粒子的电量；v 为带电粒子的运动速率；B 为所施加的磁场强度。从上式可知，洛伦兹力与带电粒子的速度方向垂直，仅改变粒子运动方向而不做功。当导电熔体受到强磁场作用力时，熔体流动会感应出电流，进而受到洛伦兹力影响。上式中的等效电流可以用流体的电导率 σ 和运动速率 u 来表示，那么洛伦兹力可表示为：

$$F = i_e \times \boldsymbol{B} = \sigma(\boldsymbol{u} \times \boldsymbol{B}) \times \boldsymbol{B} \tag{2-11}$$

可见，强磁场中运动的导电流体产生的感应电流既与运动方向垂直，又与洛伦兹力方向垂直。因此，这种条件下产生的洛伦兹力方向与流体运动方向相反，总是趋向于减弱流体的运动速度。另外，在定向凝固过程中还会产生热电磁对流，即在凝固前沿的固/液界面常因赛贝克效应的存在而产生热电流，磁场与热电流的相互作用会产生新的对流。这种形成新对流的驱动力即为热电磁力。塞贝克效应是指两种不同导电材料构成的闭合回路中，当两个接点温度不同时，回路中产生电势并将热能转化为电能的一种现象。合金共晶和枝晶生长前沿易形成热电磁对流，从而影响其凝固组织[40-42]。

2.6.2.2　磁化能

任何物质都具有某种程度的磁性，将其置于外加强磁场中均能被磁化。此时，物质所具有的磁化能可用式（2-12）表示：

$$U=-\frac{1}{\mu_0}\int_0^B M\mathrm{d}B_{\mathrm{in}} \tag{2-12}$$

式中，M 为磁化强度；B 为所外加的磁感应强度；B_{in} 为物质中的磁感应强度；μ_0 为真空磁导率（4×10^{-7} H/m）。

对于非磁性材料，磁化能可表示为：

$$U=-\frac{\chi}{2\mu_0(1+N\chi)}B^2 \tag{2-13}$$

式中，χ 为物质的磁化系数；N 为退磁因子。由式（2-13）可知，物质在磁场中所受的磁化能与外加磁场强度的平方成正比，弱磁性或抗磁性材料在强磁场中所受的磁化能可与铁磁性材料在弱磁场中的磁化能接近。因此，强磁场可改变抗磁性或非磁性材料的磁化能，改变体系的平衡状态。

2.6.2.3　磁化力

当某种物质置于强磁场中，会产生新的现象及拥有新的功能，这些往往由磁化力而引起。物质在强磁场中受到的磁化力主要包括两方面作用：一是具有磁各向异性的晶体在强磁场中会受到磁力矩的作用，这种力可以使晶体实现旋转和偏移，能够使晶体发生取向并形成具有织构化组织的材料；二是当物质被外加磁场磁化时，在梯度磁场的作用下会使物质受到一个磁化力的作用，该磁化力可实现铁磁性材料之间和顺磁性材料之间的吸引或抗磁性材料之间的排斥，应用于物质的磁分离、磁悬浮及磁化率的测量等[43-45]。

2.6.2.4　磁极间相互作用

当磁性晶粒受到外加强磁场作用时，由于受到磁化作用而成为磁偶极子，就会在晶粒间产生偶极相互作用。在平行于磁场的平面内，晶粒间表现出相互吸引的作用；在垂直于磁场的平面内，晶粒间表现出相互排斥的作用。

2.6.3　强磁场下晶体取向行为的研究

磁取向是材料制备加工的一种新技术，它通过改变材料的微观组织（即晶粒取向）来影响材料的性能。起初，磁取向技术主要是应用于金属材料的加工。近年来，随着超导磁体技术的发展，强磁场的发生设备及应用十分方便，极大地促进了磁取向技术的应用范围，使磁取向技术也成为抗磁性材料的取向控制的一种手段。目前，磁取向技术已经成为强磁场材料科学领域的研究热点之一。

2.6.3.1 强磁场下金属材料的晶体取向研究

早期有关磁场下取向的研究集中于金属材料领域。1981 年，苏联科学院莫斯科冶金研究所 Savitsky 等[46]在研究 Bi-Mn 合金在 2.5T 磁场下的凝固行为时，发现 Mn-Bi 相会沿磁场的方向排列。通过对合金的磁性能进行测试得出，合金的磁化和磁导率存在各向异性的特征。同期，里加物理研究所 Mikelson 等[47]在研究 Al-Ni、Cd-Zn、Bi-Gd 及 Al-Cu 合金体系的定向凝固时，发现磁场的施加会使合金组织中的析出相形成一定的取向，继而提出了旋转取向和磁场抑制对流的概念，并进行了相关研究。1998 年，日本 Asai 等[48]研究 Bi-4%Mn 和 Al-11%Si-2%Fe（质量分数）合金体系在磁场下的凝固时，发现 Bi-Mn 合金中的析出相 MnBi 晶粒沿着磁场方向取向，而 Al-Si-Fe 合金中的析出相却垂直于磁场方向取向。对于所发现的实验现象，Asai 等从经典磁化理论角度进行了分析及解释。认为发生磁取向需要满足三个条件：一是晶体需具有磁各向异性；二是晶体的磁各向异性能大于其热力学能；三是周围介质约束力较弱，以至于磁化力能使晶体发生旋转。分析认为，弱磁性金属和合金在磁场中凝固时，主要以旋转取向机制形成凝固组织。从动力学角度出发，存在两种理论模型。第一种是将晶粒作为球体来对待，假设晶粒具有磁各向异性（即沿着不同方向的磁化率不同），晶粒发生转动的驱动力来源于磁各向异性产生的作用[49]，表达式为：

$$T=\frac{1}{2\mu_0}V\Delta\chi B^2\sin\theta \tag{2-14}$$

式中，$\Delta\chi=\chi_1-\chi_2$，θ 是磁化方向 χ_1 与外加磁场方向的夹角。阻碍晶粒发生转动的阻力矩由洛伦兹力和黏滞阻力产生。

洛伦兹力产生的阻力矩可表示为：

$$L=\frac{4}{15}\pi r^5\sigma B^2\ \frac{\mathrm{d}\theta}{\mathrm{d}t} \tag{2-15}$$

黏滞阻力产生的阻力矩可表示为：

$$R=8\pi\eta r^3\ \frac{\mathrm{d}\theta}{\mathrm{d}t} \tag{2-16}$$

式中，r 是晶粒的半径，σ、η 分别为熔体的电导率和动力学黏度。

第二种是将晶粒作为椭球体来对待，椭球体的长轴与短轴具有不同的磁化率，这种晶粒既具有磁各向异性，又具有形状磁各向异性[50-51]。晶粒转动受到的驱动力矩和第一种情况具有相同的形式，只是表达式中的磁化率差变为：$\Delta\chi=\chi_a-\chi_c$（χ_a、χ_c分别为椭球体晶粒的长轴和短轴方向的磁化率）。阻力矩表达式为：

$$T_f=\frac{16\pi}{3}\eta(c^4-a^4)l\left(\frac{2c^2-a^2}{\sqrt{c^2-a^2}}\ln\frac{c+\sqrt{c^2-a^2}}{a}-c\right)\frac{\mathrm{d}\theta}{\mathrm{d}t} \tag{2-17}$$

式中，a、c 分别为晶粒椭球体的半长轴和半短轴的长度。

近年来，有关磁场下金属凝固过程中初生相晶粒取向的研究很多，极大地促进了磁取向技术的发展及应用。李喜[52]在 10T 强磁场下进行 Al（12%，质量分数）-Ni 合金定向凝固研究中发现，在无磁场条件下，Al_3Ni 初生相为规则的竖直排列的“树枝状”晶，而施加 10T 的磁场后，初生相的排列方向发生变化，由竖直方向变为水平方向，形成层状组织。分析认为，Al_3Ni 晶体具有显著的磁各向异性，在足够强的磁场条件下可形成规则取向组织结构，这也是 Al_3Ni 枝晶形成取向的主要原因。接着又进行了 10T 磁场下共晶凝固组织研究，发现 Al 与 Al_3Ni 在凝固过程中发生了取向，它们都是在［001］方向沿着磁场方向排列。

由于 Al 晶体属于面心立方晶体结构，具有极弱的磁各向异性，即使 12T 的强磁场也不能使 Al 枝晶形成取向，因此 Al-Al_2Cu 共晶的取向主要由 Al_2Cu 相的磁各向异性引起。无磁场条件下，晶粒是杂乱取向的，施加 10T 磁场后，初生 Al_2Cu 相的长轴沿磁场方向排列。通过对 Al_2Cu 相的晶体学分析，得到 Al_2Cu 的［001］轴沿磁场方向取向，且［001］晶向为其易磁化方向。

2.6.3.2 强磁场下陶瓷材料的晶体取向研究

强磁场技术的发展，使利用强磁场取向技术控制顺磁或抗磁性陶瓷材料的晶体取向成为可能。强磁场在材料科学中的应用发展，无疑为织构化陶瓷提供了新思路。它能将高强度能量无接触地传递给物质的原子，改变原子和分子的排列、匹配和迁移等行为，从而对材料组织和性能产生巨大而深刻的影响。

强磁诱导织构的现象存在于金属、无机、有机和生物材料的制备过程中。1981 年，Mikelson 和 Karklin 等最早观察到太空中均恒磁场使合金中析出相取向的现象；同年，他们在常规重力场条件下观察到 Al-Ni、Al-Cu、Cd-Zn 和 Bi-Cd 合金中析出相，在 0.5～1.5T 磁场中形成规则排列组织的现象，进一步证实了磁场具有使较强磁各向异性材料取向的作用，并提出晶粒旋转取向的理论，拉开了强磁场取向研究的序幕。此后，强磁场取向一直局限于铁磁性材料。1987年，Farrell等[53]将具有顺磁性的磁各向异性的YBCO高温超导陶瓷晶体与环氧树脂结合，在9.4T强磁场中通过树脂的固化得到具有织构化组织的材料，其中超导陶瓷晶体的c轴平行于磁场方向排列，首次证实了磁各向异性的顺磁性材料可在强磁场中形成大体积织构。后续研究中，将多种超导陶瓷材料与有机物结合，在强磁场中也获得了类似的取向效果，即顺磁性超温超导陶瓷材料晶体的最大磁化率晶轴平行于磁场方向排列[54]。随后的研究进一步证实了具有磁各向异性的非铁磁材料也可以获得织构化组织。例如，将抗磁性石墨晶体分散于环氧树脂中，在强磁场中固化后，得到的抗磁性石墨晶体的磁化率绝对值最大的晶轴，垂直于磁场方向排列[55]。

1996年，Katsuki等观察到苯从正己烷溶液中结晶取向，且KCl和$BaCl_2$从水溶液中结晶析出过程，将强磁场的应用扩展到了有机高分子和无机盐材料中。不仅恒强磁场能使晶粒取向，脉冲强磁场在结晶定向等方面的研究也获得了成功。Masahito等对Al-Si合金和Al-Cu合金进行了研究，研究结果发现在脉冲磁场强度处理下的宏观组织和微观组织都得到一定的改善。訾炳涛等采用强脉冲磁场对LY2铝合金的凝固组织进行了处理，发现磁场应用在功能材料方面的研究较少，尤其是在无铅压电材料的研究方面，国内相关研究尚属空白。

强磁场取向技术也逐渐应用于抗磁性结构陶瓷材料的晶体取向研究中，有望通过改变微结构中的晶粒取向来提高陶瓷材料的性能。强磁场定向方法是在陶瓷坯体的成型固化过程中，利用磁场使陶瓷粒子沿着磁极化系数最大的方向定向排列。与前两种方法相比，SMFA方法对粒子形貌没有限制，操作简单；对于非立方结构的晶粒，只要分散良好，即使是非磁性粒子，在大于10T的磁场下也能使其沿着磁场的方向定向排列，在随后的烧结过程中形成织构化结构。其最大特点是可彻底实现非磁性陶瓷粒子的晶格定向。近年来，日本学者做了大量的有关利用强磁场控制陶瓷材料晶粒取向的研究，包括氧化钛、氧化铝、氧化锌、氮化铝、氮化硅和HAP等。强磁场定向的取向机制包括静态磁场取向和旋转磁场取向，如图2.13所示（以Si_3N_4粒子在磁场中的取向为例，Si_3N_4晶粒满足$\chi_{a,b}>\chi_c$）。

Suzuki等[56]利用二氧化钛作为原材料，配制成20%（体积分数）的浆料，在10T的强磁场下利用注浆成型法制备出素坯，经过磁场外的烧结获得有取向的二氧化钛陶瓷。Suzuki等[57]分别利用注浆成型和电泳沉积方法，采用氧化铝为原材料，在10T的强磁场下制备出素坯，再经过磁场外烧结获得织构化氧化铝陶瓷。Li等[58-59]采用球形的α-氮化硅粉末作为原料配制成所需的氮化硅陶瓷浆料，在强磁场下采用注浆成型方法制备出织构化氮化硅陶瓷，发现

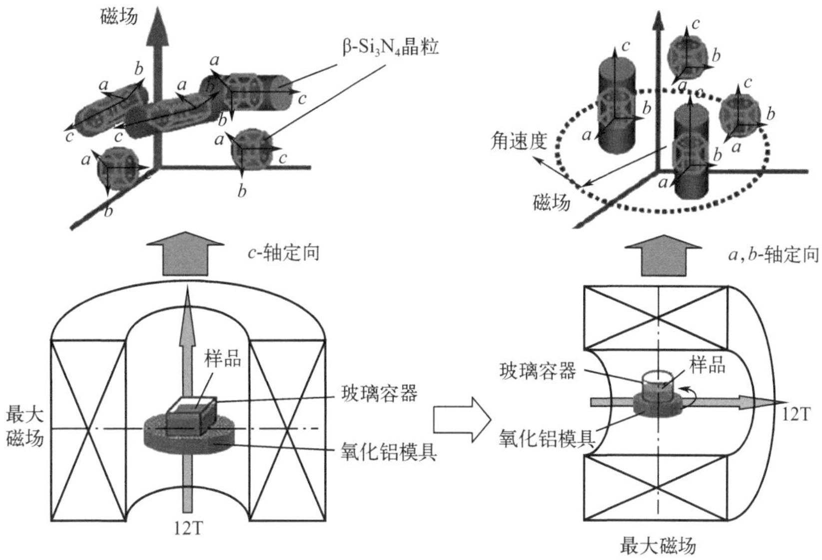

(a)　　(b)

图 2.13　强磁场定向法实现材料织构化示意图

(a) 静态磁场取向；(b) 旋转磁场取向

氮化硅晶粒的 a 轴或 b 轴是沿着磁场方向排列的，在横向旋转磁场下采用同样的方法制备出单向排列的氮化硅陶瓷，c 轴在垂直于磁场旋转面的方向排列。Zhu 等[60-61]利用同样的方法即磁场下注浆成型方法，通过在原 α-氮化硅粉末中分别添加 β-氮化硅晶粒或氮化硅晶须，制备出双轴取向的或 c 轴单轴取向的氮化硅陶瓷。分析认为，原粉末中存在的 β-氮化硅可能在最终的织构化陶瓷形成过程中起着主要的作用，β-氮化硅晶粒或晶须在素坯阶段的取向程度会决定氮化硅的织构度。这些结果表明，强磁场取向技术能够有效地控制陶瓷晶粒的取向行为，继而获得织构化陶瓷材料。

2.6.4　强磁场下单个球形陶瓷晶粒取向的动力学研究

强磁场下织构化陶瓷材料的制备需要与胶态成型方法结合。在浆料固化的过程中这些抗磁性的陶瓷晶粒会在强磁场作用下形成取向，再通过磁场外的烧结可获得织构化陶瓷。晶粒取向的实现是在液态介质中进行，那么晶粒在旋转取向过程中会受到液态介质产生的黏滞阻力作用。具有磁各向异性的抗磁性陶瓷晶粒受到强磁场作用时，会产生各向异性磁化能。其表达式如式 (2-18) 所示[62]：

$$\Delta E = \frac{VB^2 |\Delta \chi|}{2\mu_0} \tag{2-18}$$

式中，$\Delta\chi = \chi_c - \chi_{a,b}$ 为各向异性磁化率；V 为抗磁性陶瓷晶粒的体积；μ_0

为真空磁导率。只有当此晶粒的各向异性磁化能大于其热力学能，它才会发生旋转，形成取向。陶瓷粒子的旋转条件可描述为：

$$\Delta E > k_B T \tag{2-19}$$

式中，k_B 为玻尔兹曼常数；T 为热力学温度。即晶体所受的各向异性磁化能越大，就越容易发生旋转，形成取向。晶粒的各向异性磁化能与其体积、各向异性磁化率的绝对值和外加强磁场强度的平方成正比。

当单个抗磁性陶瓷晶粒置于强磁场下时，它会被外加强磁场磁化从而产生磁化能，其表达式如式（2-20）所示：

$$U = -\frac{1}{\mu_0}\int_0^B M \mathrm{d}B_{in} \tag{2-20}$$

式中，M 为磁化强度；B 为外加强磁感应强度；B_{in} 为物质中的磁感应强度。

具有磁各向异性的抗磁性陶瓷晶粒在强磁场下形成取向的基本原理是：在外加磁场和晶粒磁化的相互作用下，晶粒会受到其产生的磁力矩作用而旋转到一个平衡位置，以降低系统磁化能[63-64]。

对于六方晶系的抗磁性陶瓷晶粒，它具有磁各向异性，也就是说在其晶体结构中，a 轴或 b 轴的磁化率不同于 c 轴的磁化率。对式（2-20）进行推导，可得到每一晶轴的磁化能表达式：

$$U = -\frac{\chi}{2\mu_0(1+N\chi)}B^2 \tag{2-21}$$

式中，N 为退磁因子；χ 为每一晶轴的磁化率。每一晶轴的磁化率不同，所产生的磁化能也不同。晶轴磁化能的大小决定了其易磁化轴的归属。在磁取向系统中，根据能量最低原则，受到的磁化能最小的晶轴越容易形成取向，即此轴是易磁化轴。根据式（2-21）可得，当晶粒 c 轴的磁化率小于 a 轴或 b 轴的磁化率（即 $\chi_c < \chi_{a,b}$），则其 c 轴的磁化能大于 a 轴或 b 轴的磁化能（即 $U_c > U_{a,b}$），晶粒的 a 轴或 b 轴容易沿平行于强磁场的方向排列（即 a 轴或 b 轴是易磁化轴），此时晶粒的 c 轴在垂直于强磁场方向的平面内随机排列，形成双轴取向。当晶粒 c 轴的磁化率大于 a 轴或 b 轴的磁化率时（即 $\chi_c > \chi_{a,b}$），则其 c 轴的磁化能小于 a 轴或 b 轴的磁化能（即 $U_c < U_{a,b}$），晶粒的 c 轴趋向于平行于强磁场的方向排列（即 c 轴是易磁化轴），在强磁场下形成单轴取向。

2.6.4.1 单个球形晶粒取向的力学模型

织构化陶瓷材料的制备在强磁场下进行，强静磁场下晶粒旋转取向的球形模型如图 2.14 所示，强磁场的方向竖直向上。图中的晶粒属于六方晶系，这里假设磁化率较高的晶轴为易磁化轴，未考虑热扰动和晶粒间相互作用的影

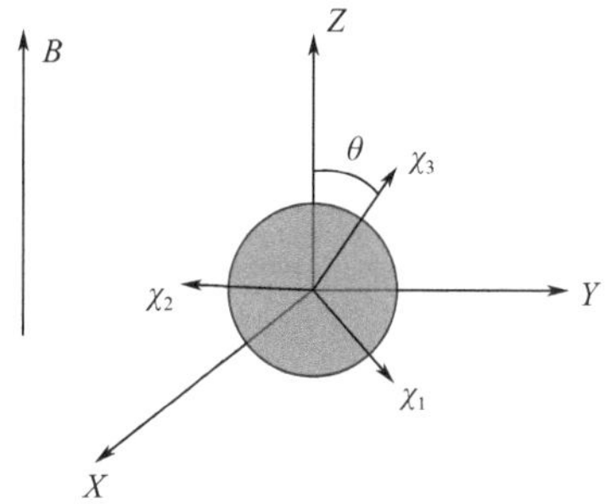

图 2.14　静磁场中球形晶粒的旋转取向极坐标

响。当单个具有磁各向异性的这类抗磁性陶瓷晶粒置于强磁场下时，它会受到磁力矩的作用而发生旋转，其易磁化轴沿着磁场方向取向。晶粒受到的磁力矩的表达式为[65-66]：

$$T=-\frac{\partial U}{\partial \theta}=-\frac{VB^2\,|\Delta \chi|}{2\mu_0}\sin 2\theta \tag{2-22}$$

式中，θ 为晶粒的易磁化轴与外加强磁场方向之间的夹角；$\Delta\chi$ 为沿着不同晶轴的磁化率的差值。假设球形晶粒的理论密度为 ρ，半径为 r，分散的液态介质的黏度为 η，受到的黏滞阻力为 L。那么陶瓷晶粒在液态介质中通过磁力矩旋转的偏微分方程为：

$$\frac{2}{5}\pi\rho r^5\left(\frac{\mathrm{d}^2\theta}{\mathrm{d}t^2}\right)+L\,\frac{\mathrm{d}\theta}{\mathrm{d}t}=T \tag{2-23}$$

式中，方程式左边第一项是惯性力矩，由于所使用的陶瓷晶粒尺寸都是亚微米级别，这个力矩作用的时间非常短，可以忽略不计。左边第二项是黏滞阻力产生的力矩。对于球形晶粒，它的体积为 $V=\frac{4}{3}\pi r^3$，受到的黏滞阻力为 $L=8\pi\eta r^3$，代入式（2-23）可得：

$$8\pi\eta r^3\,\frac{\mathrm{d}\theta}{\mathrm{d}t}+\frac{2\pi}{3\mu_0}r^3\,|\Delta\chi|\,B^2\sin 2\theta=0 \tag{2-24}$$

对式（2-24）求解，可得：

$$\tan\theta=\tan\theta_0\exp\left(-\frac{t}{\tau_{\mathrm{m}}}\right) \tag{2-25}$$

式中，θ_0 是在 $t=0$ 时刻，晶粒的易磁化轴与强磁场方向之间的夹角。由式（2-25）可以推导出 τ_{m} 的表达式如下：

$$\tau_{\mathrm{m}}=\frac{6\eta\mu_0}{|\Delta\chi|\,B^2} \tag{2-26}$$

这也是单个球形陶瓷晶粒在静磁场中形成取向所用的时间。

2.6.4.2 单个球形晶粒旋转取向的有效尺寸

晶粒在液态介质中的分散状态，往往会受到布朗运动和重力的影响。晶粒尺寸越小，布朗运动的作用就越大；晶粒尺寸越大，重力的作用就越大。在磁场下，如果晶粒尺寸太小，晶粒在磁场作用下会无法克服其布朗运动，不能形成取向；如果晶粒尺寸太大，晶粒会在形成取向之前由于重力的作用而沉降，也不能形成取向。Wu 等[65]对晶体取向过程中晶粒的有效尺寸范围进行了探讨，得出了最小晶粒尺寸 $r_{\min}$、最大晶粒尺寸 $r_{\max}$ 及布朗运动和重力作用的临界尺寸 r_c，并对其进行了划分分析。

① 当尺寸较小的晶粒分散在液态介质中时，布朗运动会对其产生更大的作用力，而此时重力的作用力可忽略不计。如果要在磁场下实现晶粒的旋转取向，晶粒必须具有较大的尺寸去克服布朗运动的影响。也就是说，晶粒旋转取向所需时间必须小于由布朗运动所影响的旋转所需的时间。在此条件下，取向所需的最小晶粒尺寸表达式如下：

$$r_{\min}=\sqrt[3]{\frac{3kT\mu_0}{2\pi|\Delta\chi|B^2}} \tag{2-27}$$

当晶粒尺寸超过这个值时，不受布朗运动制约，晶粒会在强磁场中发生旋转取向。

② 悬浮液中晶粒尺寸越大，受到的重力作用越显著，而布朗运动可忽略。此时要求晶粒必须在沉降到底部之前完成旋转取向，由晶粒所处初始位置到模具底部的距离定义为 L，则最大晶粒尺寸表达式如下：

$$r_{\max}=\sqrt{\frac{3|\Delta\chi|B^2L}{4\mu_0 g(\rho_P-\rho_1)}} \tag{2-28}$$

式中，g 是重力加速度；ρ_P 是晶粒的密度；ρ_1 是液态介质的密度。如果晶粒尺寸大于这个最大值，晶粒就会沉降到模具底部而不能形成取向；如果晶粒尺寸小于这个最大值，晶粒就会形成取向。

③ 当布朗运动产生的晶粒沉降速率大于重力引起的沉降速率时，重力的作用是可以忽视的。在这个条件下，布朗运动和重力作用的临界尺寸表达式如下：

$$r_c=\sqrt[7]{\frac{243kT\eta^2}{8\pi e g^2\rho_P(\rho_P-\rho_1)}} \tag{2-29}$$

对于球形晶粒，当尺寸处于 $r_{\min}<r<r_c$ 范围内，即使有布朗运动，晶粒仍能实现旋转取向，所以在此范围内，布朗运动对晶粒旋转取向没有影响；当晶粒尺寸处于 $r_c<r<r_{\max}$ 范围内，即使有重力作用存在，晶粒在沉降到模具底部之前已形成取向，所以在此范围内，重力也对晶粒旋转取向没有影响。以

上讨论仅是对于单个球形颗粒的取向而言。也就是说，要想在强磁场下实现抗磁性晶粒的取向，所选用的晶粒尺寸要处于上面分析的尺寸范围内。

从以上分析可得，抗磁性陶瓷晶粒在强静磁场下形成取向必须具备 3 个条件：①所选用的陶瓷晶粒必须具有磁各向异性，即属于非立方晶系结构；②陶瓷晶粒的尺寸必须足够大，以至于受到的磁化能大于其热扰动能；③所制备的陶瓷浆料必须具有非常好的分散性及较低的黏度，以实现单个陶瓷晶粒在浆料中的稳定分散。

对于旋转磁场的情况，磁场旋转角速度必须足够大才能获得 c 轴取向的结构。对于静态磁场，在平行于磁场方向的面内旋转样品也跟旋转磁场的效果一致，此时样品的旋转速度可以近似理解为磁场的旋转速度。

2.7　增材制造

增材制造技术是一种新型近净成型技术，基于零件的三维切片模型，热源逐层熔化堆积材料形成最终零件。从 20 世纪 80 年代开始，增材制造技术开始用于制造复杂形状的零件，但受限于材料和技术，成型的零件只能作为模型样品，性能达不到产品的要求。随着科学技术的发展，新材料、新技术不断被开发出来，增材制造技术开始应用于产品批量制造。根据能量源和工艺过程的不同，金属增材制造技术可分为选区激光烧结（SLS）、选区激光熔融（SLM）、电子束增材制造（EBM）、激光净成型（LENS）、电弧熔丝（WAAM）、直接金属激光烧结（DMLS）等多种技术。其中，SLS、SLM 和 EBM 属于粉床增材制造技术，这种技术成本昂贵，但成型精度更高，适用于制备高精度、小尺寸的零件；而 LENS、WAAM、DMLS 等技术成本较低，适用于尺寸精度要求不高的大尺寸零件的修复和制备。

2.7.1　电子束增材制造

电子束增材制造技术是一种典型的粉床增材制造技术，该技术以电子束作为能量源熔化金属粉末，为防止电子散射或电离，要求周围环境保持 100～1000Pa 的高度真空状态，并且需要通入氦气等惰性保护气体。电子束经过聚焦线圈及偏转线圈聚焦为 0.1mm 左右的束斑射向金属粉床。

电子束增材制造工艺开始运行后，漫散射的电子束需要将基板预热至一定温度，以减小零件与基板间的应力，利于粉末烧结固定。而后粉耙在基板上铺设一定厚度的粉末，电子束需要对粉末层进行预热烧结，防止高能电子束冲击粉床造成粉末溃散、飞溅。完成预热步骤的电子束提高能量密度，根据零件的三维切片模型对粉床进行选区熔化。不断重复铺粉、预热、熔化步骤，最终完成零件的成型。电子束增材制造技术一般采用粗粉制备零件，粉末粒径大约分布在 45～106pm 之间，粉末层厚度通常在 20～100μm 之间，因此零件的成型精度和表面粗糙度要逊色于细粉制备的激光增材制造工艺，制备尺寸精度在 0.13～0.2mm 之间。电子束增材制造工艺制备过程的高真空、惰性气体环境能够有效防止金属粉末氧化或与空气反应，特别适用于制备铝、钛等易与空气发生化学反应的金属材料。但电子束增材制造技术也存在设备昂贵、成本高等缺点，且工艺调整难度高，因此目前主要应用于制备医疗器械、精密元件等要求高精度、高纯净度成型的零件。

2.7.2 激光增材制造

激光增材制造以激光为能量输入，熔覆头根据三维数据模型生成的路径轨迹移动，实现三维复杂零部件的直接成型。由于激光增材制造是逐点、逐道、逐层成型，不仅可以在设计阶段不用考虑复杂零件的制造约束，增加设计自由度，而且可以针对使用需求，设计具有性能梯度的结构件。近期研究发现，激光增材制造由于独特的胞状组织可以实现比传统制造方法更为优异的力学性能。同时，针对受损的高昂零部件，激光增材制造技术可以实现快速修复，甚至可以提高零件的寿命。目前，该技术在航天航空、模具修复、生物医疗等领域得到了广泛的应用。

激光增材制造是金属材料熔化和凝固的过程，成型件的性能与材料属性和工艺参数息息相关。广大学者对不同的材料进行了基础的工艺研究，材料主要包括不锈钢、钛合金、镍基高温合金、铝合金，同时人们将激光增材技术应用到其他新兴材料，如高熵合金、非晶、复合材料等。然而，激光增材制造过程复杂，耦合激光与物质的作用、热质传输、湍流等复杂的物理过程，具有复杂多变的工艺参数，要实现组织的控制仍具有极大的挑战，需要继续深入研究，建立工艺参数和组织之间的关系。相比于连续激光，脉冲激光具有更高的冷却速率和凝固速率，可以有效地减少元素偏析，制造的零部件具有更高的性能。同时，激光容易实现调控，可以通过调控脉冲参数实现组织可控零部件的制造。脉冲激光增材制造过程中，熔池是动态变化的，脉冲激光辐射基体形成熔池，随着激光的持续辐射熔池长大，激光关闭后熔池开始凝固。熔池的动态演变调节着进入熔池的粉末量和凝固参数，从而导致复杂的熔池形态和凝固组织。但是对于脉冲激光增材制造的研究较少，尤其是对长周期脉冲的研究，缺乏对脉冲熔池演变过程的正确认识，工艺参数对熔池形貌和织构的影响机理尚不清楚。明晰熔池演变机制，正确理解工艺参数-熔池形貌-织构之间的相互关系是成型可控织构化零部件的基础。

2.8 织构化结构的测定和表示

2.8.1 极图的测量原理

利用 X 射线衍射技术（反射法）测量材料极图的原理如图 2.15 所示。由布拉格方程［式（2-30）］可知：

$$2d\sin\theta = n\lambda \tag{2-30}$$

在 X 射线波长 λ 和 2θ 值确定时，只有符合特定的晶面间距 d 的 (hkl) 晶面会产生衍射。固定该衍射系统 $\boldsymbol{I}$-$\boldsymbol{I}_0$-$\boldsymbol{N}$，其中 $\boldsymbol{I}$ 为入射线方向的单位矢量，$\boldsymbol{I}_0$ 为衍射线方向的单位矢量，$\boldsymbol{N}$ 为发生衍射的晶面的法线方向，o-xyz 为试样坐标系。

使试样坐标系与衍射系统坐标相对转动，可得到不同取向 N（α，β）对应的衍射强度，转化为极密度分布后绘于二维投影面 o-xy，即得到相应的 (hkl) 极图。多晶体的极图反映了某一 $\{hkl\}$ 晶面族的晶面法线的空间分布在试样宏观坐标系的投影分布。当晶粒随机分布时，空间各点中观察到某一 (hkl) 面的概率相等，在二维平面极图中表现为均匀分布的点；而当多晶体中存在织构化结构时，某一 (hkl) 取向在空间的某些点分布的概率较大，而在另外的区域极少观察到。将这些加权概率密度分布投影在二维平面上，并用线将极密度值相同的点连接形成等强度线，就构成了多晶体材料的 (hkl) 极图。

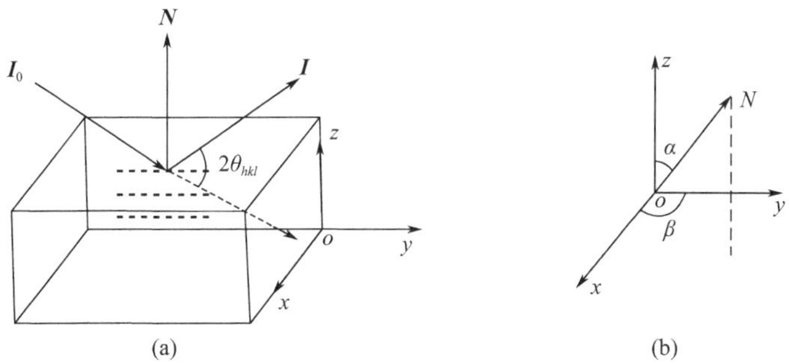

图 2.15 多晶体（hkl）晶面 X 射线衍射原理图

（a）衍射系统；（b）两种坐标系的相对转动

2.8.2 取向的表示方法

由于极图为二维图形，不能完整反映晶体的三维取向。晶体的空间取向可用三个独立的参数描述，研究中常用的描述方式有：①米勒指数。通过晶体的晶面和晶向在参考坐标系中的排布方式来描述特定取向。例如，$(hkl)[uvw]$表示晶体的(hkl)面平行于样品的宏观表面 xoy 面，$[uvw]$代表平行于 x 轴的晶向。该表述将晶体的晶面、晶向与样品的宏观取向关联，形象直观。②矩阵。参考米勒指数的表达法，可证明平行于 y 轴的晶向为$[rst]=(hkl)[uvw]$，因此可用标准正交矩阵描述取向。矩阵 $\mathbf{g}$ 的表达式如下：

$$\mathbf{g}=\begin{bmatrix} u & r & h \\ v & s & k \\ w & t & l \end{bmatrix} \tag{2-31}$$

2.8.3 欧拉角

这里先定义两个坐标系，样品的坐标系为正交的 O-ABC 坐标，晶体的坐标系定义为由正交晶向构成的 O-XYZ，用 O-XYZ 相对于 O-ABC 的欧拉角来表示晶体的取向。O-XYZ 坐标系中，对于金属常取 OX 为轧向，OY 为轧板横向，OZ 为轧板法向。欧拉角描述了两个坐标系的旋转操作，具体又可以采用两套符号系统来表达，即 Bunge 系统和 Roe 系统。1965 年，Bunge 和 Roe 同时独立提出了分析织构化结构的 ODF 法。以 Bunge 符号系统为例，其用（φ_1，ϕ，φ_2）参数表示：首先将两个坐标系重合放置，晶体坐标系 O-XYZ 绕 OZ 轴转过 φ_1 角为第一转动，绕 OX 轴转动 ϕ 为第二转动，绕 OZ 轴转过 φ_2 角为第三转动，即可将晶体坐标系转到特定取向。Roe 系统则用欧拉角（Ψ，θ，φ）表示，两种表达的关系为：

$$\begin{cases} \varphi_1=\Psi+\dfrac{\pi}{2} \\ \phi=\theta \\ \varphi_2=\varphi-\dfrac{\pi}{2} \end{cases} \tag{2-32}$$

为实际方便，不同场合采用的描述方式可能不同。三种描述之间可以相互转换，如米勒指数和 Bunge 符号系统的（φ_1，ϕ，φ_2）之间的转换关系为（以六方晶系为例）[50]：

$$\begin{bmatrix} h \\ k \\ i \\ l \end{bmatrix}=\begin{bmatrix} \dfrac{\sqrt{3}}{2} & -\dfrac{1}{2} & 0 \\ 0 & 1 & 0 \\ -\dfrac{\sqrt{3}}{2} & -\dfrac{1}{2} & 0 \\ 0 & 0 & \dfrac{c}{a} \end{bmatrix}\begin{bmatrix} \sin\varphi_2\sin\phi \\ \cos\varphi_2\sin\phi \\ \cos\phi \end{bmatrix} \tag{2-33}$$

$$\begin{bmatrix} u \\ v \\ t \\ w \end{bmatrix}=\begin{bmatrix} \frac{2}{3} & -\frac{1}{3} & 0 \\ 0 & \frac{2}{3} & 0 \\ -\frac{2}{3} & -\frac{1}{3} & 0 \\ 0 & 0 & \frac{c}{a} \end{bmatrix}\begin{bmatrix} \cos\varphi_1\cos\varphi_2-\sin\varphi_1\sin\varphi_2\cos\phi \\ -\cos\varphi_1\sin\varphi_2-\sin\varphi_1\cos\varphi_2\cos\phi \\ \sin\varphi_1\sin\phi \end{bmatrix} \tag{2-34}$$

ODF 分析中常采用欧拉角来描述取向，应用上述关系可将欧拉角描述和米勒指数表示法联系起来，便于分析。

2.8.4　取向分布函数 ODF

以三个独立的参量 φ_1、ϕ、φ_2 为坐标轴建立正交的直角坐标系，晶粒的取向可用该空间内的坐标表示，此空间称为欧拉空间或取向空间。取向空间的建立为分析晶体的三维取向提供了方便，将样品中晶体的各个取向全部标注于取向空间，从取向空间中就可看到在哪些取向处分布聚集，哪些点处分布稀疏。由于晶体的每一个取向只与取向空间内的一点对应，这样就可以确切地描述晶体的取向，这是 ODF 分析相对于极图的优越之处。

实际的取向分布图并不是用孤立的许多点来表示的，而是采用取向密度的方式来绘制。取向密度 $w(\theta, \Psi, \varphi)$ 的定义如下：

$$w(\theta, \Psi, \varphi)=K_w\frac{\Delta V}{V}/\sin\theta\Delta\theta\Delta\Psi\Delta\varphi \tag{2-35}$$

式中，$\sin\theta\Delta\theta\Delta\Psi\Delta\varphi$ 为含取向（ψ，θ，φ）的取向单元；$\frac{\Delta V}{V}$ 为取向落于该取向元内的晶粒的体积分数；K_w 为比例系数。

取向密度的概念描述了晶粒的取向出现在某一特定取向处的概率，定量表达了织构化结构的分布状况，故又称其为取向分布函数 ODF。由于 ODF 图为三维图形，在实际研究工作中，常截取 ODF 图的某一具有代表性的截面来研究取向分布密度在该截面上的变化。材料的 ODF 不能由多晶衍射技术直接测得，主要通过一组极图或反极图数据计算得出。对于立方晶系需要三个不同晶面的极图数据，六方晶系需要四个不同晶面的极图数据来计算得出 ODF。

2.8.5　织构度

织构度（或取向度）的概念以及 X 射线衍射测试法均由荷兰科学家 Lotgering 提出。假设测试样品为 100%理想情况下取向生长，当 X 射线从平行于样品（001）方向射入并反射后，只有在（001）方向的衍射峰可以保留下来，其他（*hkl*）方向的衍射峰则会消失。但大多数样品并非完全定向生长，其（001）和（*hkl*）方向衍射峰将同时存在，随着取向生长程度的增加，（001）衍射峰强度的比例将逐渐增大，而（*hkl*）衍射峰强度的比例将逐渐缩小，直至消失。因此，(001)/(*hkl*) 比值的大小可反映取向程度的高低，取向度也被称作 Lotgering factor（f）。

将测得的 XRD 衍射数据代入下列公式中计算织构度（f）：

$$f=(P-P_0)/(1-P_0) \tag{2-36}$$

$$P=\Sigma I(h00)/\Sigma I(hkl) \tag{2-37}$$

$$P_0=\Sigma I_0(h00)/\Sigma I_0(hkl) \tag{2-38}$$

式中，P 和 P_0 分别表示织构化和随机取向陶瓷的（$h00$）/（hkl）总衍射峰强度比值，I 和 I_0 分别表示织构化及随机取向陶瓷的衍射峰强度。所以，f 值的变化范围可以从 0（随机取向）变化到 1（完全择优取向）。

· 参考文献 ·

[1] Rahaman M. Ceramic processing and sintering[M]. New York：Marcel Dekker Inc，1995.

[2] Terwilliger G R, Lange F F. Hot-pressing behavior of Si_3N_4[J]. Journal of the American Ceramic Society, 1974, 57(1)：25-29.

[3] Hwang S L, Chen I W. Reaction hot pressing of α- and β- SiAlON ceramics[J]. Journal of the American Ceramic Society, 1994, 77(1)：165-171.

[4] Ran S, Zhang L, Van der B O, et al. Pulsed electric current, in situ synthesis and sintering of textured TiB_2 ceramics[J]. Journal of the European Ceramic Society, 2010, 30(4)：1043-1047.

[5] Lee F, Bowman K J. Texture and anisotropy in silicon nitride[J]. Journal of the American Ceramic Society, 1992, 75(7)：1748-1755.

[6] Lee F, Sandlin M S, Bowman K J. Toughness anisotropy in textured ceramic composites[J]. Journal of the American Ceramic Society, 1993, 76(7)：1793-1800.

[7] Duan X, Jia D, Wu Z, et al. Effect of sintering pressure on the texture of hot-press sintered hexagonal boron nitride composite ceramics[J]. Scripta Materialia, 2013, 68(2)：104-107.

[8] Kondo N, Ohji T, Wakai F, et al. Superplastic forging of silicon nitride ceramics with anisotropic microstructure control[J]. Journal of Materials Science Letters，1998, 17(1)：45-47.

[9] Kondo N, Wakai F, Nishioka T, et al. Superplastic Si_3N_4 ceramics consisting of rod-shaped grains[J]. Journal of Materials Science Letters, 1995, 14(19)：1369-1371.

[10] Kondo N, Wakai F, Yamagiwa M, et al. High temperature deformation of silicon nitride ceramics with different microstructures[J]. Materials Science and Engineering：A, 1996, 206(1)：45-48.

[11] Kondo N, Ohji T, Wakai F, et al. Strengthening and toughening of silicon nitride by superplastic deformation[J]. Journal of the American Ceramic Society, 1998, 81(3)：713-716.

[12] Zhu X W, Sakka Y. Textured silicon nitride：Processing and anisotropic properties[J]. Science and Technology of Advanced Materials, 2008, 9(3)：033001.

[13] Lee F, Bowman K J. Texture development via grain

rotation in β-silicon nitride[J]. Journal of the American Ceramic Society, 1994, 77(4): 947-953.

[14] Rout S K, Barhai P K, Sinha E, et al. Anisotropic dielectric and electrical properties of hot-forged $SrBi_4Ti_4O_{15}$ ceramics[J]. International Journal of Applied Ceramic Technology, 2010, 7(s1): 114-123.

[15] Wu X, Chen L W. Exaggerated texture and grain growth in a supperplastic SiAlON[J]. Journal of the American Ceramic Society, 1992, 75(10): 2733-2741.

[16] Fuierer P A, Nichtawitz A. In electric field assisted hot forging of bismuth titanate[C]// Proceedings of 1994 IEEE International Symposium on Applications of Ferroelectrics, 1994: 126-129.

[17] Kondo N, Suzuki Y, Miyajima T, et al. High-temperature mechanical properties of sinter-forged silicon nitride with ytterbia additive[J]. Journal of the European Ceramic Society, 2003, 23(5): 809-815.

[18] Yao J, Li J, Viehland D, et al. Aging associated domain evolution in the orthorhombic phase of ⟨001⟩ textured $(K_{0.5}Na_{0.5})Nb_{0.97}Sb_{0.03}O_3$ ceramics[J]. Applied Physics Letters, 2012, 100(13): 132902.

[19] Hong S H, Messing G L. Development of textured mullite by templated grain growth[J]. Journal of the American Ceramic Society, 1999, 82(4): 867-872.

[20] Kan Y, Wang P, Li Y, et al. Fabrication of textured bismuth titanate by templated grain growth using aqueous tape casting[J]. Journal of the European Ceramic Society, 2003, 23(12): 2163-2169.

[21] Horn J A, Zhang S C, Selvaraj U, et al. Templated grain growth of textured bismuth titanate[J]. Journal of the American Ceramic Society, 1999, 82(4): 921-926.

[22] Kimura T, Sakuma Y, Murata M, et al. Texture development in piezoelectric ceramics by templated grain growth using heterotemplates[J]. Journal of the European Ceramic Society, 2005, 25(12): 2227-2230.

[23] Messing G L, Trolier-McKinstry S, Sabolsky E M, et al. Templated grain growth of textured piezoelectric ceramics[J]. Critical Reviews in Solid State and Materials Sciences, 2004, 29(2): 45-96.

[24] Jing X, Li Y, Yang Q, et al. Influence of different templates on the textured $Bi_{0.5}(Na_{1-x}K_x)_{0.5}TiO_3$ piezoelectric ceramics by the reactive templated grain growth process[J]. Ceramics International, 2004, 30(7): 1889-1893.

[25] Takeuchi T, Tani T, Saito Y, et al. Piezoelectric properties of bismuth layer-structured ferroelectric ceramics with a preferred orientation processed by the reactive templated grain growth method[J]. Japanese Journal of Applied Physics, 1999, 38(9S): 5553.

[26] Kimura T, Takahashi T, Tani T, et al. Preparation of crystallographically textured $Bi_{0.5}Na_{0.5}TiO_3$-$BaTiO_3$ ceramics by reactive-templated grain growth method[J]. Ceramics International, 2004, 30(7): 1161-1167.

[27] Tani T, Kimura T. Reactive-templated grain growth processing for lead free piezoelectric ceramics[J]. Advances in Applied Ceramics, 2006, 105(1): 55-63.

[28] Tajima S, Tani T, Isobe S, et al. Thermoelectric properties of highly textured $NaCo_2O_4$ ceramics processed by the reactive templated grain growth(RTGG) method[J]. Materials Science and Engineering: B, 2001, 86(1): 20-25.

[29] Tanaka S, Makiya A, Kato Z, et al. C-axis oriented ZnO formed in a rotating magnetic field with various rotation speeds[J]. Journal of the European Ceramic Society, 2009, 29(5): 955-959.

[30] 朱丹．定向凝固制备 YBCO 高温超导氧化物的工艺探索及组织分析[D]．西安：西北工业大学，2005.

[31] 孙海滨．氧化铝基共晶陶瓷定向凝固过程的研究[D]．临沂：山东理工大学，2010.

[32] 张军，刘林，苏海军，等．氧化物共晶陶瓷定向凝固研究进展[J]．中国材料进展，2010，29：10-19.

[33] 潘振，张慧丰，郭景坤．定向凝固共晶多相复合陶瓷的研究现状[J]．无机材料学报，1999，14：513-519.

[34] 孙士文，潘晓明，李东林，等．PMN-PT 弛豫铁电固溶体的定向凝固组织与结晶习性[J]．无机材料学报，2004，19(3)：541-545.

[35] Mi A, Guo L, Guo S, et al. Freeze-casting in synthetic porous materials: Principles, different dimensional building units and recent applications[J]. Sustainable Materials and Technologies, 2024, 39: e00830.

[36] Wegst U G K, Schecter M, Donius A E, et al. Bio-

materials by freeze casting[J]. Philosophical Transactions of the Royal Society A: Mathematical, Physical and Engineering Sciences, 2010, 368 (1917): 2099-2121.

[37] Deville S. Freeze-casting of porous ceramics: A review of current achievements and issues[J]. Advanced Engineering Materials, 2008, 10 (3): 155-169.

[38] Perenboom J, Peters R, Roeterdink T, et al. The new 20MW high magnetic field installation at the University of Nijmegen[J]. Physica B: Condensed Matter, 2001, 294-295: 529-534.

[39] Motokawa M, Hamai M, Sato T, et al. Magnetic levitation experiments in Tohoku University[J]. Physica B: Condensed Matter, 2001, 294-295: 729-735.

[40] Wang J, Fautrelle Y, Ren Z M, et al. Thermoelectric magnetic force acting on the solid during directional solidification under a static magnetic field[J]. Applied Physics Letters, 2012, 101(25): 251904.

[41] Li X, Fautrelle Y, Ren Z. Influence of an axial high magnetic field on the liquid-solid transformation in Al-Cu hypoeutectic alloys and on the microstructure of the solid[J]. Acta Materialia, 2007, 55 (4): 1377-1386.

[42] Li X, Ren Z M, Fautrelle Y, et al. Effect of a vertical magnetic field on the dendrite morphology during Bridgman crystal growth of Al-4. 5wt% Cu[J]. Journal of Crystal Growth, 2006, 290(2): 571-575.

[43] Kimura T. Study on the effect of magnetic fields on polymeric materials and its application[J]. Polymer Journal, 2003, 35(11):823-843.

[44] Tagami M, Hamai M, Mogi I, et al. Solidification of levitating water in a gradient strong magnetic field [J]. Journal of Crystal Growth, 1999, 203 (4): 594-598.

[45] Motokawa M, Hamai M, Sato T, et al. Crystal growth and materials processing in the magnetic levitation condition[J]. Journal of Magnetism and Magnetic Materials, 2001, 226-230: 2090-2093.

[46] Savitsky E M, Torchinova R S, Turanov S A, et al. Effect of crystallization in magnetic field on the structure and magnetic properties of Bi-Mn alloys[J]. Journal of Crystal Growth, 1981, 52: 519-523.

[47] Mikelson A E, Karklin Y K. Control of crystallization processes by means of magnetic fields[J]. Journal of Crystal Growth, 1981, 52: 524-529.

[48] Morikawa H, Sassa K, Asai S. Control of precipitating phase alignment and crystal orientation by imposition of a high magnetic field[J]. Materials Transactions, 1998, 39(8): 814-818.

[49] Sugiyama T, Tahashi M, Sassa K, et al. The control of crystal orientation in non-magnetic metals by imposition of a high magnetic field[J]. Isij International, 2003, 43: 855-861.

[50] Akiyama J, Asano H, Iwai K, et al. Analysis of uniaxial alignment behavior of nonmagnetic materials under static magnetic field with sample rotation[J]. Materials Transactions, 2008, 49(4): 787-791.

[51] Kimura T, Yoshino M, Yamane T, et al. Uniaxial alignment of the smallest diamagnetic susceptibility axis using time-dependent magnetic fields[J]. Langmuir, 2004, 20(14): 5669-5672.

[52] 李喜. 强静磁场下二元合金凝固行为研究[D]. 上海:上海大学,2009.

[53] Farrell D E, Chandrasekhar B S, DeGuire M R, et al. Superconducting properties of aligned crystalline grains of $Y_1Ba_2Cu_3O_{7-\delta}$ [J]. Physical Review B, 1987, 36(7): 4025-4027.

[54] Tkaczyk J E, Lay K W. Effect of grain alignment and processing temperature on critical currents in $YBa_2Cu_3O_{7-\delta}$ sintered compacts[J]. Journal of Materials Research, 1990, 5(7): 1368-1379.

[55] Asai S. Materials processing by use of a high intensity magnetic field[C]// Electromagnetic Processing of Materials: Materials Processing by Using Electric and Magnetic Functions. Dordrecht: Springer Netherlands, 2012: 113-150.

[56] Suzuki T S, Sakka Y. Fabrication of textured titania by slip casting in a high magnetic field followed by heating[J]. Japanese Journal of Applied Physics, 2002, 41(11A): L1272.

[57] Suzuki T S, Uchikoshi T, Sakka Y. Control of texture in alumina by colloidal processing in a strong magnetic field[J]. Science and Technology of Advanced Materials, 2006, 7(4): 356-364.

[58] Li S, Sassa K, Asai S. Fabrication of textured Si_3N_4 ceramics by slip casting in a high magnetic field[J]. Journal of the American Ceramic Society, 2004, 87

(7): 1384-1387.

[59] Li S, Sassa K, Asai S. Preferred orientation of Si_3N_4 ceramics by slip casting in a high magnetic field[J]. Ceramics International, 2006, 32(6): 701-705.

[60] Zhu X W, Suzuki T S, Uchikoshi T, et al. Texture development in Si_3N_4 ceramics by magnetic field alignment during slip casting[J]. Journal of the Ceramic Society of Japan, 2006, 114: 979-987.

[61] Zhu X W, Sakka Y, Suzuki T S, et al. The c-axis texturing of seeded Si_3N_4 with β-Si_3N_4 whiskers by slip casting in a rotating magnetic field[J]. Acta Materialia, 2010, 58(1): 146-161.

[62] Uchikoshi T, Suzuki T S, Tang F, et al. Crystalline-oriented TiO_2 fabricated by the electrophoretic deposition in a strong magnetic field[J]. Ceramics International, 2004, 30(7): 1975-1978.

[63] Li S, Wu C, Sassa K, et al. The control of crystal orientation in ceramics by imposition of a high magnetic field[J]. Materials Science and Engineering: A, 2006, 422(1): 227-231.

[64] Asai S, Sassa K S, Tahashi M. Crystal orientation of non-magnetic materials by imposition of a high magnetic field[J]. Science and Technology of Advanced Materials, 2003, 4(5): 455-460.

[65] Wu C, Li S, Sassa K, et al. Theoretical analysis on crystal alignment of feeble magnetic materials under high magnetic field[J]. Materials Transactions, 2005, 46(6): 1311-1317.

[66] Yamahira S Y, Hatanaka S I, Kuwabara M, et al. Orientation of fibers in liquid by ultrasonic standing waves[J]. Japanese Journal of Applied Physics, 2000, 39(6R): 3683.

第3章 超高温陶瓷及反应热压过程中的显微结构演变

3.1 引言

高超声速飞行器是航空科技向新的飞行边界进行全新探索的重要工具。它对实现空天一体化产生重大影响，是航空先进国家近年发展的热门领域。世界各国竞相开展高超声速飞行器相关计划，主要有美国的Hyper-X计划、法国的PREPHA计划、日本的高超声速运输机研究计划、印度的先进吸气式跨大气层研究（AVATAR）计划。高温结构材料作为重大关键技术之一，在高超声速飞机发展中起着举足轻重的作用。高超声速技术主要指飞行速度超过5马赫的飞行器所需的相关技术，如美国Hyper-X计划的目标是开发飞行速度达到10马赫的高超声速飞行器。在飞行器高超声速长时飞行、大气层再入、跨大气层飞行等极端环境下，火箭喷嘴入口、吸气增强推进系统、机翼前缘以及鼻锥等关键部件，都会在燃料燃烧及飞行过程中与大气激烈摩擦产生高温。根据理论分析，机翼前缘的温度与机翼前缘半径的平方根成反比，因此早期飞行器设计均采用钝头设计来降低各部件温度。美国在20世纪60年代即开始对尖锐前缘飞行器及其热防护系统进行分析设计。理论证明，锐头设计能够提高飞行器的可靠性，有效降低可重复使用运载器（RLV）的研制及发射成本。但锐头设计的高超声速飞行器也对材料提出了新要求：飞行器穿越大气层时，机翼前缘、发动机进气道的材料必须能承受2000℃以上的高温，同时还要具有良好的抗氧化性、抗热冲击性、抗烧蚀性，并保持一定的高温强度。

3.2 超高温陶瓷材料

3.2.1 超高温材料的发展历程及研究体系

有望在 2000℃以上使用的超高温材料主要有难熔金属、C/C 复合材料以及陶瓷基复合材料等[1-3]。图 3.1 给出了各种高温材料的熔点。

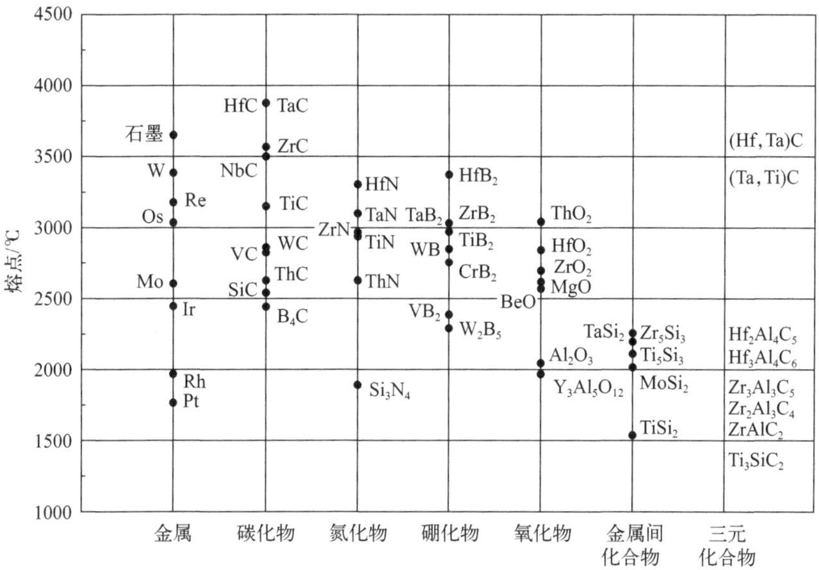

图 3.1 各种高温材料的熔点

难熔金属（W、Mo、Ta、Nb、Zr 等）及其合金具有熔点高、耐高温和抗腐蚀性强等突出优点，应用领域涉及固液火箭发动机、重返大气层的航天器和航天核动力系统等，是最早研究和应用的超高温材料。在难熔金属中，钨的熔点最高，具有较好的抗氧化性、抗热震性及抗烧损、抗冲刷能力，常用作发动机喉衬。添加碳化物颗粒（如 ZrC 和 TiC 颗粒）的钨基复合材料具有优异的高温力学性能[4]。含 B 或 N 的过饱和 Nb 基难熔合金，通过后续热处理析出纳米颗粒来阻碍位错运动而达到强化目的，在温度达到 2200℃时仍保持良好性能[5]。钼（Mo）的熔点虽不高，但其成本和密度都较低，且 Mo 的硅化物（如 $MoSi_2$）具有优异的抗氧化性能，使用温度可达 1700℃。Mo 还可和 Si、B 形成 $Mo_{28.5}Si_{213.2}B$ 三元化合物，具有极高的高温强度，在 1500℃时屈服强度仍在 1GPa 以上[6]。在所有难熔金属中，铼（Re）具有独特的性能组合，是需要高温强度、耐磨、耐蚀等应用环境中极有前途的候选材料。Re（熔点为 3180℃）具有低于室温的延展性至脆性的转变温度，与其他耐火金属相比，随温度升高，铼具有最高的抗拉强度和抗蠕变断裂强度。加铱（Ir）保护层可以极大提高铼的抗氧化性。此外，铼与其他难熔金属和陶瓷具有很好的相容性（如 ThO_2、HfO_2、HfC、NbC、TaC 和 ZrC 等），通过铼与其他难熔金属和陶瓷组分的合理设计，可以使铼的强度、抗蠕变性、抗环境等能力得以改善和提高。

C/C 复合材料具有质量轻、比强度高、比刚度高、弹性模量高、热膨胀系数低、高温强度高、良好的烧蚀性能、较大温度范围内的抗蠕变能力及抗热震性能等优点，其密度不到 $2.0g/cm^3$，仅约为镍基高温合金的 1/4，陶瓷材料的约 1/2。从室温至 2000℃范围内，C/C 复合材料的强度随温度升高而增加，2500℃时仍具有较高强度[7]。与许多金属合金及陶瓷基复合材料相比，C/C 复合材料的比强度最高，但其作为高温结构材料的应用极为有限，因为在氧化环境中，特别是超过 350℃时，其使用效果非常差。因此，开发可靠的氧化保护系统对发挥 C/C 复合材料的全部潜能至关重要。通过减少碳材料中的杂质、增加石墨化的程度、采用内部氧化抑制剂以及采用氧化保护涂层可抑制氧化。基于金属碳化物和金属氧化物的涂层与内部抑制剂相结合，目前被用于氧化保护，其使用温度可达 1600℃，但涂层在 1700℃以上的使用效果并不理想。

综上所述，难熔金属及其合金具有成型方便、抗热冲击性能好等优点，但一般价格昂贵、密度大且抗氧化性能较差。C/C 复合材料综合性能优良，但是 1700℃以上的高温抗氧化性能仍较差。因此，研制满足未来高超声速热防护系统要求的材料十分重要。

超高温陶瓷基复合材料被认为是未来超高温领域潜力巨大的材料。超高温陶瓷材料（ultrahigh temperature ceramics，UHTCs）一般指在 2000℃以上使用的一类陶瓷材料，主要包括过渡金属的硼化物、碳化物和氮化物（如 ZrB_2、HfB_2、TaC、ZrC、HfC 和 HfN 等）。它们具有 3000℃左右的高熔点以及高硬度、高热导率、良好的抗氧化性、抗热震性和中等的热膨胀系数等优良性能，非常适合作为超声速航天飞行器高温结构材料[8]。20 世纪 90 年代以来，掀起了一股研究超高温陶瓷的热潮，美国、意大利、法国、日本、中国的研究者开展了大量工作，国际交流与合作日渐频繁。超高温陶瓷材料在原料合成、烧结工艺和性能表征等方面都实现了突破式进展，研究体系越来越丰富，对工艺-结构-性能的理解也越来越深入。

(1) 硼化物基 UHTCs

Zr 和 Hf 是同族元素，其硼化物也具有相似的物理化学性质。ZrB_2 和 HfB_2 均为 AlB_2 型六方晶体结构，空间群为 Ps/mm。如图 3.2 所示，B 原子面呈二元石墨网络结构，Zr 原子面或 Hf 原子面呈六方密堆积，与 B 原子面交替出现。由于 B—B 键和 M—B 键强度很高，ZrB_2 和 HfB_2 具有很高的硬度和高温稳定性。由于同时拥有金属键和共价键，其具有陶瓷和金属的双重特性，导电性好，热导率高，接近于室温下金属 Cu 的热导率，温度升高至 2500℃后略有降低。硼化物因其高热导率可以迅速传导热量，从而减小材料的热应力。相对于碳化物和氮化物，硼化物具有更好的抗氧化性和抗热震性，因此硼化物陶瓷及其复合材料成为研究主体。但硼化物在空气中 1100℃以上易氧化生成 B_2O_3（惰性气氛中最高使用温度约 3200℃）并挥发，因此抗氧化性较差，这是其作为高温材料的致命弱点。

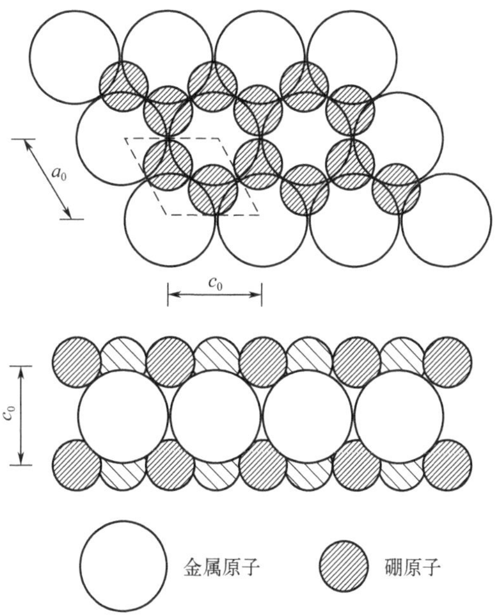

图 3.2　ZrB_2 晶体结构

早在 20 世纪 60 年代，美国 Manlab 实验室就在美国空军支持下开始研究硼化物基超高温陶瓷。Clougherty 等[9]首先引入 SiC 到 HfB_2 和 ZrB_2 中限制晶粒生长以提高强度。同时研究证明，SiC 的引入使材料表面在氧化过程中形成一层致密的硼硅酸盐玻璃，在 1600℃以下能有效阻止氧向材料内部扩散，比单相 ZrB_2 具有更宽的抗氧化温度范围。SiC 组分为 20%～30%（体积分数）

的复合材料抗氧化性能最好。美国宇航局（NASA）分别在 1997 年和 2001 年针对 HfB_2-SiC、ZrB_2-SiC 和 ZrB_2-SiC-C 超高温陶瓷进行了两次超声速飞行实验（SHARP-B1、SHARP-B2），成功展示了以 ZrB_2-SiC 和 HfB_2-SiC 为主体的 UHTCs 材料作为跨大气层超声速飞行器防热系统材料的应用前景[10]。

近来也有引入硅化物（如 $MoSi_2$、Ta_5Si_3、Si_3N_4、$TaSi_2$ 等[11-12]）、碳化物（如 ZrC[13]）、氮化物（如 ZrN[14]）作为第二相的报道，这些第二相同样影响硼化物陶瓷的烧结、强度、高温抗氧化性及抗烧蚀性，引起了研究者的重视。

（2）碳化物基 UHTCs

过渡金属碳化物成为 UHTCs 的一员在于他们具有比硼化物更高的熔点，Ta 和 Hf 的碳化物熔点分别是 3980℃ 和 3928℃，是目前已知化合物中熔点最高的材料，同时还具有非常高的硬度和弹性模量。

Hf-C 和 Ta-C 的稳定区域相似，TaC 和 HfC 均具有 NaCl 型面心立方晶体结构。极高的熔点是因为晶体内部的原子间作用力存在金属键、共价键和离子键的共同作用。强共价键不仅影响熔点，还导致材料高弹性模量。许多过渡金属碳化物因为具有很大范围内的非化学计量比范围而显示出可调的高温下的力学性能和物理性能。

碳化物研究不如硼化物广泛，因其低温抗氧化性较差。在低于 1500℃下，表面形成多孔氧化层，由于低温下氧化产物不能烧结，容易脱落，氧化过程呈线性氧化动力学关系。HfC 在 1800℃以上的抗氧化性很好，形成的氧化物在高温下能通过烧结过程致密化。氧化动力学关系在高温下为抛物线形，受 O_2 在致密层间的扩散控制。Bargeron 等[15] 研究了 HfC 的氧化行为，发现在外层 HfO_2 和内层碳化物基体之间有一层致密的碳氧化物中间层。同样的碳氧化物中间层也在高于 2200℃的电弧喷气实验中发现。由于 HfO_2（熔点 2758℃）比 Ta_2O_5（熔点 1872℃）熔点更高，在温度快速升至 2000℃的环境中，HfC 陶瓷材料有很好的应用前景，可用于发动机推进系统及超声速飞行器机翼前缘等部位。

（3）氮化物基 UHTCs

作为超高温陶瓷中的一员，氮化物虽然不如硼化物、碳化物得到广泛研究，但仍具有很多优异的性能。

HfN 的晶体结构与 HfC 类似，具有较宽范围的非化学计量比，熔点高达 3387℃。但在高温下使用时 N 从晶格中的缺失是必须克服的问题。HfN 的强度、弹性模量都与 HfC 相近，热导率稍高于 HfC，氧化行为也与 HfC 类似。

（4）ZrB_2-SiC 超高温陶瓷涂层材料

虽然超高温陶瓷在高超声速飞行器方面有巨大的应用潜力，但其密度比较大，且难以烧结致密。如果利用现有的涂层工艺，将超高温陶瓷作为涂层材料应用在易氧化的基体材料上，则一方面可以抵挡近空间飞行时产生的高温，另一方面能减轻重量。于是超高温涂层材料应运而生。

Bartuli 等[16] 利用等离子体喷涂技术在不同衬底上制备了厚度分别为 100μm、4mm 的 ZrB_2-25%（体积分数）SiC 涂层。对该涂层的氧化行为的研究表明，该涂层直至 2100K 都具有良好的保护作用。

C/C 复合材料虽在高于 500℃的温度下易被氧化，但其重量轻，若同时能在 C/C 材料上制备抗氧化涂层来抵挡高速飞行下的氧化，则在高超声速飞行器方面仍是有吸引力的材料。C/C 复合材料的抗氧化涂层除需满足结合牢固、连续、抗氧化腐蚀等条件外，还需有良好的机械相容性，以防止在超高温环境中因热膨胀系数不匹配而导致涂层脱落。Corral 等[17] 研究了由超高温陶瓷材料（如 ZrB_2-SiC 等）制备的多层涂层来防止 C/C 复合材料的氧化，通过 C/C 复合材料的预处理提高了涂层材料的附着力，然后通过浸渍陶瓷有机前驱体的方法制备了连续紧密的超高温陶瓷材料涂层。

Blum 等[18] 研究了在 C/SiC 以及 SiC 材料上制备超高温陶瓷涂层的方法，利用反应结合 SiC（RBSC），在 ZrB_2/C 预涂层上浸渍熔融 Si 得到了厚度大于 100μm 的 UHTC 涂层。1500℃氧化实验证明，只要涂层有足够的厚度，就可以对基体起到充分的防护作用。Pavese 等[19] 在 C/SiC 基体上涂覆 HfB_2/SiC 浆料，裂解后制备了 35～50μm 的涂层。在 1600℃的高温下氧化 30min 后，材料的机械强度仅降低了 20%，涂层氧化形成的表面玻璃层有效弥补了表面缺陷，从而抑制了材料的破坏。此外，磁控溅射及化学气相沉积等方法也被用来在低温下制备 ZrB_2 基涂层。可见，随着涂层技术的发展，超高温陶瓷基涂层将得到越来越广泛的应用。

3.2.2　超高温陶瓷材料的合成、制备及性能

3.2.2.1　超高温陶瓷材料的合成

原料粉体质量对 UHTCs 的烧结特性和高温性能有十分重要的影响。烧结助剂的引入降低了材料的收缩起始温度，促进了材料的烧结，但加入的杂质往往以无定形相或氧化物的形式残留在晶界处，对材料的力学性能产生不利影响。而超高温陶瓷的使用条件很苛刻，需要有良好的高温稳定性，因此提高原料粉体的纯度和烧结性能是非常重要的。

目前，工业上传统合成 ZrB_2 基 UHTCs 粉体一般采用碳热还原方法，工艺过程简单，但需较高温度（1800～1900℃），合成粉体平均粒径较大、烧结活性差。高温自蔓延法、机械合金化和电化学合成法也得到广泛应用，此外液

相法、陶瓷前驱体裂解法等也有研究报道。

（1）碳热/硼热还原法

金属硼化物可由金属氧化物与氧化硼、碳通过碳热还原法得到，如反应式（3-1）。B_2O_3 可通过高温挥发除去，或产生的气相中间产物（如 BO）在氩气气氛下带走，因此一般需要过量的 B_2O_3。利用这种方法可以获得均匀细小的粉体。

金属硼化物也可由金属氧化物与硼的反应（硼热还原反应）来获得，反应温度比有碳存在时低，如反应式（3-2）。金属碳化物是制备硼化物过程中的中间产物，因为在 C 存在下更易发生碳热还原反应。但如果有足量的 B，最终将形成硼化物，如反应式（3-3）。结合两种制备方法，则可采用硼热/碳热还原反应制备硼化物粉末，如反应式（3-4）。

$$MO_2(s)+B_2O_3(l,g)+5C(s)\longrightarrow MB_2(s)+5CO(g) \tag{3-1}$$

$$MO_2(s)+4B(s)\longrightarrow MB_2(s)+2BO(g) \tag{3-2}$$

$$MC(s)+B_2O_3(s)+2C(s)\longrightarrow MB_2(s)+3CO(g) \tag{3-3}$$

$$MO_2(s)+2B(s)+2C(s)\longrightarrow MB_2(s)+2CO(g) \tag{3-4}$$

除 B 和 C 外，B_4C 也常被用作硼源和碳源。Zhao 等将 ZrO_2、B_4C 和 C 粉的混合物置于电炉中，在惰性气氛下 1600℃左右合成得到 ZrB_2 粉。对 ZrO_2-B_4C-C 体系的热动力学计算和实验研究发现，该反应在低温阶段（1400℃左右）按硼化反应式（3-5）进行，高温阶段（1600℃）按碳化反应式（3-6）进行。

$$ZrO_2+5/6B_4C\longrightarrow ZrB_2+2/3B_2O_3+5/6C \tag{3-5}$$

$$ZrO_2+B_2O_3+5C\longrightarrow ZrB_2+5CO\ (g) \tag{3-6}$$

这个反应体系中，合成温度越高，O 和 C 含量越低，ZrB_2 粒径越大。采用 B_2O_3 能够降低 C 含量，但 B_2O_3 易挥发，必须加入过量的 B_4C 以弥补 B 的损失，得到高纯 ZrB_2 粉体。对于碳热还原反应合成粉体来说，C 是粉体中主要的杂质。所以选择合适的合成温度和保温时间对合成高纯超细的 ZrB_2 粉体至关重要。

Ni 等[20] 利用 HfO_2、C、B_4C 在 1500～1600℃的低温下经过碳热/硼热还原反应制得了粒径在 1μm 左右、氧含量小于 0.3%的高纯 HfB_2 粉体。Khanra 等[21] 利用 ZrO_2、H_3BO_3、C 之间的碳热还原制备 ZrB_2 的同时，引入低温熔融体 NaCl 以及不同的催化剂（Co、Ni、Fe），在 1500～1700℃制得 ZrB_2 晶须，并研究了不同催化剂下的晶须形貌，这些研究结果对粉体的制备以及超高温陶瓷显微结构调控具有重要意义。

除单相硼化物粉体，利用碳热/硼热反应还可以合成各种复相粉体，如 ZrB_2-LaB_6[22] 以及 ZrB_2-ZrC[23] 的复合粉体。

（2）高温自蔓延法

高温自蔓延法（self-propagating high temperature synthesis，SHS）是苏联科学家 Mezhanov 教授在 1967 年提出来的一种材料合成工艺，它巧妙地利用化学反应放出的热量进行材料合成。分别利用传统的 SHS 反应（3-7）和（3-8），Khanra 等[24]利用 ZrO_2、硼酸、Mg 之间的自蔓延反应制备了 ZrB_2 粉体，Licheri 等[25]利用 Zr、B_4C、Si、C 制备了 ZrB_2-ZrC-SiC 复合粉体。Mishra [26]等研究了自蔓延反应合成的 ZrB_2 粉体的缺陷结构，认为用这种方法制备的 ZrB_2 粉体缺陷浓度高，具有很好的烧结活性。

$$ZrO_2 + B_2O_3 + 5Mg \longrightarrow ZrB_2 + 5MgO \tag{3-7}$$

$$8Zr + 2B_4C + 1.5Si + 3.5C \longrightarrow 4ZrB_2 + 4ZrC + 1.5SiC \tag{3-8}$$

除传统 SHS 方法外，自蔓延制备工艺也可与机械合金化等结合制备复相 ZrB_2-ZrC 粉体。日本北海道大学的 Tsuchida 等 [27]利用 Zr、B、C 之间易发生自蔓延反应的特点，采用了一种机械活化自蔓延反应（MA-SPS）的方法，即将一定比例的 Zr、B、C 混合物经过一定时间的机械混合后，在空气中自发反应形成相应的 ZrB_2-ZrC 粉体，经过热压烧结制得相对密度达到 98％的 ZrB_2-ZrC 材料。

（3）机械合金化

采用机械球磨法改变粉末粒度大小，提高粉末表面能，增加晶格缺陷，使反应温度大大降低，还能改善合成粉末的成型性能和烧结性能，因此广泛应用于各种陶瓷粉体的合成。

Setoudeh 等[28]将 ZrO_2、B_2O_3 以及 Mg 在室温下氩气气氛中高能球磨 15h 后，利用酸洗得到粒径在 75nm 左右的 ZrB_2 粉体。Millet 等[29]利用氧化锆和无定形硼粉，在室温机械混磨后，1100℃退火得到亚微米级 ZrB_2 粉体，并考察了合金化过程中的硼热动力学，在合成过程中没有发现中间相生成。Barraud 等[30]将部分水解的 $HfCl_4$、B、Mg 机械激活混磨 1～2h 后，在氩气气氛下 1100℃退火得到粒径为 100～300nm 的棒状 HfB_2 纳米粉体；若将 B 改为 C 则得到粒径约为 100nm 的 HfC 粉体，在氮气气氛下退火则得到粒径为 10～30nm 的 HfN 纳米粉体。

（4）陶瓷前驱体裂解法

通过改变陶瓷前驱体的组成，或通过两种不同的前驱体混合，或与其他陶瓷粉末混合，经过浸渍、裂解，可制备纤维增强的 UHTCs 材料。与传统粉末工艺相比，陶瓷前驱体裂解法能很好地对显微结构进行控制。调节裂解时间、温度和气氛则能控制晶粒尺寸和相分布，最终合理设计材料性能。

Schwab 等[31]利用 Zr、Hf 金属的有机物前驱体 $Zr(BH_4)_4$、$Hf(BH_4)_4$ 与

环硼氮烷 $B_3N_3H_6$ 之间的反应，在 1150℃制备出 ZrB_2 和 HfB_2 的前驱体，应用于超高温陶瓷制备中，降低了材料的烧结温度。Sneddon 等[32]改进了碳热还原制备硼化物的方法，利用各种陶瓷聚合物前驱体 $(B_3N_3H_4)_x$ 与金属或金属氧化物等反应，在较低温度下裂解，合成出过渡金属硼化物或 HfB_2-HfC、HfB_2-HfN 等复合粉体。

$Zr(BH_4)_4$、$Hf(BH_4)_4$ 等有机物前驱体还可用于制备硼化物涂层，在较低温度（200℃）下就能得到均匀致密的硼化物涂层。

(5) 液相法

液相化学方法是将一种或几种组分（如含金属、含硼或含碳成分）溶于液态中间体的制备方法。含 B 的可溶性前驱体包括硼酸和硼的醇盐；含碳的可溶性前驱体很多，包括酚醛树脂、糖、淀粉、糖醇等；金属或金属氧化物的可溶性前驱体包括金属醇盐、金属二酮螯合物、金属羧酸盐。金属有机化合物通常经过水解陈化反应形成胶态金属氧化物聚合物，根据反应环境，还可为碳热还原反应提供部分 C 的来源。液相法最重要的优势在于可实现更均匀的混合（原子或分子级别）。但是必须注意的是，原子或分子级别的混合并不一定能在后续处理中保持，必须控制液相排除过程以防止团聚。例如，分子级别的混合可通过除去溶剂之前形成凝胶而得到保持，通过调节水解时间、温度和气氛来控制晶粒尺寸和产物相分布。液相法（尤其是溶胶-凝胶法）由于在合成过程中形成无定形的亚稳相，反应接触面积大，是低温合成超细粉体常用的方法，通常用来合成氧化物粉体、薄膜和纤维以及其他玻璃相等，但目前对碳化物和硼化物的液相法合成研究较少。

在美国 AFOSR 支持下，乔治亚理工学院的 Sacks 等开展了醇盐溶胶-凝胶法合成 ZrC 和 HfC 的工作，在 1500℃以下合成了 50～130nm 的超细粉体。中国科技大学的 Chen 等[33]用水热法，利用 $Zr(Hf)Cl_4$、$NaBH_4$ 之间的反应，在 500～700℃的低温下制得粒径仅为 10～20nm 的 ZrB_2、HfB_2 纳米粉体。Xie 等[34]利用液相法制备了亚微米级具有高烧结活性的 ZrB_2 和 ZrB_2-TaB_2 粉体。Yan 等[35]用溶胶-凝胶法结合碳热还原制得 ZrB_2、ZrC、ZrB_2-SiC 复相粉体，利用氯氧锆 $ZrOCl_2 \cdot 8H_2O$、硼酸、酚醛树脂作为 ZrO_2、B_2O_3、C 的前驱体，在 1500℃左右得到＜200nm 的 ZrB_2 粉体。

3.2.2.2 超高温陶瓷材料的致密化

要获得高性能的超高温陶瓷材料，保证材料的高温力学性能和高温抗氧化性能，首先必须通过一定的工艺制备出致密且相分布均匀的烧结体。

在所有陶瓷烧结过程中，烧结的驱动力是表面能的降低。一方面，由于硼化物具有极高的熔点和强共价键，烧结过程缺乏液相或气相传质过程，其烧结只能通过颗粒之间的直接接触，依靠固相间的物质扩散进行，而仅靠成型坯体中颗粒间的相互接触烧结很难致密。因此在早期研究中，多采用在烧结过程中施加压力（即热压烧结）的方法促进烧结致密。

另一方面，原料在烧结之前的处理过程中不可避免地会引入氧等杂质，而烧结过程中物质迁移的作用分为两方面：①促进烧结致密化；②促进晶粒粗化而不提高致密度。在烧结初期，若物质迁移以体扩散或粒界扩散机理进行，则粒子中心互相接近，坯体收缩，表面扩散或蒸发-凝聚机理起主要作用，仅颈部长大而粒子中心距离不变，坯体外形也基本不变。对非氧化物陶瓷，表面氧化物杂质对蒸发-凝聚机理起到了非常重要的作用，如 ZrB_2 和 HfB_2 颗粒表面 B_2O_3 层的存在降低了其烧结活性，阻止了颗粒间的物质扩散；且 B_2O_3 熔点低、蒸汽压高，使原扩散机制占主导的烧结过程变为由蒸发-凝聚机制占主导的烧结过程，导致烧结温度提高、体积收缩初始温度（T_{ON}）增大、ZrB_2/HfB_2 颗粒粗化，并降低了烧结驱动力而无法实现致密化。

在 20 世纪 50～70 年代，研究者对商业粉体做了大量的热压烧结研究，采用金属添加剂和液相烧结改善烧结活性。近年来，研究再次集中在利用添加助剂并结合现代烧结技术实现烧结致密化上，增进了对硼化物陶瓷烧结的理解，并努力使第二相添加量达到最小值，因为第二相的存在对高温性能不利。目前常用的方法包括热压烧结、无压烧结、放电等离子体烧结和反应烧结。感应熔融也被用于烧结 ZrB_2 和 HfB_2，但该工艺难以获得大尺寸样品。

（1）热压烧结

热压烧结致密化与原始粉体的组成、大小、形貌密切相关。大部分的二硼化物被认为是化学计量的（B∶M＝2.0）。Kalish 等[36] 研究了缺 B 粉体（如 $ZrB_{1.98}$ 和 $Hf_{1.82}$）的烧结，$ZrB_{1.98}$ 被认为属于 ZrB_2 化学计量的范围，热压烧结的条件和显微结构并没有大的变化。在 HfB_2 中添加金属 Hf 使化学计量比达到 1.82，组分介于 HfB_2-HfB 之间，烧结温度（1800℃）低于 HfB_2-HfB 的共熔温度（2100℃）。因为没有中间液相出现，致密化过程依然由扩散控制，致密化温度与化学计量比的硼化物接近。$ZrB_{1.98}$ 和 $HfB_{1.82}$ 在 1800℃的热压烧结都需要非常高的压力（约 827MPa）。

早期研究结果指出，采用化学计量比的 ZrB_2 和 HfB_2 粉末在没有添加剂的情况下，当压力为 20～30MPa 时，热压烧结温度一般需要 2000℃，更高的压力（800～1500MPa）可以使热压温度降低至 1790～1840℃。对于原料粒径为 5～10μm 的 ZrB_2 和 HfB_2 粉末，需要在 2000℃以上才能烧结致密。例如，利用原料粒度为 10μm 的 HfB_2，在 2160℃、27.3MPa 下热压烧结 180min，材料密度为95%[13]。密苏里大学罗拉分校的研究表明，粒度约2μm的商业ZrB_2粉体（Grade B，H. C. Starck，Newton，MA，纯度99%，氧杂质0.89%）经过磨碎后可以提高烧结性能，颗粒尺寸的减小使烧结温度降低，在1900℃、32MPa下热压烧结45min即可得到致密的块体[37]。获得的烧结体没有明显的气孔率，但存在约1.9%（体积分数）的WC，WC是在球磨过程中由WC磨球引入。显微结构中存在等轴和略显长柱状的ZrB_2颗粒，晶粒尺寸约为6μm。低的热压温度和原料粒径的减小导致了晶粒生长的最小化。

20世纪60年代，金属（Zr、Hf、Cr、Y和Al）以及陶瓷相（SiC、$MoSi_2$、TaB_2）等被用作ZrB_2和HfB_2陶瓷的烧结助剂。实验证明，SiC、C或同时加入SiC和C的硼化物陶瓷具有最好的致密度，更重要的是提高了材料的抗氧化性和抗热震性（TSR）。

Bellosi等对ZrB_2/HfB_2的烧结性能进行了研究，基于液相促进烧结以及去除原料表面氧化物等方面的考虑采用多种添加剂促进烧结，如Ni[38]、Fe、Si_3N_4[39]、Si_3N_4-Al_2O_3-Y_2O_3、AlN[40]、HfN[41]、ZrN[42]以及硅化物（如$MoSi_2$[43]、$TaSi_2$[12]、$ZrSi_2$[44]等），添加剂的含量一般为5%左右。各种烧结助剂对材料力学性能的影响可归纳如表3.1所示。总的来说，这些烧结添加剂大致可分为四类：①Ni、Fe等金属助烧剂，在其熔点以上成为液相，并促进烧结，降低烧结温度。烧结过程中可能参与反应，作为第二相残留在晶界。这些晶界相在高温使用条件下将软化或形成液相，破坏材料的高温性能，并且晶界相易与氧发生作用，加速氧沿晶界向内扩散。②Si_3N_4、AlN等参与反应的助烧剂，与原料内的氧化物杂质反应，去除了影响烧结致密化的B_2O_3层，形成中间液相，促进烧结致密，阻止晶粒长大，晶界相为ZrO_2、BN及B-N-C-O-Si-Zr玻璃相等，材料在1500℃仍具有较好的力学性能。③HfN等具有超高温性能的助烧剂，与影响烧结的B_2O_3层反应，促进烧结致密，无中间液相生成，但有固溶体生成，并与各相有更好的相容性，因本身具有超高温性质，对材料的高温性能有利。④硅化物（如$MoSi_2$、$TaSi_2$、$ZrSi_2$），能在烧结过程中与氧化物杂质形成低温液相，促进烧结，同时具有高温下的延展性，有利于颗粒在压力作用下重排消除气孔。

除添加烧结助剂外，研究者也采用聚合物前驱体法结合热压烧结制备超高温陶瓷[48]。一般采用硼化物和SiC的聚合物前驱体作为原料，烧结过程中，聚合物前驱体可以：①作为黏结剂填补在颗粒间的空隙中，有利于聚合物分解产生的无定形SiC均匀涂覆在硼化物颗粒表面及其周围；②改善材料的烧结性能，以液态形式引入的或在烧结过程中形成过渡液相的聚合物前驱体，分散在颗粒周围，导致颗粒间接触面积增加，从而提高扩散速率；③由聚合物前驱体

表 3.1　热压烧结制备 ZrB_2 基 UHTCs 材料的原料尺寸、烧结条件以及室温力学性能

样品组成	原料尺寸/μm	温度/℃	压力/MPa	时间/min	相对密度/%	硬度/GPa	断裂韧性/（$MPa\cdot m^{1/2}$）	杨氏模量/GPa	弯曲强度/MPa	文献
$ZrB_{1.89}$	—	1800	约 827	—	约 100	—	—	—	—	[36]
ZrB_2	ZrB_2：0.1～8	1900	30	30	87	8.7±0.4	2.35±0.15	346±4	350±30	[37]
ZrB_2-1.9WC	ZrB_2：<1；SiC：约 0.7	1900	32	45	99.8	23±0.9	3.5±0.3	489	565±53	[45]
ZrB_2-5Si_3N_4	ZrB_2：0.1～8	1900	30	30	98	13.4±0.6	3.75±0.10	419±5	600±90	[46]
ZrB_2-4.6AlN	ZrB_2：0.1～8	1850	30	30	92	9.4±0.5	3.1±0.5	407±5	580±80	[40]
ZrB_2-3Ni	ZrB_2：0.1～8	1850	30	30	98	14.4±0.8	3.4±0.4	496	371±24	[38]
ZrB_2-10SiC	ZrB_2：4～6；SiC：约 0.8	1900	50	20	100	24±0.9	4.8±0.3	507±4	835±35	[47]
ZrB_2-10SiC-1.4WC	ZrB_2：<1；SiC：约 0.7	1900	32	45	93.2	24±0.9	4.1±0.3	450	713±48	[37，45]
ZrB_2-20SiC-2.3WC	ZrB_2：<1；SiC：约 0.7	1900	32	45	99.7	24±2.8	4.4±0.2	466	1003±94	[37，45]
ZrB_2-30SiC-2.2WC	ZrB_2：<1；SiC：约 0.7	1900	32	45	99.4	24±0.7	5.3±0.5	484	1089±152	[37，45]
ZrB_2+20SiC+4Si_3N_4	ZrB_2：0.1～8	1900	30	30	98	14.6±0.3	—	—	730±100	[46]
ZrB_2-15SiC-4.5ZrN	ZrB_2：4～6；SiC：约 0.8	1900	50	5	99	15.6±0.3	5.0±0.1	467±4	635±60	[42]
ZrB_2-35HfB_2-10SiC-4.5ZrN	ZrB_2：4～6；SiC：约 0.8	1900	50	20	99.5	16.7±0.7	4.8±0.2	494±4	590±25	[42]
ZrB_2-37.5HfB_2-19.5SiC-3HfN	ZrB_2：4～6；SiC：约 0.8	1900	30	30	99.5	22.0±0.7	—	497±4	—	[41]

热解得到的无定形中间相处于亚稳状态，比晶态具有更高的反应活性，利用无定形 SiC 相在结晶和长大过程中的化学活性能够促进烧结。如图 3.3 所示为 PCS 包裹的 ZrB_2 在烧结过程中结构演变示意图。

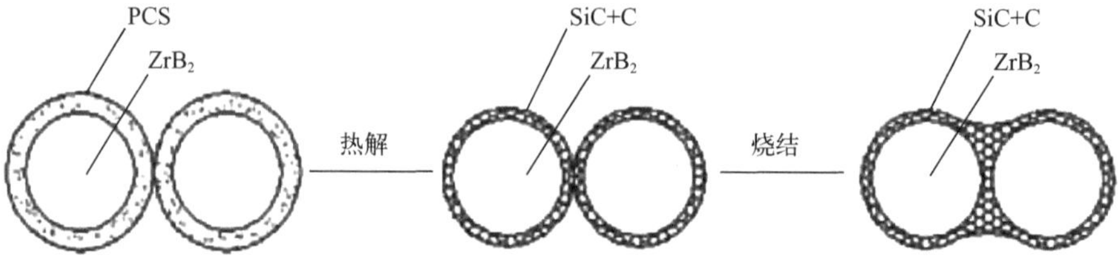

图 3.3　PCS 包裹的 ZrB_2 在烧结过程中结构演变示意图

虽然基于原料粉体的纯化及粒径的减小，通过添加烧结助剂以及改进烧结方式，ZrB_2 基 UHTCs 的热压烧结有了很大的发展。但作为商业利用的 ZrB_2 和 HfB_2 粉体，热压烧结的温度仍较高，一般在 1850～2250℃范围内；压力一般高于 20MPa，甚至达到 50MPa。这种高温高压的烧结条件为材料的制备带来很大的限制，如何降低烧结温度，促进烧结致密化过程依然是材料制备中的一个重要研究内容。

（2）无压烧结

采用传统的粉末处理工艺，无压烧结能够得到大型、净尺寸和复杂形状的部件，与热压烧结相比，烧结效率提高，制备和加工成本降低，是制备 UHTCs 材料最具实际意义的致密化方法之一。但硼化物的强共价键以及表面氧化物杂质的存在易导致晶粒粗化，降低了烧结驱动力。另外，由于工业化的 ZrB_2 粉体多在微米级，烧结活性低，因此 ZrB_2 基 UHTCs 的无压烧结致密化在很长的一段时间内没有得到实质性进展。

对于无压烧结来说，提高烧结致密度主要基于两种途径：减小原始粉料粒径和采用合适的烧结助剂。而烧结助剂主要依靠在烧结过程中形成中间液相、固溶体或者与氧化物杂质发生反应来产生作用。过渡金属（如 Fe、Cr 等）和氧化物的存在可以在烧结过程中形成液相，提高烧结驱动力，但同时会促使晶粒的过分长大，导致烧结致密度不高于 95％。而且过渡金属的加入也导致了耐热性、硬度和高温强度的降低。耐火金属（如 W、Re 等）的金属原子能部分取代 ZrB_2 晶格中 Zr 原子的位置，使 ZrB_2 的晶格活化，从而增强烧结驱动力。Yan 等[49]利用溶胶-凝胶法制备的亚微米级 ZrB_2 粉体，以 4％（质量分数，下同）Mo 为烧结助剂，在 2250℃保温 2h 的情况下成功制备了致密度达 97.7％的 ZrB_2 陶瓷。研究表明，Mo 在 ZrB_2 中的固溶提高了烧结驱动力，促进了无压烧结的致密化过程。

根据 SiC、B_4C 以及 TiB_2 等非氧化物的无压烧结实验结果，通过适当的烧结助剂与原料表面的氧化物杂质作用都可以实现无压烧结。研究表明，对于 TiB_2 来说，氧含量低于 0.5%可以防止晶粒粗化，实现无压烧结。基于近来粉体合成工艺的发展，粉体的纯度及超细化得到了很大提高，美国密苏里大学罗拉分校的课题组在无压烧结 ZrB_2 陶瓷方面做了大量工作[50]。原料 ZrB_2 颗粒表面的氧化物为 ZrO_2 和 B_2O_3，由于 B_2O_3 具有较低的熔点，可在 1650℃之前在真空气氛下挥发，如果采用添加剂在 1650℃以下与 ZrO_2 发生反应，使含氧杂质以气态形式去除（如 B_2O_3、CO 等），可使晶粒在致密化开始前仍保存原有颗粒尺寸和烧结活性。Chamberlain 等[51] 通过对商业化的 ZrB_2 粉体进行高速球磨得到亚微米级、具有高比表面积的 ZrB_2 粉体，在 2150℃保温 9h，烧结体密度可达 98%。一方面高速球磨减少了颗粒尺寸，提高了原料的烧结活性；另一方面，采用 WC 球磨介质使原料中引入少量的 WC，WC 在高温下与 ZrO_2 反应，增加颗粒间的体扩散，阻止了颗粒的异常长大。

受到 WC 促进烧结作用的启发，Zhang 等[52] 利用酚醛树脂引入 C 源，添加 B_4C 作为烧结助剂，或者联合添加 B_4C 和 C，利用 B_4C 和 C 均可以在烧结过程中与原料中的 ZrO_2 发生反应除掉氧杂质，确立了一系列 ZrB_2 陶瓷的常压固相烧结致密化工艺。涉及的反应如式（3-9）～式（3-12）所示。联合引入 1%C 和 2%B_4C，利用约 2μm 的商业 ZrB_2 粉体可在 1900℃的低温下实现无压致密烧结。如果在烧结前利用高速球磨工艺将粉料球磨至 0.1μm，并引入一定量 WC，烧结温度可降至 1850℃。基于同样的机理，研究者对 ZrB_2-SiC 复相陶瓷的无压烧结也进行了一系列的研究，C、B_4C 以及 VC 都作为添加剂，实现了致密烧结。

$$ZrO_2 + 3WC \longrightarrow 3W + ZrC + 2CO(g) \tag{3-9}$$

$$7ZrO_2 + 5B_4C \longrightarrow 7ZrB_2 + 3B_2O_3 + 5CO(g) \tag{3-10}$$

$$ZrO_2 + 5C + B_2O_3 \longrightarrow ZrB_2 + 5CO(g) \tag{3-11}$$

$$2ZrO_2 + B_4C + 3C \longrightarrow 2ZrB_2 + 4CO(g) \tag{3-12}$$

与此同时，意大利的 Sciti 等[53]利用 $MoSi_2$ 作为添加剂，实现 Zr 和 Hf 的硼化物及其碳化物的无压烧结致密。与 $MoSi_2$ 相类似的硅化物还有 $ZrSi_2$。对于硼化物而言，$MoSi_2$ 的添加可通过形成硅硼玻璃液相和 $MoSi_2$ 在高温下的延展性实现致密烧结。

采用各种烧结助剂的 ZrB_2 基 UHTCs 材料无压烧结致密化结果列于表 3.2 中。无压烧结的温度仍较高，这种高的烧结温度会促使 ZrB_2 晶粒粗化，不利于材料力学性能的提高。采用 $MoSi_2$ 作烧结助剂，能在降低烧结温度的同时，有效抑制 ZrB_2 晶粒的长大，具有很好的应用前景。

表 3.2 无压烧结制备 ZrB_2 基 UHTCs 材料的原料粒径、烧结条件以及室温力学性能

样品组成	原料尺寸/μm	温度/℃	时间/min	烧结后尺寸/μm	相对密度/%	硬度/GPa	断裂韧性/($MPa \cdot m^{1/2}$)	杨氏模量/GPa	弯曲强度/MPa	文献
ZrB_2-2WC	0.5	2150	540	9	98	14.5±2.6	—	454	444±30	[51]
ZrB_2-4%① B_4C	2	2050	120	6	94	17.9	3.3	500	489	[50]
ZrB_2-1%① C	2	2100	120	10	96	—	—	—	—	[50]
ZrB_2-4%① B_4C-3.5%② WC	0.1	1850	60	8	100	18	3.1	530	370	[50]
ZrB_2-1%① C-2%① B_4C	2	1900	120	4	99	19.6±0.4	3.5±0.6	507	473±43	[52]
ZrB_2-20SiC-5VC	ZrB_2：约 1.4；SiC：约 0.45	2000	120	—	98	15.4±0.6	4.93±0.8	454±9	511±70	[52]
ZrB_2-30%② SiC-5%① C	ZrB_2：2；SiC：约 0.45	2050	180	ZrB_2：5～6；SiC：约 10	98	22.0±1.1	3.9±0.4	460±5	462±23	[52]
ZrB_2-20SiC-4%① Mo	ZrB_2：0.1～0.2；SiC：0.5	2250	120	—	97.7	14.8±0.25	5.39±0.13	—	—	[49]
ZrB_2-5$MoSi_2$	0.1～8	1900	60	2.6	96	15.2±1.0	2.9±0.1	516±4	569±54	[53]
ZrB_2-20$MoSi_2$	0.1～8	1850	30	2～3	99.1	16.0±0.4	2.3±0.2	489±4	531±46	[53]

① 质量分数；② 体积分数。

（3）放电等离子体烧结

放电等离子体烧结是近年发展起来的快速烧结技术。利用直流脉冲电流瞬间产生的放电等离子体，均匀加热烧结体内部颗粒，快速跳过表面扩散阶段，以减少晶粒的生长，是一种快速致密化方法。对于难烧结致密的 ZrB_2 等材料，一般可以在降低烧结温度的同时缩短烧结时间，被应用于 UHTCs 材料的致密化。

Medri 等[54]用 SPS 和热压方法制备了 ZrB_2-30%（体积分数）ZrC-10%（体积分数）SiC 复合材料。热压条件下，在 1870℃加入 3.7%（体积分数）Si_3N_4 作为烧结助剂，致密度仅为 90%TD。而采用 SPS 工艺在 1750～2050℃不同保温时间下（小于 60min）均可实现材料的高致密化。Wang 等[55]用 SPS 制备出 SiC 晶须增强的 ZrB_2 基 UHTCs，1550℃制备的 ZrB_2-SiCw 材料致密度高达 97%TD，抗弯强度和断裂韧性分别达到 545MPa 和 6.81MPa·$m^{1/2}$。

（4）反应烧结

反应烧结作为一种相对较新的方法同样用于制备超高温陶瓷基复合材料。反应烧结利用简单易得的原料之间的化学反应，在加热过程中原位形成热力学稳定的组成相，并直接烧结制备致密的陶瓷体。反应烧结技术具有如下优点：简化工艺、降低原材料成本、可获得清洁的基体/第二相界面、易于控制第二相含量和分布，并且采用原位合成技术制备的材料具有很好的热力学稳定性。

许多含硼化物的陶瓷材料可以通过使用含硼的反应物（如 B_4C、BN 和 B）来制备，如表 3.3 所示。制备过程中涉及的反应均是热力学有利且能释放出大量热量的反应，利用反应产生的热量可降低烧结所需的温度。部分原料在高温下熔融产生的液相有利于原料颗粒间的重排，促进了物质的迁移和原料中杂质氧的排除。原位产生的各相间具有高化学相容性，有利于提高材料的高温力学性能和抗腐蚀性能。

表 3.3　一些反应及其热力学数据

反应	$\Delta H^{\ominus}_{298}$/kJ	$\Delta G^{\ominus}_{1500}$/kJ	$(\Delta H^{\ominus}_{298}/C_{p,298})$/K	T_{ad}/K
$3Ti+B_4C = 2TiB_2+TiC$	−680.4	−613.7	5560	3193
$3Zr+B_4C = 2ZrB_2+ZrC$	−779.1	−718.6	5798	3323
$3Ti+2BN = TiB_2+2TiN$	−453.0	−407.3	3824	2650
$3Zr+2BN = ZrB_2+2ZrN$	−551.3	−511.5	4269	3138

续表

反应	$\Delta H_{298}^{\ominus}$/kJ	$\Delta G_{1500}^{\ominus}$/kJ	$(\Delta H_{298}^{\ominus}/C_{p,298})$/K	T_{ad}/K
$2Ti+Si+B_4C \longrightarrow 2TiB_2+SiC$	−569.5	−509.4	4935	2696
$2Zr+Si+B_4C \longrightarrow 2ZrB_2+SiC$	−655.7	−596.2	5317	3094
$2Ti+3Si+4BN \longrightarrow 2TiB_2+Si_3N_4$	−300.1	−279.9	1595	1320
$4.5Ti+B_4C+BN \longrightarrow 2.5TiB_2+2TiC_{0.5}N_{0.5}$	−906.9	−817.3	4994	3067
$4Al+3TiO_2+2BN \longrightarrow 2Al_2O_3+TiB_2+2TiN$	−988.2	−796.4	3574	2303
$4Al+3TiO_2+B_4C \longrightarrow 2Al_2O_3+2TiB_2+TiC$	−121.6	−1002.7	4335	2423

Zr、Hf的同族元素Ti具有与两者相似的物理化学性质，有关Ti化合物的反应烧结已得到较充分的研究。Zhang等[56]通过Si、TiH_2、B_4C之间的反应在SiC基体中原位合成板状TiB_2，有效提高了SiC材料的韧性，并以Ti、Al、Si、BN、B_4C为原料合成了TiB_2-SiC-AlN、TiB_2-Ti（C，N）-SiC等三元体系。结果表明，反应烧结制备的材料具有显微结构精细/均质的特点，同时原料中引入的杂质（如氧等）可以通过生成CO、CO_2等气体排出而产生自纯化效应，并能够通过控制反应过程，实现晶须、板晶和纳米颗粒的复合。另外，通过熔融Zr与B_4C的定向反应制备了具有片状ZrB_2结构的ZrB_2-ZrC-Zr致密材料。这种片状TiB_2、ZrB_2形貌的晶粒可以有效提高材料的室温断裂韧性及高温抗热震性能。

利用原料间的化学反应，ZrB_2-SiC、HfB_2-SiC基UHTCs也同样可以通过原位反应合成，在热压烧结过程中原位形成热力学稳定的ZrB_2和SiC等组分。Opeka等利用Zr、SiB_4、C作为原料，通过反应热压法在2100℃成功制备了ZrB_2-SiC-ZrC材料。Zhang等[57]以Zr、B_4C及Si为起始原料，在1900℃保温制备了相对致密度大于97%的ZrB_2-SiC复合材料。显微结构表明，ZrB_2与SiC分布较为均匀。SiC的晶粒尺寸小于3μm，ZrB_2的晶粒尺寸为3～10μm。Chamberlain等[58]利用Zr、B及SiC为起始原料，在1650℃制备了相对致密度95%的ZrB_2-SiC复合材料；当制备温度为1800℃时，材料的相对致密度可达99%。同时，反应热压制备HfB_2基UHTCs也同样得到了研究者的重视。

综上所述，利用反应烧结在温和温度制备具有特殊显微结构的UHTCs材料具有巨大潜力。但是，目前对于反应烧结在UHTCs材料方面的应用主要集中在烧结工艺上，对于制备过程中的反应、烧结及两者间的相互作用并没有得到深入的研究，同时对烧结体显微结构的控制仍有待深入研究。

3.2.2.3 超高温陶瓷材料的性能

(1) 力学性能

根据 Hall-Petch 原理[59]：

$$\sigma_f = \sigma_0 + kd^{-1/2} \tag{3-13}$$

陶瓷材料的强度与其晶粒尺寸的平方根呈反比。同大部分陶瓷材料一样，晶粒尺寸越小，硼化物陶瓷的强度越高。如图 3.4 所示，文献报道了硼化锆陶瓷抗弯强度随晶粒尺寸的变化，可以看出硼化锆陶瓷的强度随晶粒尺寸减小而增加。如图 3.5 所示，$MoSi_2$、SiC 作为第二相的添加量对 ZrB_2 和 HfB_2 陶瓷抗弯强度的影响，烧结方法包括热压、无压、反应热压及放电等离子体烧结。由于采用不同的测试标准，样品尺寸不同，测量值以四点弯曲值为主，少量使

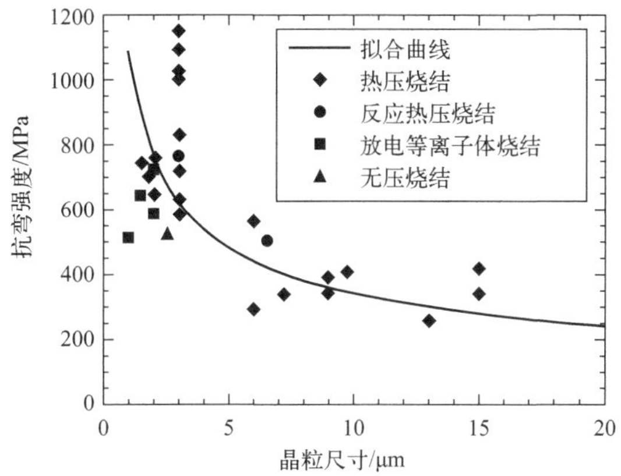

图 3.4　文献报道中硼化锆室温抗弯强度与晶粒尺寸的关系[60]

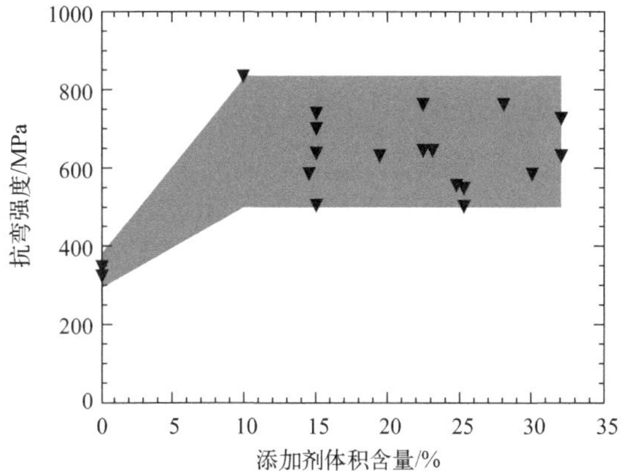

图 3.5　硼化物陶瓷室温抗弯强度与添加剂（SiC、$MoSi_2$ 等）体积含量的关系[60]

用三点弯曲值，因此强度结果不具有可比性。但强度大体与晶粒尺寸的平方根呈反比，与图 3.4 中黑线表示的随晶粒尺寸平方根呈反比的变化趋势一致，第二相（如 SiC、$MoSi_2$ 等）除了促进烧结致密度以外，还可以阻碍晶粒生长，从而提高强度。如图 3.5 所示，添加 10%的第二相即可使强度得到极大的提高。研究表明，没有添加剂的 ZrB_2 强度为 565MPa，添加 10%、20%或 30%（体积分数）SiC 后，晶粒尺寸降至 2～3μm，强度提高到 700～1000MPa。

虽然 ZrB_2 晶粒尺寸是一个影响因素，但对于细晶 ZrB_2-SiC 材料来说，室温强度并不是由 ZrB_2 晶粒尺寸控制的。

根据 Griffith 判据[61]：

$$\sigma = \frac{K_{IC}}{Ya^{1/2}} \tag{3-14}$$

Rezaie 等[62]认为材料的临界缺陷尺寸与 SiC 的最大晶粒尺寸相当。因此，细小的 SiC 颗粒可以减少微裂纹及大的缺陷成核，从而提高材料的室温强度。不同尺寸的 SiC[63]（包括纳米级的 SiC）均被用来制备 ZrB_2-SiC 陶瓷。

一般无压及热压烧结的 ZrB_2 基 UHTCs 材料的室温断裂韧性在 3.5～4.5MPa·$m^{1/2}$ 之间。同时为了在提高材料强度的基础上增加其韧性，引入了各种添加剂，如 SiC 晶须[64]、SiC 晶片[65]、短 C 纤维[66]、石墨片[67]、ZrO_2[68]以及 C 纳米管[69]等。研究结果显示，引入不同形式的第二相后，材料的室温抗弯强度并没有得到明显改善，仍在 700～1000MPa 之间，但是断裂韧性得到了明显增加，均在 6.0MPa·$m^{1/2}$ 以上。

（2）氧化性能

高温抗氧化性能是 UHTCs 材料最重要的性能指标之一。目前对超高温陶瓷的氧化行为的研究中，受实验环境限制，常用的方法是将材料置于普通电炉中，在大气环境或在流动的气体中，采用动态或静态的方式，以不同的速率升高到相应的温度，并设置不同的保温时间，然后测量材料在各种温度环境下质量的改变以及表面相组成来评估材料的抗氧化性，其评价温度一般不超过 1700℃。

根据气固反应动力学，UHTCs 材料的氧化过程取决于氧气与材料表面相界面反应速率和原子扩散速率两个因素。如果反应瞬时完成，反应扩散速率受原子扩散过程控制，氧化程度与时间呈抛物线关系；如果反应受相界面反应速率控制，则氧化程度与时间呈线性关系。对于单相 ZrB_2 的氧化，主要氧化方程式为：

$$2ZrB_2(s) + 5O_2(g) \longrightarrow 2ZrO_2(s) + 2B_2O_3(l) \tag{3-15}$$

该反应的吉布斯自由能 $\Delta G_{rxn}^{\ominus} = -1977 + 0.361T$（kJ），说明在任何温度

下都是可以发生的。在1100℃以下，氧化产物为 ZrO_2(s) 和 B_2O_3(l)。B_2O_3(l) 熔点较低（660℃），易挥发，ZrO_2(s) 具有较高的表面自由能，与 B_2O_3(l) 能很好地润湿，使液态的 B_2O_3(l) 能够保留在疏松多孔的 ZrO_2(s) 骨架表面，在表面形成保护层，阻止进一步氧化。这时氧气在 B_2O_3(l) 层中的传输是速率控制步骤，质量增重曲线表现为抛物线形。温度继续升高，B_2O_3(g) 的挥发导致氧化加剧，在1400℃以下，液相保护层受到破坏，质量增重曲线表现为线性。

通过改变氧化层的组成来提高抗氧化性，目前最基本的方法是在 ZrB_2 基体中引入 SiC。1100℃以下，ZrB_2-SiC 的氧化速率与纯 ZrB_2 一致。1100℃以上，SiC(s) 氧化生成的 SiO_2(l)，与 B_2O_3(l) 在材料表面形成硅硼玻璃，该玻璃相在温度较低时的主要成分仍是 B_2O_3(l)，伴随着温度的升高和 B_2O_3(g) 的挥发，SiO_2(l) 逐渐成为玻璃相中的主要成分，玻璃相黏性增加，O_2(g) 在玻璃相中的扩散速率减慢，反过来影响 B_2O_3(g) 的挥发。实验证明，ZrB_2-SiC 在1600℃仍具有较好的抗氧化性，SiC(s) 氧化生成熔点较高的 SiO_2(l)，提高了玻璃相阻碍氧气扩散的温度，从而有效改善了材料的抗氧化性。图 3.6 所示为在空气中1627℃循环 10 个 10min 的 ZrB_2-SiC 陶瓷的氧化层截面典型结构。最外层为 SiO_2 玻璃相；第二层为连续的 SiO_2 玻璃相中分散有 ZrO_2；第三层为 ZrB_2 层，由于 SiC 被选择性氧化成 CO、CO_2 和气态的 SiO 逸出而出现了 SiC 的缺失；最里层则为未被氧化的材料基体。

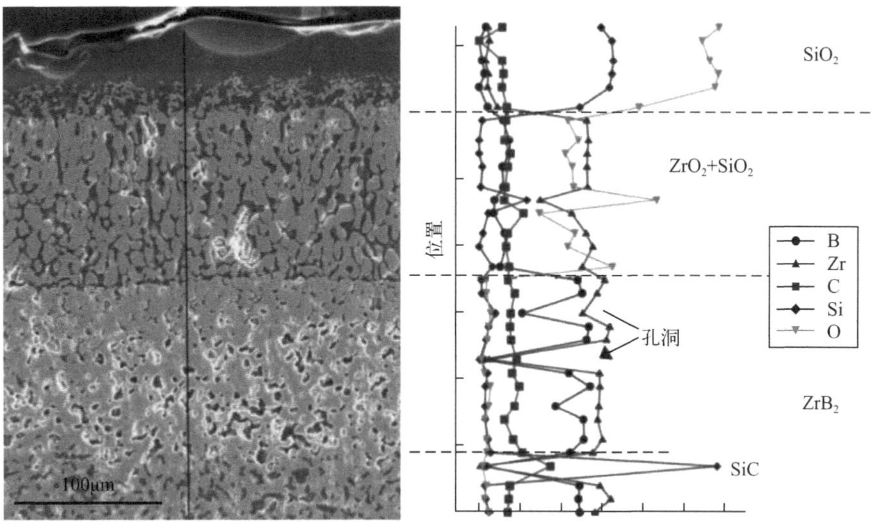

图 3.6　ZrB_2-SiC 陶瓷在空气中1627℃循环 10 个 10min 后的 SEM 和 XEDS 分析

由上可知，引入含 Si 化合物（如 SiC、$MoSi_2$）作为第二相的 ZrB_2 基 UHTCs 材料之所以具有优良的抗氧化性能是由于氧化过程中材料表面形成了一层致密的硅硼玻璃，阻止了氧的向内扩散。但是，超高温陶瓷的抗氧化性能仍然面临着巨大的挑战。一方面表面的硅硼玻璃只能稳定存在于 1600℃以下，更高温度下将会发生活性氧化，转化为气态的 SiO 相，从而使表面层破坏；另一方面，高温下的氧化产物 ZrO_2 疏松多孔，在 1650℃由单斜相转变为四方相，在 2700℃由四方相转变为立方相，相变过程中伴随的体积膨胀，严重破坏了材料的稳定性，因此进一步改善材料的抗氧化性是超高温材料研究的一大难题。

Opeka 等[70]提出了调节材料组成以改善其抗氧化性的思路，其一是利用含ⅣB～ⅥB 族过渡金属氧化物的硼酸盐和硅酸盐玻璃易于分相的现象，加入 Ti、Nb、Ta、Mo、Cr、V 等阳离子场强高的元素，使之在高温下氧化形成相应的不混溶于液相的氧化物，促使 ZrB_2-SiC 材料表面形成的硅硼玻璃发生相分离，提高液相的黏度，从而提高液相稳定存在的温度，减少 B_2O_3 的挥发和氧气的渗透。图 3.7 对比了在 ZrB_2-SiC 材料中添加 10% CrB_2、NbB_2、TaB_2、TiB_2、VB_2 后材料的抗氧化性能，结果表明，含 TaB_2 的材料在氧化过程中被氧化的最少，同时其氧化层厚度也不到 ZrB_2-SiC 材料的一半。

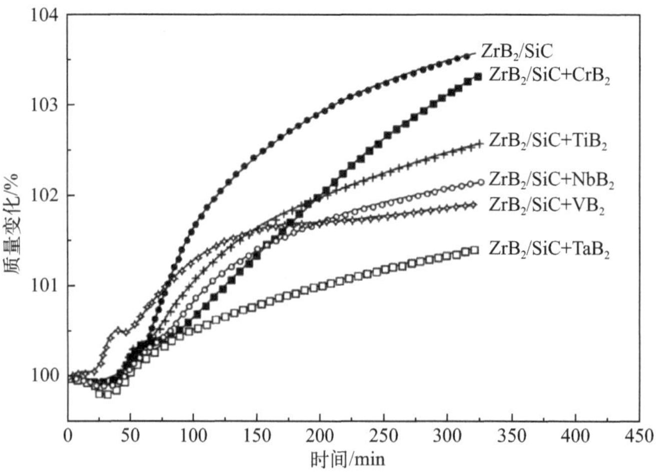

图 3.7 添加 10% CrB_2、NbB_2、TaB_2、TiB_2、VB_2 的 ZrB_2-SiC 材料在 1300℃恒温氧化的质量增重曲线[70]

目前对 UHTCs 材料氧化性能的研究中，除 SiC 、$MoSi_2$ 以外，Ta[71]及 $TaSi_2$[72]等其他化合物在提高抗氧化性能方面得到重视。尽管目前对 UHTCs 的氧化性能进行了大量的研究，但对硼化物材料的氧化动力学机理仍未完全理解。对氧化过程与显微结构之间关系的探讨还很缺乏。因此，系统开展UHTCs材料抗氧化性能的微观机理探索，是高性能UHTCs材料研发的重要组成部分。

（3）烧蚀性能

在大气或是流动气体环境下，材料的氧化行为将不同于其在超声速状态下的氧化行为。由于UHTCs材料在实际应用中（如火箭推进和超声速飞行），不仅要承受高温，还要承受高速气流的冲刷，因此在实际环境下使用时其抗烧蚀性能尤为重要。

对超高声速飞行环境的模拟不仅可以测试现有材料的抗烧蚀能力，还可以帮助我们理解材料的热学性能，为材料的设计提供依据。现阶段模拟UHTCs烧蚀环境的方法主要有美国军方的电弧喷气测试，民用的方法主要有采用等离子体喷枪、氧乙炔焰等喷涂设备进行的烧蚀实验。与一般的氧化过程不同，材料在烧蚀过程中，高温气流能使材料表面的温度在短时间内迅速上升到2000℃以上。对传统的 ZrB_2-SiC 材料以及 ZrB_2-SiC-ZrC 三元体系采用电弧喷气进行烧蚀后，比较结果发现 64ZrB_2-20ZrC-16SiC 具有最好的抗烧蚀性能，在材料表面温度为2020℃时，氧化层的有效转变速率仅为0.98mm/min。

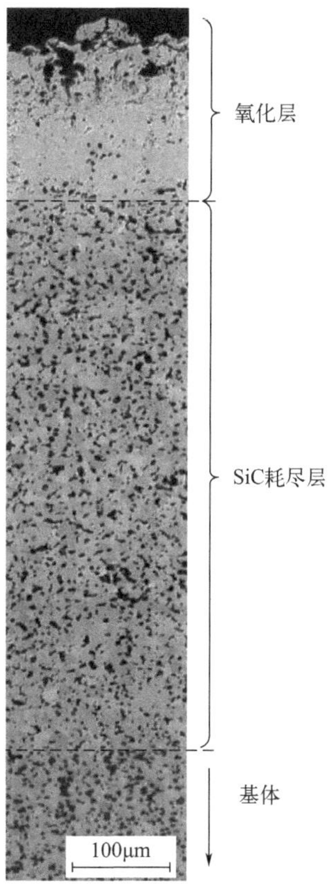

图 3.8　经过两次高热通量烧蚀实验后材料的横截面显微形貌[10]

研究人员在UHTCs的烧蚀实验中发现，不同热通量环境下材料氧化层的界面结构不同。在低热通量情况下，材料表面温度一般在1700℃，在这个温度下SiC仍表现为惰性氧化，与 O_2 反应生成 SiO_2(l)。此时材料的氧化层结构与常规氧化条件下的氧化层结构一致，表面为 SiO_2 玻璃层。但在高热通量情况下，材料表面温度一般高于2000℃，甚至达到2400℃。在2000℃高温下，SiC将发生活性氧化生成SiO（g），从而失去对基体的保护作用。材料表面为 ZrO_2 或 HfO_2 层。图3.8为 HfB_2-SiC 陶瓷在高热通量下的氧化层结构，最外层为多孔

的 HfO_2 层。

3.2.3 ZrB_2 基超高温陶瓷的应用

作为 UHTCs 材料中的一员，ZrB_2 陶瓷具有较高的熔点（3245℃）、较低的密度（6.09g/cm^3）、较高的硬度（23GPa）、较低的热膨胀系数（室温，$5.9\times10^{-6}K^{-1}$）、较高的热导率［60W/(m·K)］和电导率（$12.1\times10^6\Omega\cdot cm$）以及良好的抗热冲击性能，可应用于复合材料、耐火材料、电极材料和核控制材料等。通过加入 SiC 提高力学和抗氧化性能，ZrB_2 基 UHTCs 材料可应用于新型空间飞行器及其运载工具的防热系统，战略导弹的关键材料以及再入式飞船鼻锥、喷嘴和机翼前缘部件材料等。

硼化物基超高温陶瓷的研究始于 20 世纪 60 年代初期，最早在美国空军材料实验室（AFML）的资助下由 ManLabs 实验室进行研究，旨在探索满足高超声速飞行器鼻锥和机翼前缘需求的高温材料。该实验室将 SiC 引入 HfB_2 和 ZrB_2 中，通过限制晶粒生长来提高其强度。同时研究还表明，SiC 的引入使材料表面在氧化过程中形成一层致密的硼硅酸盐玻璃，在 1600℃以下能有效阻止氧向材料内部扩散，比单相 ZrB_2 具有更宽的抗氧化温度范围，且 SiC 组分为 20%～30%（体积分数）的复合材料抗氧化性能最好。ManLabs 实验室的 UHTCs 研究工作虽然一直进行，但是进程比较缓慢，没有取得明显突破，应用也没有得到很好的推广。直到 20 世纪 90 年代，随着人们对高致密度块体精细 UHTCs 材料兴趣的增加，才加快了研究步伐。NASA、美国军方、高校以及其他一些研究机构对 UHTCs 和 UHTCs 复合材料进行了大量的性能评估。20 世纪 90 年代初，艾姆斯研究中心（AMES）沿袭前期的研究，继续采用 SiC 作为添加剂，加入 HfB_2 陶瓷中以增加其抗氧化性，同时对材料的地面电弧喷射测试也表明，该材料的使用温度可达到 2200℃。

经历了地面测试后，UHTCs 开始实际飞行试验。1997 年 5 月 21 日，艾姆斯研究中心与美国空军、桑迪亚国家实验室联合进行了首次飞行试验来验证制备的 UHTCs 材料在再入环境中的性能，这次试验的飞行器被称为 SHARP-B1。而这次试验的目的就是验证锐头体（Sharp）飞行器的高温稳定性。实验前就有学者认为：UHTCs 材料的试验成功将会颠覆一个传统的空间动力学原则，即只有钝头体飞行器才能够承受自己在再入大气层时所产生的灼热高温。图 3.9 为 SHARP-B1 飞行器以及由 UHTCs 制备的小尺寸鼻锥。SHARP-B1 飞行器是在 MARK12A 再入飞行器的基础上进行改装，使用由 HfB_2-SiC 基 UHTCs 制备的小尺寸尖锐鼻锥替代原来的 C/C 鼻锥，将其暴露在真实的再入环境中，测试 HfB_2-SiC 鼻锥性能。但由于 SHARP-B1 飞行器是非回收的，所以其试验后的形貌以及一些相关测试数据都无法得到。

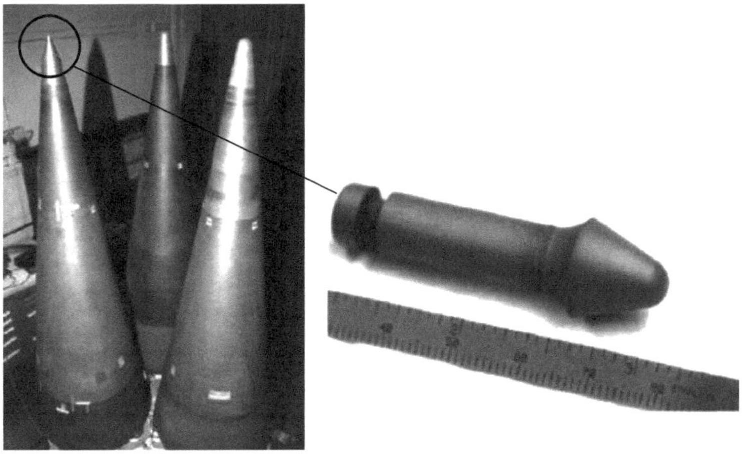

SHARP-B1　　UHTCs SHARP-B1鼻锥

图 3.9　SHARP-B1 飞行器以及由 UHTCs 制备的小尺寸鼻锥

随后艾姆斯研究中心等机构又准备了第二次飞行试验：这次参与飞行试验的 SHARP-B2 设计成可回收的。SHARP-B2 飞行器仍然是在 MARK12A 再入飞行器的基础上改装的，MARK12A 飞行器使用 C/C 鼻锥和碳/酚醛树脂热防护罩，由不同成分的 UHTCs 制成 4 个长度为 5.1in（1in＝0.0254m）的翼前缘分布在飞行器的外侧，如图 3.10 所示。每个 UHTCs 翼前缘包含三部分，每一部分都由不同的 UHTCs 材料组成（HfB_2-SiC、ZrB_2-SiC 和 ZrB_2-C-SiC）。试验中将翼前缘部件暴露在再入环境中，下降不同高度后，再收入飞行器体内，以便 UHTCs 材料可回收。翼前缘收回的高度根据材料的烧蚀温度极限来确定。2000 年 9 月 28 日，SHARP-B2 在“民兵Ⅲ型”运载器的载带下于范登堡（Vandenberg）空军基地起飞。这次飞行试验过程包括：从运载器上分离和在外大气层抛射后，SHARP-B2 从 643 公里的高空以极高速度返回地球大气层；下降一定高度后，一对翼前缘收回飞行器内，再降落一定高度后，另一对翼前缘也收回飞行器内；最后是回收阶段，使用降落伞减缓飞行器的下落速度，并最终降落在南太平洋。返回过程中，在 UHTCs 翼前缘下方的传感器对材料飞行时的温度进行了实时测量，其中第一对翼前缘在材料温度即将达到其烧蚀蒸发温度前收回飞行器内，而另一对翼前缘则在烧蚀刚开始不久后也马上收回飞行器内。传感器显示其烧蚀温度为 2815℃。获得这一令人激动的结果后，该项目的总工程师 Jeff Bull 说：“我们的目标就是能够将这种（锐头体飞行器）技术应用到下一代再入飞行器工业的使用中，而 SHARP-B2 也证明了我们在未来锐头体空间飞行器的探索中迈出了重要一步。”

第二次试验飞行后，研究者们对 SHARP-B2 飞行器和试验小片进行了回收，并对回收的材料进行测试。测试结果表明，由于制备的 UHTCs 材料分布不均匀，出现了大量的 HfB_2 颗粒和 SiC 颗粒聚集现象，导致材料力学性能较差，因此也对这类材料今后的设计和制备提出了更高的要求。不过，这两次 SHARP 试验还是有力地证明了 UHTCs 是具有良好应用前景的超高温耐烧蚀结构材料。

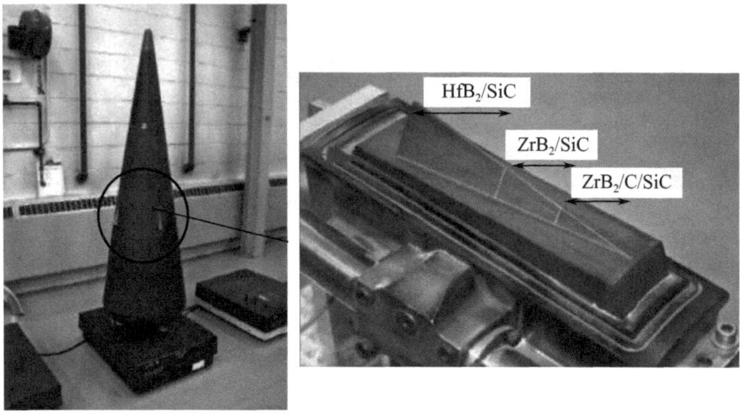

图 3.10 SHARP-B2 飞行器以及由三种 UHTCs 制备的翼前缘部件

3.3 ZrB_2 基超高温陶瓷烧结过程中的显微结构演化

原位反应烧结是制备 ZrB_2-SiC 超高温陶瓷的一种新途径。少量的烧结助剂也可以通过反应原位引入。利用反应产生的热量可以降低烧结所需的温度，促进杂质的排除，并能够通过控制反应过程实现晶须、板晶、纳米颗粒的复合，有望从结构角度实现材料性能的优化。Zhang 等[57]利用 Zr、Si、B_4C 之间的放热反应，结合热压烧结成功地实现了原位反应烧结 ZrB_2-SiC 超高温陶瓷。反应如方程式（3-16）所示。White 等通过电弧喷气烧蚀实验认为 ZrB_2-SiC-ZrC 三元体系比 ZrB_2-SiC 二元体系具有更好的抗烧蚀性。但是针对 ZrB_2-SiC-ZrC 三元体系的超高温陶瓷材料制备与性能方面的研究仍很缺乏。本节着重介绍 Zr、Si、B_4C 之间的反应过程以及 ZrB_2-SiC-ZrC 复合材料的低温反应热压烧结制备，具体内容如下。

① 充分考虑到反应过程中三种原料间的反应，利用扩散偶法分别研究了 Zr-Si、Si-B_4C、Zr-B_4C 致密块体之间的热扩散反应过程，结合反应热压烧结的中间过程以及样品显微结构的分析，探讨了热压烧结过程中的反应路径。

② 分别利用反应放电等离子体烧结（R-SPS）和反应热压烧结（RHP）对组分为 ZrB_2-SiC-ZrC 的材料进行烧结，对比两种烧结方式在烧结机理及显微结构方面的区别，分析反应路径与烧结方式之间的关系。

③ 通过改变粉体处理工艺以及烧结工艺改变烧结过程中的反应途径，提高材料的烧结活性，从而实现 ZrB_2-SiC-ZrC 材料在温和温度下的致密烧结。

$$2Zr+Si+B_4C \longrightarrow 2ZrB_2+SiC \tag{3-16}$$

$$3Zr+B_4C \longrightarrow 2ZrB_2+ZrC \tag{3-17}$$

$$(2+x)Zr+(1-x)Si+B_4C \longrightarrow 2ZrB_2+(1-x)SiC+xZrC \tag{3-18}$$

3.3.1　ZrB_2-SiC 基超高温陶瓷的反应烧结过程

3.3.1.1　Zr-B_4C-Si 反应体系的热力学分析

Zr、Si、B_4C 之间的总反应如反应式（3-18）所示。随着 x 值的增大，反应产物中 ZrB_2、SiC 以及 ZrC 的含量也随之变化，设计四组反应，其产物分别以 ZS、ZSC5、ZSC10、ZSC15 表示，其中 ZrC 的含量（体积分数）分别为 0、5%、10%以及 15%，SiC 的含量依次降低，而 ZrB_2 的含量则基本保持不变。依据反应式（3-18）计算所得到的在不同 x 值时原料配比、产物组分如表 3.4 所示。热力学计算表明，该反应在常温下热力学有利，且能释放大量的热量。衡量反应放热程度的重要参数是反应系统可以达到的最高绝热温度，理论上可以用绝热条件下达到的最高温度 T_{ad} 来表示。在不考虑 SiC 在高温下的挥发并假设所有的产物都是固态的情况下，体系的绝热温度可以由式（3-19）计算得到：

$$\Delta H_{298}^{\ominus}=\int_{298}^{T_{ad}} C_{ps}\mathrm{d}T \tag{3-19}$$

如表 3.4 所示，所计算得到的 T_{ad} 均大于 ZrB_2 的熔点，根据式（3-20）计算：

$$\Delta H_{298}^{\ominus}=\int_{298}^{T_{mc}} C_{ps}\mathrm{d}T+\nu_c\Delta H_{mc} \tag{3-20}$$

其中，$\Delta H_{298}^{\ominus}$、C_{ps} 分别代表该反应的生成焓及产物的热容。ΔH_{mc} 和 ν_c 分别代表 ZrB_2 在熔融过程中的相变焓及熔融比例。如表 3.4 所示，计算所得 ν_c 均小于 1，可知 ZrB_2 未能完全熔融，此时体系的绝热温度应由 ZrB_2 的熔点决定，为 3323K，同时产物中的 ZrB_2 有一部分被熔融。表 3.4 中随着 x 值的增大，反应释放的热量增加，计算得到的 T_{ad} 也增大，产物中 ZrB_2 熔融的比例增大。

表 3.4　不同 ZrC 含量的 ZrB_2-SiC-ZrC 陶瓷组分设计及反应热力学计算

项目	x 值	原料组分（质量分数）/%	产物组分（体积分数）/%	T_{ad} 计算值/℃	$(\Delta H^{\ominus}_{298}/C_{ps,298})$/K	ν_c/%
ZS	0	Zr：68.6；Si：10.6；B_4C：20.8	ZrB_2：74.79；SiC：25.21	3373	3494	27.3
ZSC5	0.15628	Zr：71.4；Si：8.6；B_4C：20.0	ZrB_2：73.96；SiC：21.04；ZrC：5	3440	3591	28.3
ZSC10	0.31609	Zr：73.9；Si：6.7；B_4C：19.3	ZrB_2：73.13；SiC：16.87；ZrC：10	3502	3690	45.6
ZSC15	0.47955	Zr：76.4；Si：4.9；B_4C：18.7	ZrB_2：72.31；SiC：12.69；ZrC：15	3584	3790	63.8

根据所有 T_{ad} 计算值及 $\Delta H^{\ominus}_{298}/C_{ps,298}$ 值可以看出，Zr、Si、B_4C 之间的反应满足自蔓延反应的条件，即 $T_{ad}>1800K$、$\Delta H^{\ominus}_{298}/C_{ps,298}>2000K$。在反应烧结的过程中，有可能激发原料间的自蔓延反应。

在原料间的自蔓延反应不被激发的情况下，在真空或氩气气氛中，Zr-B_4C-Si 体系内任意两相之间可能存在的化学反应为：

$$3Zr+B_4C \longrightarrow 2ZrB_2+ZrC \tag{3-21}$$

$$2Zr+Si \longrightarrow Zr_2Si \tag{3-22}$$

$$5Zr+3Si \longrightarrow Zr_5Si_3 \tag{3-23}$$

$$Zr+2Si \longrightarrow ZrSi_2 \tag{3-24}$$

$$Zr+Si \longrightarrow ZrSi \tag{3-25}$$

$$5Si+3B_4C \longrightarrow 3SiC+2SiB_6 \tag{3-26}$$

$$2Si+B_4C \longrightarrow SiC+SiB_4 \tag{3-27}$$

利用热力学分析软件 HSC6.1，得到各反应式的吉布斯自由能随温度的变化规律如图 3.11 所示。从图中可以看出，Zr-Si、Zr-B_4C 及 Si-B_4C 之间的反应在 1800℃以下都是热力学可行的，而从原料 Zr、B_4C、Si 经过反应烧结形成 ZrB_2、SiC 及 ZrC 的过程有可能通过分步反应进行，产物并非同时生成，比一步反应合成更加复杂。

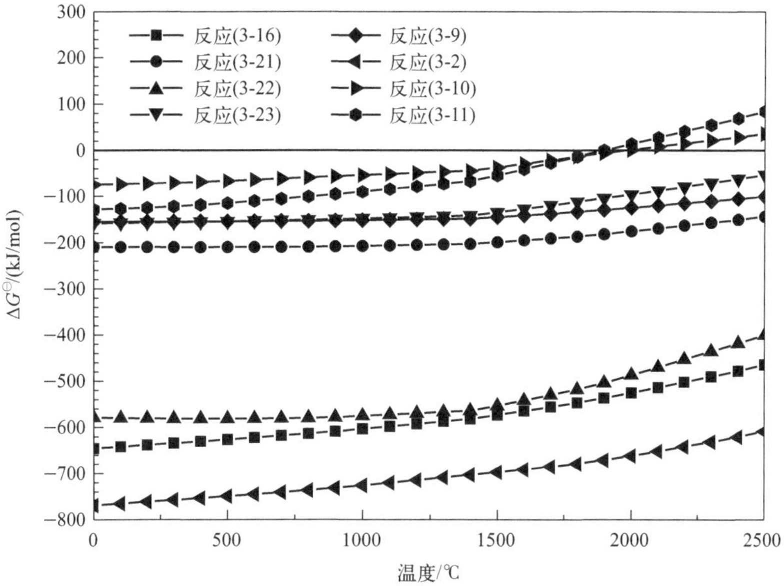

图 3.11　Zr-Si-B_4C 体系内各个反应方程式的吉布斯自由能随温度变化的关系

3.3.1.2　Zr-B_4C-Si 反应体系的动力学分析

为更好控制材料的最终显微结构，有必要对原料间的反应机理进行研究。由于粉料之间的化学反应很快进行完毕，难以观察到反应的中间过程，因此本实验根据扩散偶方法的原理，利用致密的 Zr、Si、B_4C 块体替代粉料，把不同的金属或非金属物质捆绑在一起，在高温下长时间退火，各元素的分界处形成扩散层，扩散层处的物相就是体系在该温度下存在的平衡相。根据扩散偶方法得出的结果，分别分析了 Zr-Si、Si-B_4C 及 Zr-B_4C 三个体系在 1350℃的扩散反应情况，为探讨反应合成 ZrB_2-SiC 及 ZrB_2-SiC-ZrC 复合材料的物相生成过程提供理论依据。

（1）Zr-Si

由于实际反应过程中，Zr 和 Si 的摩尔比约为 2∶1，退火温度接近 Si 的熔点，所以本节主要考虑 Si 向 Zr 中的扩散情况。根据 Si-Zr 二元相图，从 Si 向 Zr 侧依次出现的物相为 Si_2Zr、SiZr、Si_3Zr_5、$SiZr_2$，生成这些化合物的反应如反应式（3-22）～式（3-25）所示。根据热力学计算，生成这些物相的反应均在常温下即可进行，但实际反应过程中，所有物相的生成必须遵守扩散反应的动力学规律，并不能同时出现而是在反应界面依次生成，表现出层状结构。

如图 3.12 所示，在 1350℃下保温 60h 后，Si 向致密的金属 Zr 块体上的扩散反应截面，可以清晰地看到总厚度约为 400μm 的扩散反应层产生。除了最内侧颜色最浅层为 Zr 基体，根据颜色由浅至深以及结构的变化，扩散反应层从外至内可以大致分为三层。次内层颜色较 Zr 基体稍深，厚度约为 40μm，Zr∶Si 原子比为 7∶3，对应于 Zr_5Si_3 与 Zr 的两相区。次外层颜色较深且相对致密，厚度约为 20～60μm，通过 EDS 元素分析，Zr∶Si 原子比为 3∶2，对应于 Zr_5Si_3 与 ZrSi 的两相区。最外层厚度最大，约为 300μm，颜色最深且分布不均匀，根据 EDS 元素分析的规律，Si 元素含量由内至外逐渐升高，这一层中可能存在 SiZr、Si_2Zr 等相，并且最外层存在大量的空洞，主要是由于在扩散过程中产生柯肯达尔现象。产生柯肯达尔现象的原因是 Si 熔点低、扩散占优，而 Zr 熔点高、扩散慢，Zr 元素和 Si 元素在扩散过程中不等量的原子交换。Si 元素进一步向内扩散加剧了孔洞的产生。

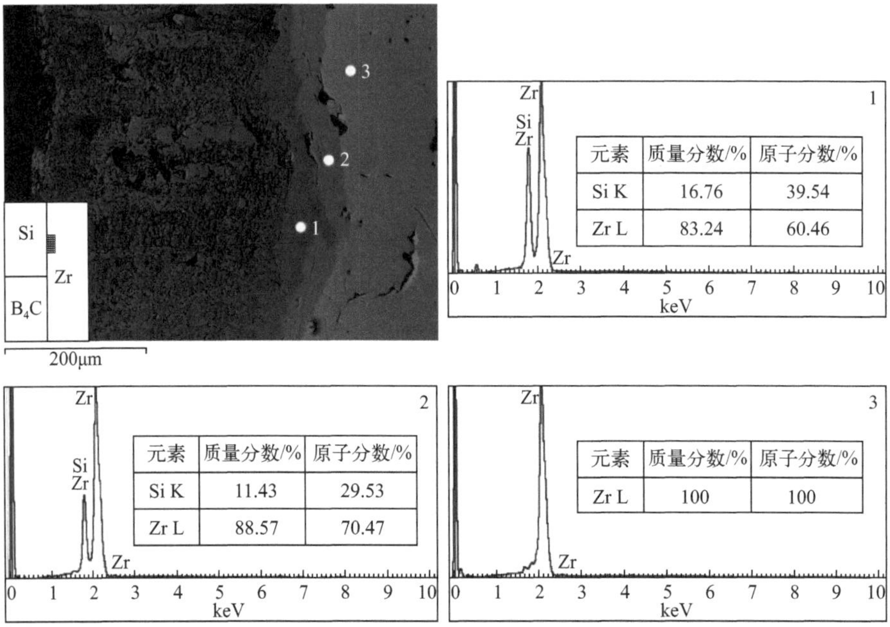

图 3.12 Si-Zr 扩散反应界面的扫描电镜照片以及元素分析

由于 Si 原料中存在的少量杂质会使得 Si 的熔点降低，以及扩散偶实验中使用的无压炉测温值与实际温度的差异，虽然 Si 的熔点 1410℃高于扩散实验温度 1350℃，但是 Si 还是出现了熔融现象。由于熔融的 Si 具有更好的流动性，从而加速了扩散。如图 3.13 所示，经过 60h 的保温后，Si 块内存在大量孔洞，在靠近 Zr 的区域存在裂缝，这也是 Si 向 Zr 的大量扩散导致的。

这一实验结果说明在 Zr-Si 的反应交界处，产生的多种硅锆化合物符合 Si-

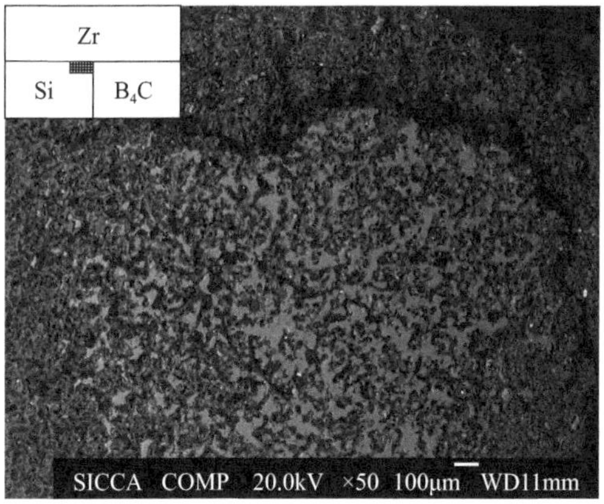

图 3.13　Zr-Si 扩散反应界面的扫描电镜照片

Zr 相图中各物相依次出现的规律。首先出现的产物是 Zr_2Si。由于扩散层中存在 Si 元素的浓度梯度，随着扩散时间的延长，Si 由外至内扩散，原有的 Zr_2Si 被 Zr_5Si_3 等物相取代，而 Zr 基体则继续与少量的 Si 形成 Zr_2Si，扩散反应层界面不断向前推移。

（2）Si-B_4C

图 3.14 所示为 Si 向 B_4C 扩散的反应界面以及 Si、C、B 元素的面扫描分布图。由图可知，在 1350℃下保温 60h 后，Si 向致密的 B_4C 块体内扩散并与之发生反应，同样在样品的 B_4C 侧留下了一个层状扩散反应界面，Si 在 B_4C 里的含量由外及内依次降低。在含 Si 的同一区域内，B 元素含量比 B_4C 基体有明显的下降。由于样品经镶嵌后进行抛光处理，所以有机镶嵌料会导致样品外层侧面的 C 含量增多，而样品内部的 C 含量则很少。

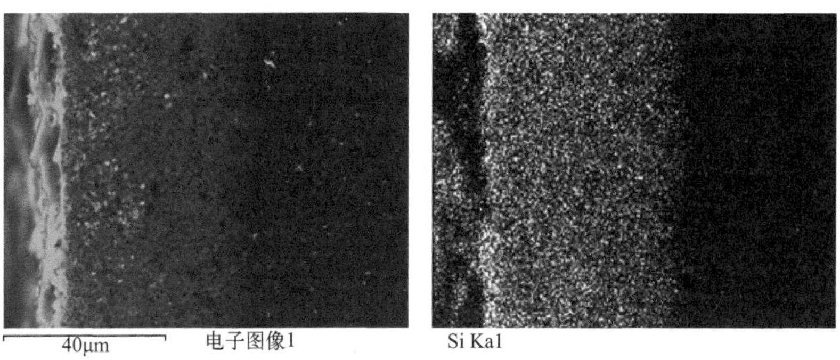

图 3.14

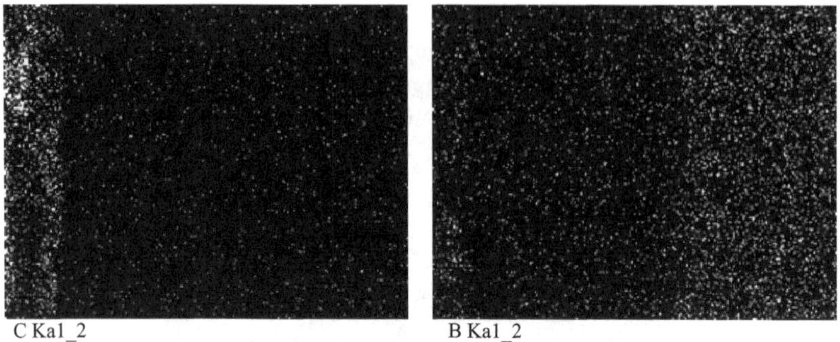

图 3.14 Si-B_4C 扩散反应界面以及元素面扫描

图 3.15 为本实验中含 Si 区域的电子扫描照片，图中箭头所示，可以看到大量由白色边缘包裹的黑色颗粒。但由于颗粒及颗粒边缘白色相尺寸均小于 EDS 的检测范围，所以各部分的成分难以获得。Hayun 等[73]曾就 B_4C-Si 的浸渍反应制备碳化硅材料的反应机理进行了研究。研究发现，Si 与 B_4C 中游离的 C 反应生成 SiC 粒子，与 B_4C 的反应则形成了一种“核-壳”结构。该“核-壳”结构外层由被固溶了部分 Si 的二次 B_4C（B_xSi_yC）包裹，内部则是未发生反应的 B_4C 颗粒。在本实验中，由于 Si 在退火温度下出现部分熔融，根据所观察到的显微形貌特征，结合文献报道，可以认为新生成的 SiC 和固溶了部分 Si 的 B_4C 包裹在未反应的 B_4C 外层，形成如图 3.15 所示的“核-壳”结构。图 3.16 所示为 1723K 下的 Si-B-C 三元等温截面相图，图中虚线连接 B_xC 和液态 Si。当 B_xC/Si（液态）发生界面反应时，处于热力学非平衡状态下的两相将发生相变，生成 SiC 和新的有一定 Si 含量的 B_4C 相，从而驱动了 B_xC/Si（液态）界面反应的发生，这与相图以及 Hayun 等的研究结果是一致的。

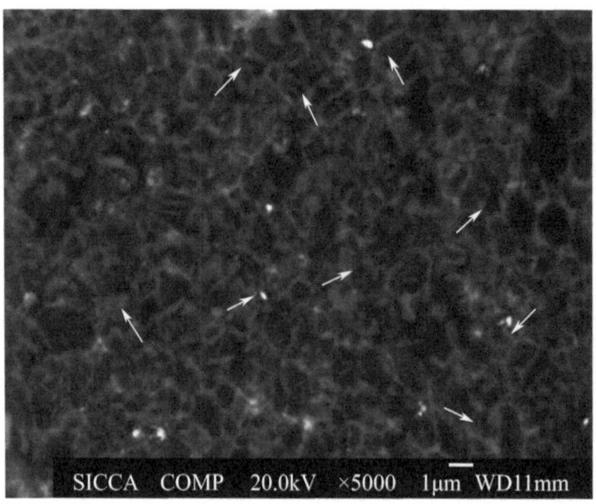

图 3.15 Si-B_4C 扩散反应界面中 Si 扩散层显微形貌

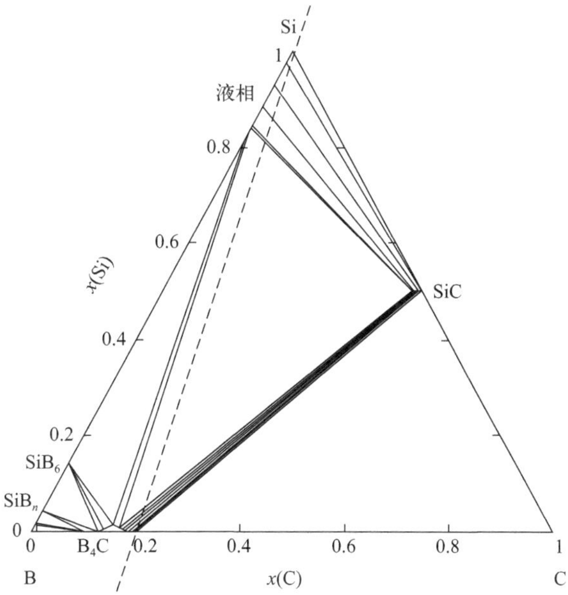

图 3.16　1723K 下的 Si-B-C 三元等温截面

从图 3.15 还可以看到，Si-B_4C 的反应扩散层厚度约为 40μm，远小于 Si-Zr 界面的反应扩散层厚度。Si 在纯 SiC 中的扩散系数为 $5.01\times10^{2}cm^{2}/s$，比 C 在纯 SiC 中的扩散系数（$8.62\times10^{5}cm^{2}/s$）低三个数量级，新生成的 SiC 以及 B_xSi_yC 包裹层阻挡了 Si 的进一步向内扩散。而根据热力学计算可发生的反应（3-8）和（3-9）也因扩散受阻而难以进行。

图 3.17 所示为 Si 块内靠近 B_4C 区域的显微结构，Si 向 B_4C 扩散同样造成了 Si 侧大量孔洞出现。图 3.17 中较大面积的灰白色区域经 EDS 分析证明是残留的 Si。同时图中还存在一些明暗不同的颗粒，利用 EDS 分析其元素组成可知较亮的颗粒含 Zr、B、C，较暗的颗粒为 SiC。这说明 B_4C 中的 B 和 C 元素扩散到了 Si 块内，C 与 Si 反应形成 SiC，而 B 和另外一部分 C 与扩散到 Si 内部的 Zr 发生了反应。

（3）Zr-B_4C

如图 3.18 所示，B_4C 与其余两相的界面，竖界面为 B_4C-Zr 界面，横界面为 B_4C-Zr 界面，可见 Si 在退火温度下出现了熔融现象，并在毛细管力的作用下流动到了 Zr-B_4C 界面之间。由于熔融 Si 的浸渍，Zr 与 B_4C 界面之间的反应界面表现为 Zr-Si 及 Si-B_4C 之间的反应扩散层。根据 Zr-B-C 三元相图，该体系可能出现的化合物有 ZrC、ZrB_2 等。Zr 与 B_4C 之间可能发生的反应是反应（3-17），即 Zr 与 B_4C 反应生成 ZrC 和 ZrB_2。

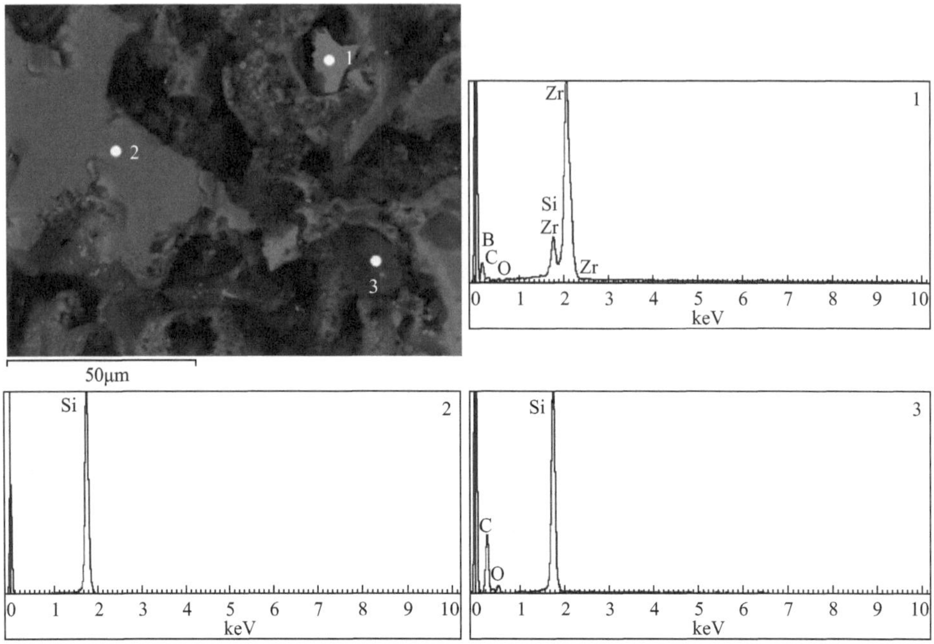

图 3.17 B_4C-Si 扩散反应界面的扫描电镜照片及元素分析

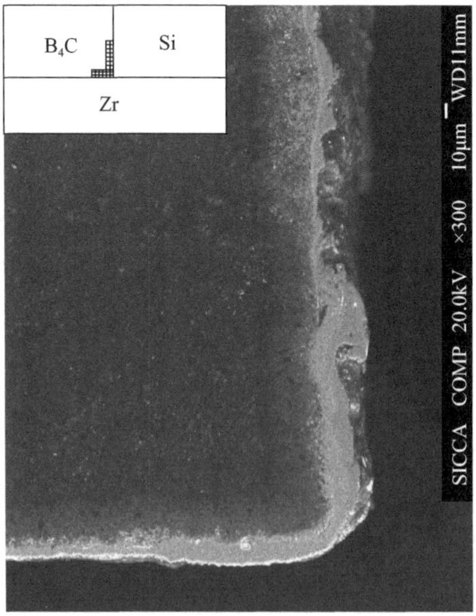

图 3.18 Si-B_4C 和 Zr-B_4C 扩散反应界面的扫描电镜照片

根据 C 原子及 B 原子在 Zr 中扩散速率的不同，ZrC 与 ZrB_2 的生成顺序也有先后。C 在 Zr 中的扩散活化能为（17.9±5.6）kcal/mol，低于 B 在 Zr 中的扩散活化能（34.5±8）kcal/mol，因此 C 更容易在 Zr 中扩散。在扩散的初始阶段，Zr 应该先与 C 反应生成 ZrC。由于 ZrC 中 C 的化学势大于其在 Zr 中的化学势，因此随着时间的延长，C 有从 ZrC 中扩散到 Zr 中的趋势，而 B 原子在先生成的 ZrC 相中溶解扩散，发生置换反应生成 ZrB_2。即：

$$Zr + xC \longrightarrow ZrC_x \quad (x<1) \tag{3-28}$$

$$Zr + ZrC_{x-y} + B \longrightarrow ZrC_{x-y} + ZrB \tag{3-29}$$

$$ZrB + B \longrightarrow ZrB_2 \tag{3-30}$$

作为 Zr 的同族元素，Ti 具有许多与 Zr 相似的物理化学性质。唐等[74]利用1600℃下退火 30min 的 Ti-B_4C 扩散偶研究了 Ti-B_4C 之间的反应路径，结果表明 Ti-B_4C 之间的扩散路径为 Ti/TiC/TiB/TiB_2/B_4C，与 Zr-B_4C 体系的结果相似。

（4）Zr-Si-B_4C

本实验采用商用 Zr、B_4C 及 Si 粉为原料，其原料配比为 Zr∶B_4C∶Si＝2.16∶1∶0.84。粉料之间的反应过程通过颗粒接触界面上的微观扩散反应进行。由于热压烧结升温速度慢，保温时间较长，可以认为 XRD 图谱中出现的物相是该温度下热力学平衡状态下的物相。图 3.19 给出了混合粉末在不同烧结温度下保温 1h 所得样品的 XRD 图谱。由图可见，当温度升高至 800℃时，XRD 图谱中观察到 ZrC、ZrB_2 及未反应的 Zr、Si 衍射峰。随后 ZrB_2 的衍射峰强度随温度的升高而增强，而 ZrC、Zr、Si 的衍射峰随温度的升高而逐渐减弱，当温度升高至 1450℃时完全消失，SiC 峰出现，标志着反应基本结束。

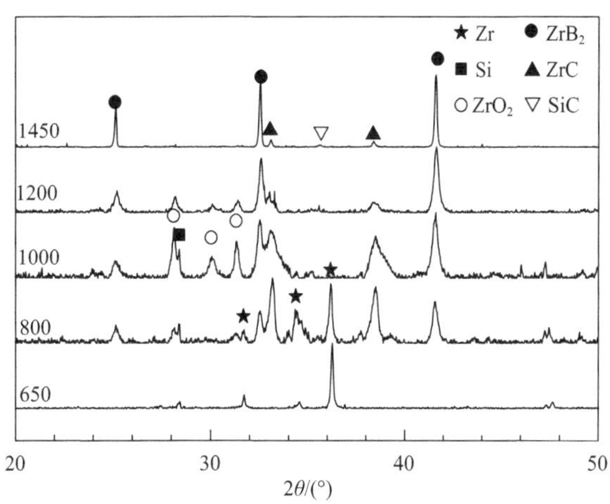

图 3.19 Zr-B_4C-Si 反应中间产物的 XRD 图谱

根据前面对两种反应物之间的扩散反应分析的结果，初始反应的不同将决定反应的不同路径。由于形成了固溶部分 Si 的二次 B_4C（B_xSi_yC）包裹 B_4C 颗粒的“核-壳”结构，Si-B_4C 之间的反应被抑制，因此在初始升温过程中，最可能发生的反应为反应（3-17）、反应（3-19）。从图 3.20 可知，ZrC 和 ZrB_2 首先生成，说明在较低的温度下，Zr 与 B_4C 之间的扩散反应能够发生。虽然热力学分析结果证明 Si-Zr 之间能够产生多种硅锆化合物，但是在该较低温度下，Si 原子不能够克服扩散需要的活化能，Si 向 Zr 的扩散反应并不明显，没有 Si-Zr 化合物产生。而在这一温度下，来源于 B_4C 的 B 和 C 原子比 Zr 和 Si 原子扩散得快。因此，ZrB_2 和 ZrC 先于 Si-Zr 化合物形成。Zhao 等[75]利用放电等离子体烧结研究了同样组分配比粉料的反应过程，结果发现在 900℃左右出现了 Zr_2Si 衍射峰。而 SPS 方法升温速度快，保温时间短，得到的物相可能仍然处于非平衡状态。根据 SPS 烧结理论，SPS 烧结过程中，由于脉冲电流的作用，在颗粒之间的空隙处放电，产生瞬时局部超高温（几千甚至上万度），其结果使晶粒表面蒸发和熔化，并在晶粒接触点形成“颈部”，对于金属颗粒则形成焊接状态。这种脉冲电流和垂直压力的作用，加速了 Zr-Si 之间的相互扩散。

随着反应温度的升高，无论是热压烧结还是 SPS 烧结过程中的中间产物都可以继续与未完全反应的原料发生反应，反应方程式如下所示：

$$2ZrC + 3Si + B_4C \longrightarrow 2ZrB_2 + 3SiC \tag{3-31}$$

$$Zr_2Si + B_4C \longrightarrow 2ZrB_2 + SiC \tag{3-32}$$

由于反应过程复杂，在利用 Zr、Si、B_4C 为原料制备 ZrB_2-SiC-ZrC 陶瓷过程中，工艺条件的控制就显得尤为重要，升温速度、气氛、保温时间等的改变都有可能导致不同的反应路径，产生不同的显微结构，并最终影响材料的性能。

3.3.2 热压烧结制备 ZrB_2-SiC-ZrC 复相陶瓷反应过程

Zr、Si、B_4C 原料之间的反应如式（3-18）所示，当 $x=0$ 时，式（3-18）转化为式（3-16）；当 $x>0$ 时，一定含量的 ZrC 通过调整初始原料的组分引入 ZrB_2-SiC 陶瓷中，得到 ZrB_2-SiC-ZrC 陶瓷[76-79]。本实验取 $x=0.20$，根据反应式（3-17）计算出所得产物组分为 73.6%（体积分数）ZrB_2-20%（体积分数）SiC-6.4%（体积分数）ZrC，研究反应热压烧结 ZrB_2-SiC-ZrC 陶瓷的物相形成过程。原料粉体采用了行星球磨（PA）的混磨方式，混磨前后原料粒度变化不大，Zr 粉、Si 粉的颗粒都比较粗大。混料干燥后，在 1800℃、20MPa 这一相对较低的温度和压力条件下，经过反应热压烧结 1h 后得到了致密的样品。

图 3.20 显示了获得的 ZrB_2-SiC-ZrC 体系的显微结构。图中，灰色为 ZrB_2 颗粒、黑色为 SiC 颗粒、白色为 ZrC 颗粒，没有发现明显气孔。烧结块体的 XRD 如图 3.21（a）所示，反应烧结得到的样品组成与根据反应式计算所得的产物组分一致。从显微结构上看，可以看到原位反应生成的 ZrB_2、SiC、ZrC 三相的分布并不均匀。SiC 和 ZrC 两相的颗粒通常较小，约为 1～3μm；而 ZrB_2 相的颗粒较大，约为 3～10μm。SiC 与 ZrC 主要分布在 ZrB_2/ZrB_2 颗粒的边界。被 SiC 包围的 ZrB_2 粒径较小，这证明了 SiC 可以抑制 ZrB_2 生长，并阻碍了晶界的移动，有利于气体的排出和材料的致密化。被 ZrC 包围的 ZrB_2 粒径较大，且呈板状生长。而 ZrB_2 的板状生长在 ZrB_2-SiC 两相复合材料里并没有被发现，这一结果有可能说明 ZrC 的存在有利于 ZrB_2 的各向异性生长。

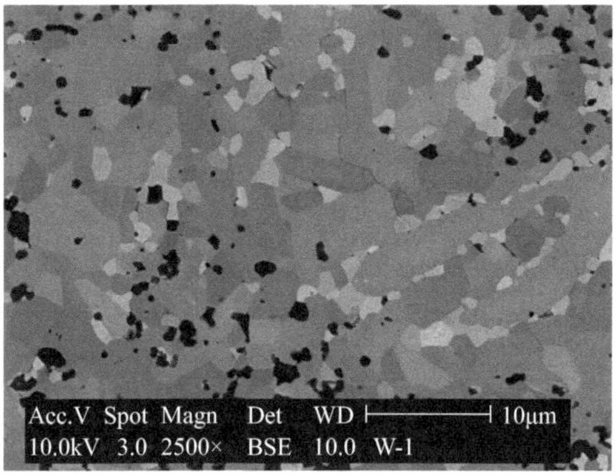

图 3.20 反应烧结制备 ZrB_2-SiC-ZrC 样品的背散射照片

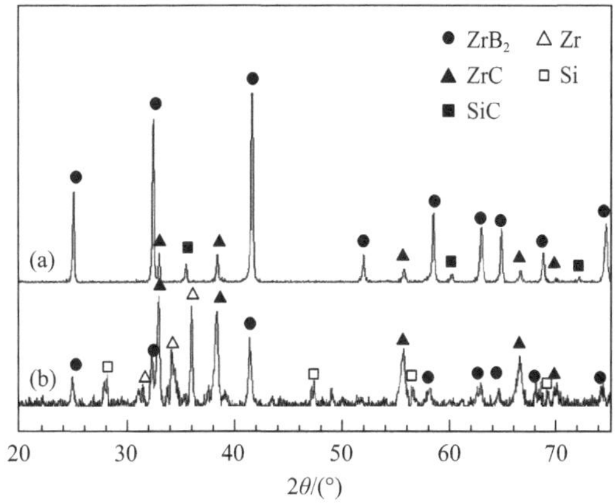

图 3.21 反应烧结制备 ZrB_2-SiC-ZrC 材料在不同温度下的 XRD 图谱

（a）1800℃；（b）800℃

通过观察可以发现，SiC 富集的区域 ZrC 含量低，并且该区域原料 Si 粉的大小一致，而 ZrC 富集的区域也无 SiC 颗粒存在，这也与原料 Zr 粉颗粒较大且团聚有关。材料的显微结构表明，反应产物的尺寸和分布的均匀性与原料粉体的颗粒度紧密相关，说明产物各相均为原位反应生成，反应受原子之间的扩散控制。原料越细，材料中各组分分布越均匀。氩气气氛下 ZrB_2-ZrC-SiC 体系在 800℃下热处理 1h 后，中间产物的 XRD 图谱如图 3.21（b）所示，较低的温度（800℃）下 ZrC 为主相，只生成了少量的 ZrB_2。当温度提高时，ZrB_2 变为主相，同时 SiC 出现而 ZrC 含量减少，与图 3.20 中所示反应过程一致。由此说明，在采用相同原料的基础上，反应热压烧结制备 ZrB_2-SiC-ZrC 三元体系与制备 ZrB_2-SiC 二元复相陶瓷过程中的反应路径是一致的。即在实际烧结过程中，低温下 Zr 首先与 B_4C 反应生成 ZrC 和 ZrB_2；在更高的温度下，Si、ZrC 和剩余的 B_4C 原位反应生成 SiC（图 3.22）。

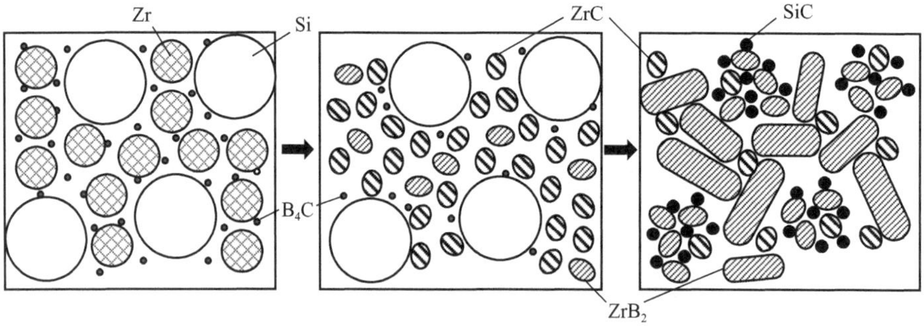

图 3.22 ZrB_2-SiC-ZrC 体系反应中间过程示意图[76]

3.4 ZrB_2 棒晶增韧 ZrB_2-$MoSi_2$ 基超高温陶瓷

3.4.1 反应烧结

$$Zr+2xSi+xMo+2B \longrightarrow ZrB_2+xMoSi_2 \tag{3-33}$$

$$2Zr+(1+2x)Si+xMo+B_4C \longrightarrow 2ZrB_2+xMoSi_2+SiC \tag{3-34}$$

按照反应式（3-33）和式（3-34），通过反应热压烧结可以获得 $MoSi_2$ 不同含量的 ZrB_2-$MoSi_2$（以 ZM 表示）和 ZrB_2-$MoSi_2$-SiC（以 ZMS 表示）陶瓷材料[80]。本实验将 $MoSi_2$ 的体积含量定为 20%，按照反应式计算的 x 值列于表 3.5 中；对于 ZrB_2-$MoSi_2$-SiC 三相材料，SiC 相应的含量也约为 20%（体积分数)。

表 3.5 材料组分设计和理论密度值

项目	ZrB_2/%	$MoSi_2$/%	SiC/%	反应式	x	理论密度/(g/cm^3)
ZM	80	20	0	$Zr+2B+2xSi+xMo \longrightarrow ZrB_2+xMoSi_2$	0.190013	6.12
ZMS	59.83	20	20.17	$2Zr+B_4C+(1+2x)Si+xMo \longrightarrow 2ZrB_2+SiC+xMoSi_2$	0.508135	5.54

原料混合方式为行星球磨 8h，烧结过程中升温速率为 10℃/min，热压压力为 20MPa。表 3.6 列出了反应热压烧结制备得到的材料密度和相对密度。ZrB_2-$MoSi_2$ 经 1800℃热压烧结 30min 后致密度达到 99.2%。含有 20%（体积分数）SiC 的 ZrB_2-$MoSi_2$-SiC 材料比两相材料难烧结，在 1800℃烧结不致密，1850℃得到 97.9%的致密度；升高温度至 1900℃后，致密度达到 98.9%。热压和无压烧结 ZrB_2-$MoSi_2$ 陶瓷一般烧结温度为 1800～1900℃，因此不同于 ZrB_2-SiC 材料，反应热压烧结不能明显降低 ZrB_2-$MoSi_2$ 烧结温度。

表 3.6 反应热压烧结制备得到的材料密度和相对密度

项目	烧结温度/℃	保温时间/h	密度/(g/cm^3)	相对密度/%
ZM	1800	0.5	5.96	99.2
ZMS	1850	0.5	4.86	97.9
	1900	0.5	5.13	98.9

从图 3.23 可以看出，反应热压烧结得到的样品 XRD 与反应方程式一致，没有杂相存在。图 3.24 给出了所制备样品抛光面的显微形貌。由于 $MoSi_2$ 和 ZrB_2 的原子序数相近，难以从颜色上区分两相，因此预先采用了酸腐蚀，腐蚀液的组分为 HNO_3 : HF : H_2O=1 : 1 : 5。ZrB_2-$MoSi_2$ 的显微结构显示材料主要由两种形貌的晶粒构成，其中棒状晶粒经 EDS 分析为 ZrB_2 晶粒；而另外一种具有不规则形貌的晶粒为 $MoSi_2$，这种形貌的形成是 $MoSi_2$ 在高温下的塑性使其在压力作用下填充颗粒之间的空隙而导致的。经测量，ZrB_2 的长度在 1.0～2.6μm 的范围内，宽度为 0.21～0.63μm，平均长宽比为 5.19。ZrB_2-$MoSi_2$-SiC 材料的显微结构如图 3.24（b）所示，与 ZrB_2-$MoSi_2$ 相似，棒状 ZrB_2 均匀分布在样品内部。黑色颗粒为 SiC，本实验中 SiC 的形成并没有像在 ZrB_2-SiC 材料中一样抑制 ZrB_2 颗粒的长大，反而含 SiC 的三相材料中的

ZrB_2 颗粒比两相材料中的略大，长度范围为 1.44～5.29μm，宽度在 0.30～1.03μm 之间，平均长径比为 5.0，略小于 ZrB_2-$MoSi_2$ 中 ZrB_2 晶粒的长径比。

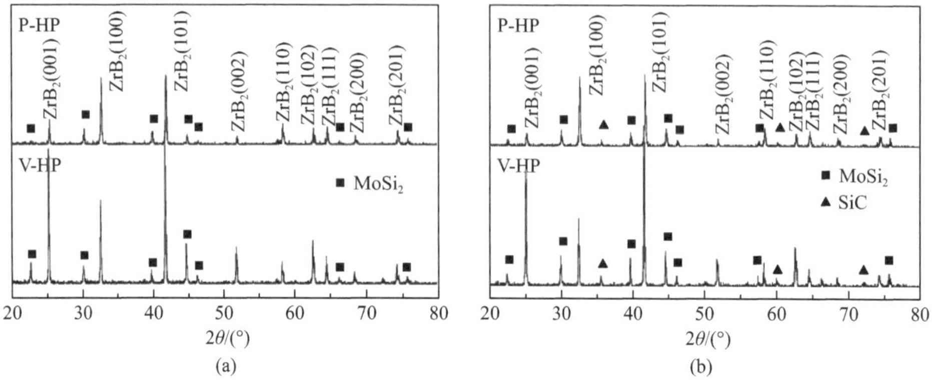

图 3.23 反应热压烧结样品不同面的 XRD 图谱

（V-HP 代表垂直于热压方向，P-HP 代表平行于热压方向）

（a）ZrB_2-$MoSi_2$；（b）ZrB_2-$MoSi_2$-SiC

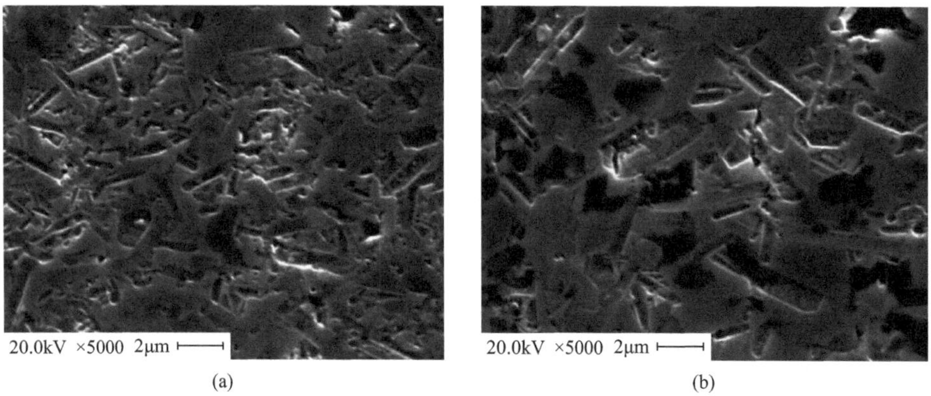

图 3.24 样品抛光表面经腐蚀后的 SEM 图

（a）ZrB_2-$MoSi_2$，1800℃/0.5h/20MPa；（b）ZrB_2-$MoSi_2$-SiC，1900℃/0.5h/20MPa

ZrB_2 和 HfB_2、TiB_2 一样都具有如图 3.2 所示的 AlB_2 型六方晶体结构，金属原子形成六方密堆积，B 原子形成二维网络结构，B 原子面与金属原子面交替出现，按照不同的生长方向可以形成板状或棒状形貌的晶粒。Otani 等利用浮区法制备了 ZrB_2 和 HfB_2 单晶，而 HfB_2 纳米棒及 ZrB_2 的晶须能够通过机械合金化的方法制备得到[81]。研究表明，硼化物晶体既可以沿 c 轴方向生长，也可以垂直于 c 轴方向生长。在利用部分水解的 $HfCl_4$、B、Mg 和高能球磨的原料制备的 HfB_2 粉体中，HfB_2 纳米棒沿 c 轴方向生长；在与 LaB_6 的低共熔体中，ZrB_2 晶须也沿 c 轴生长；但是利用浮区法制备的 HfB_2 单晶则沿垂直于 c 轴的方向生长。

由于 $MoSi_2$ 在 1000℃以上具有延展性，在压力下有助于颗粒重排并产生一定的取向。从 XRD 谱线中，ZrB_2 在不同晶面上的衍射峰强度可以推断本实验中 ZrB_2 晶粒的生长方向。如图 3.23 所示，在两种材料垂直于热压方向的（V-HP）面上，ZrB_2（001）面的衍射峰明显高于（100）面；而在平行于热压方向的（H-HP）面上则相反，ZrB_2（100）面的衍射峰高于（001）面。在热压作用下，ZrB_2 棒状晶粒平躺在 V-HP 面上，这一面上（001）峰的增强意味着 ZrB_2 垂直于 c 轴方向的面增多，因此 ZrB_2 是沿垂直于 c 轴方向生长的。

力学性能的实验数据如表 3.7 所示。为便于比较，经不同方法制备的相同组分材料的文献报道性能数据也列于表 3.7 中。由于 $MoSi_2$ 的硬度较低，因此含 $MoSi_2$ 材料的硬度都不高，在 15～16GPa 之间。但是在断裂韧性和抗弯强度方面却有很大的不同。由于 $MoSi_2$ 的室温韧性较低，在热压烧结和无压烧结的材料显微结构中，ZrB_2 晶粒均呈等轴晶粒形貌，因此常温韧性都不高（一般在 2.5MPa・$m^{1/2}$ 左右）。断裂韧性低则耐热冲击能力差，因而应用上会受到限制。而利用反应热压烧结制备得到的样品，由于棒状 ZrB_2 晶粒的存在，断裂韧性分别为 4.9MPa・$m^{1/2}$ 和 4.4MPa・$m^{1/2}$，这一现象与 Si_3N_4 以及 SiC 材料烧结过程中原位生长棒状晶粒使材料韧性增加是一致的。根据 Faber 等的分析，材料的韧性与棒状晶粒的长径比有一定关系，长径比越大，得到的断裂韧性越大。由于 ZrB_2-$MoSi_2$ 中的 ZrB_2 长径比略大于 ZrB_2-$MoSi_2$-SiC 中的 ZrB_2 长径比，因此前者的断裂韧性也高于后者。因此可以通过一定工艺来控制 ZrB_2 材料显微结构以达到优化材料韧性的目的，比如通过控制烧结过程中 ZrB_2 晶粒的各向异性生长来调控其形貌、尺寸大小等。

表 3.7　反应热压烧结得到的样品的力学性能数据以及文献报道数据

项目	烧结方式	相对密度/%	硬度/GPa	抗弯强度/MPa	断裂韧性/(MPa・$m^{1/2}$)	文献
ZrB_2-20%$MoSi_2$	RHP	99.2	15 ±0.5	456.9±27	4.9±0.2	本工作
ZrB2%-20%$MoSi_2$-20%SiC	RHP	98.9	15±0.4	672.3±70	4.4±0.4	本工作
ZrB_2-20%$MoSi_2$	PS	99.1	16.0±0.4	531±46	2.3±0.2	[53]

续表

项目	烧结方式	相对密度/%	硬度/GPa	抗弯强度/MPa	断裂韧性/$(MPa \cdot m^{1/2})$	文献
ZrB_2-20%$MoSi_2$	HP	99.8	16.3	~750	2.8±0.2	[53]
ZrB_2-15%$MoSi_2$	SPS	98.1	16.2±0.5	643±97	2.6±0.3	[82]

图 3.25 所示为反应热压烧结样品的断口形貌，可以看到棒状颗粒同样普遍存在于断口中。样品的断裂方式主要为 ZrB_2 沿晶断裂、$MoSi_2$ 穿晶断裂。棒状 ZrB_2 颗粒在裂纹扩展过程中会通过裂纹偏转、桥联以及晶粒拔出等方式吸收能量，从而导致材料韧性和强度的提高。SiC 的加入能够提高 ZrB_2-$MoSi_2$ 的强度。

(a)

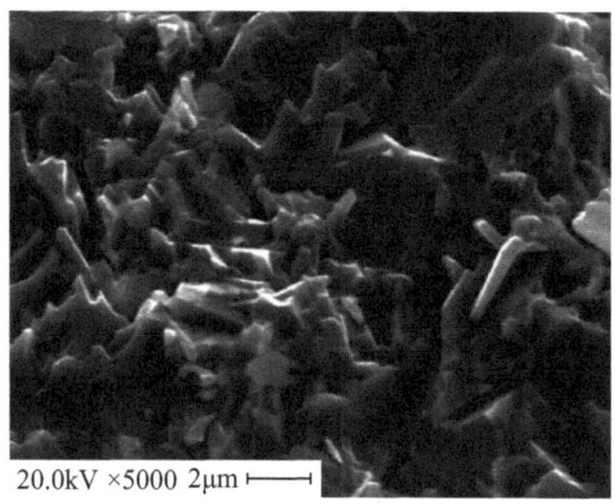

(b)

图 3.25 样品断口形貌

(a) ZrB_2-$MoSi_2$，1800℃/0.5h/20MPa；(b) ZrB_2-$MoSi_2$-SiC，1900℃/0.5h/20MPa

3.4.2 显微结构演化

制备 ZrB_2-$MoSi_2$ 和 ZrB_2-$MoSi_2$-SiC 材料的原料除了 B 与 B_4C 的差别外，其他均相同，而 ZrB_2 的各向异性生长同时存在于两种材料中，所以 B 和 B_4C 的区别对 ZrB_2 晶粒生长的影响很小，在这里主要讨论 ZrB_2-$MoSi_2$ 两相材料的反应过程。生成 ZrB_2-$MoSi_2$ 材料的反应（3-33）是由反应（3-35）和反应（3-36）叠加而成的，这两个反应在热力学上均是可行的，在升温过程中应该以这两个方程为主。

$$Zr + 2B \longrightarrow ZrB_2 \tag{3-35}$$

$$Mo + 2Si \longrightarrow MoSi_2 \tag{3-36}$$

采用商用 Zr、B、Mo 及 Si 粉为原料，其原料配比为 Zr∶Si∶Mo∶B＝1∶0.4∶0.2∶2。图 3.26 给出了混合粉末在不同烧结温度下保温 1h 所得样品的 XRD 图谱。由图可见，当温度升高至 800℃时，XRD 图谱中已经有 ZrB_2 衍射峰的出现，但是大量的原料还没有发生反应，Si、Mo、Zr 的峰仍然很明显。随着温度的升高，ZrB_2 的峰逐渐增强，$MoSi_2$ 衍射峰在 900℃左右开始出现，ZrB_2 与 $MoSi_2$ 的衍射峰强度随温度的升高而增强，而原料峰逐渐减弱。温度升高到 1000℃后已经看不到明显的 Si 峰和 Mo 峰，Zr 的峰在 1200℃后消失。当温度升高至 1400℃时，反应产物中只有 ZrB_2 和 $MoSi_2$ 峰出现，标志着反应基本结束。

在图 3.26 中也可以看到，除了 ZrB_2 和 $MoSi_2$ 外，反应过程中也形成了一些中间相，如 Mo_5Si_3、Zr_2Si 和 ZrSi。与 Zr-B_4C-Si 体系一样，在升温过程中，Zr-B-Si-Mo 体系内还可以发生其他两相之间的化学反应，它们之间可能存在的化学反应为：

$$2Zr + Si \longrightarrow Zr_2Si \tag{3-37}$$

$$Zr + Si \longrightarrow ZrSi \tag{3-38}$$

$$5Mo + 3Si \longrightarrow Mo_5Si_3 \tag{3-39}$$

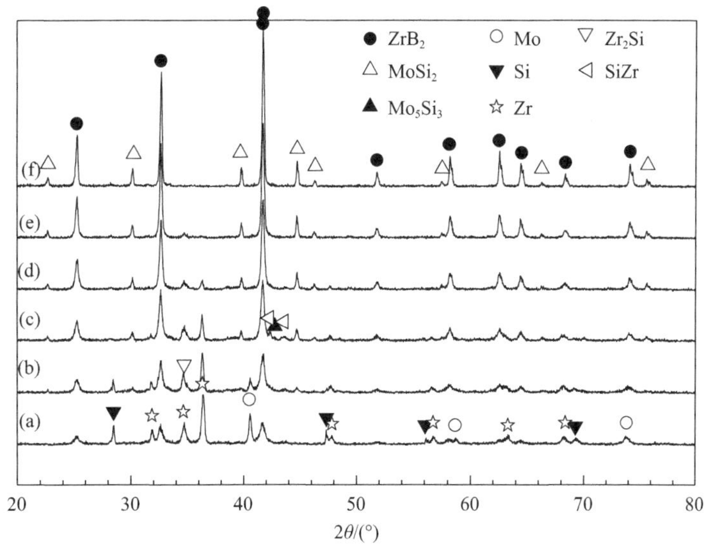

图 3.26　制备 ZrB_2-$MoSi_2$ 材料中间产物的 XRD 图谱

(a) 800℃；(b) 900℃；(c) 1000℃；(d) 1100℃；(e) 1200℃；(f) 1400℃

利用热力学分析软件 HBC6.1，得到各个反应式的吉布斯自由能随温度的变化规律如图 3.27 所示。从图中可以看出，这些反应都是热力学可行的。

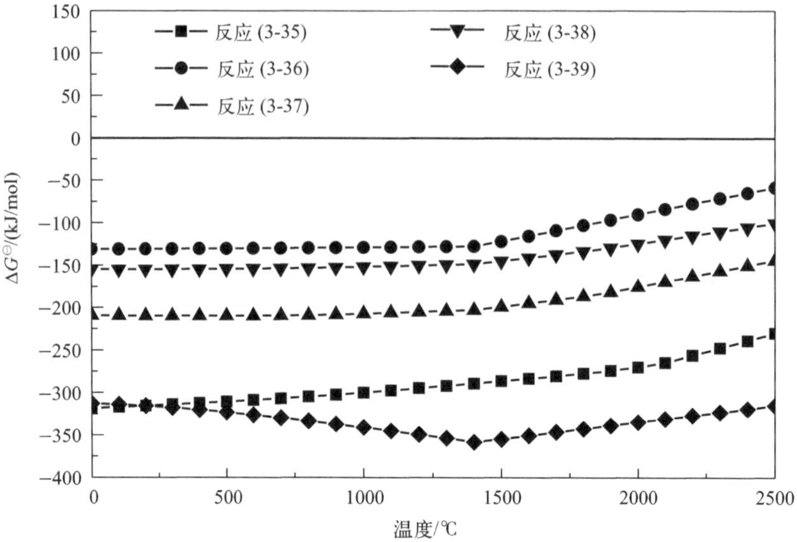

图 3.27 ZrB_2-$MoSi_2$ 体系内各个反应方程式的吉布斯自由能随温度变化关系

虽然 Mo 和 Zr 之间不能形成化合物，但是可以从 XRD 图谱中看到，Mo 可以向 ZrB_2 晶粒内固溶，而且随着温度的升高，固溶越来越明显。在 1400℃ 的 XRD 图谱上可以明显看到 ZrB_2 峰的分峰现象。这种固溶也同样出现在热压和无压烧结 ZrB_2-$MoSi_2$ 陶瓷中。

在 TiB_2 基材料以及前面提到的 ZrB_2-SiC-ZrC 材料的反应烧结中，TiB_2 和 ZrB_2 均可以呈板状生长。而利用热压以及无压烧结制备同样组分的材料时，却没有发现明显的硼化物晶粒的各向异性生长现象。首先，反应烧结形成的 ZrB_2 活性高，晶粒尺寸小，在后续的烧结过程中晶粒生长的驱动力大，因此在一定的条件下有可能发生各向异性生长。而在无压和热压烧结中采用的原料 ZrB_2 颗粒都比较大，烧结活性不高，尤其在 $MoSi_2$ 的助烧作用下，烧结温度不高，ZrB_2 难以长大。

另外，ZrB_2 的各向异性生长可能与反应烧结的中间产物相关。已有结果表明，烧结过程中液相的存在能够促进 ZrB_2 的各向异性生长。Johnson 等发现熔融的 Zr 在与 B_4C 反应过程中可以在晶界处形成富 B 的液相，液相的存在促进了物质的扩散，使新生成的 ZrB_2 呈板状生长。Welham 等利用机械合金化，在以 B_2O_3 还原 TiO_2 和 ZrO_2 的过程中发现，B_2O_3 等能够在一定温度下形成液相，熔融 B_2O_3 相比固相扩散而言，加速了长距离间物质的扩散，促进了晶粒的生长。

反应过程中形成了 Zr-Si 及 Si-Mo 化合物，而根据 Si-Zr 相图及 Mo-Si 相图可知，烧结温度以下可以在富 Si 或富 Zr 区域形成液相，这就为 ZrB_2 的各向异性生长提供了条件。并且，熔点较低的 Mo 的固溶也能够导致 ZrB_2 熔点的降低，从而促进了进一步的扩散。另外，在原料的处理过程中不可避免地会引入一些含氧杂质，在加热过程中 B_2O_3 和 MoO_3 等均可以转变为气相，气相物质的形成也为物质的扩散提供了帮助。因此，在反应烧结制备的 ZrB_2-$MoSi_2$ 材料里，ZrB_2 的各向异性生长涉及固相、液相、气相扩散等诸多因素的影响，其生长机理有待进一步深入研究。

图 3.28 所示为 $MoSi_2$ 体积含量仅为 5%的 ZrB_2-$MoSi_2$ 材料经 1900℃反应热压烧结后的断口和抛光面的形貌，可以看到没有棒状 ZrB_2 晶粒存在，所有 ZrB_2 晶粒均以等轴晶状存在。Welham 等认为，熔融体越多，对物质扩散的促进越大，晶粒的各向异性生长越明显。$MoSi_2$ 含量的减少，导致了影响 ZrB_2 生长的中间液相和气相产物减少，利用液相和气相进行扩散传质的比例减少，可减弱 ZrB_2 晶粒的棒状生长倾向。

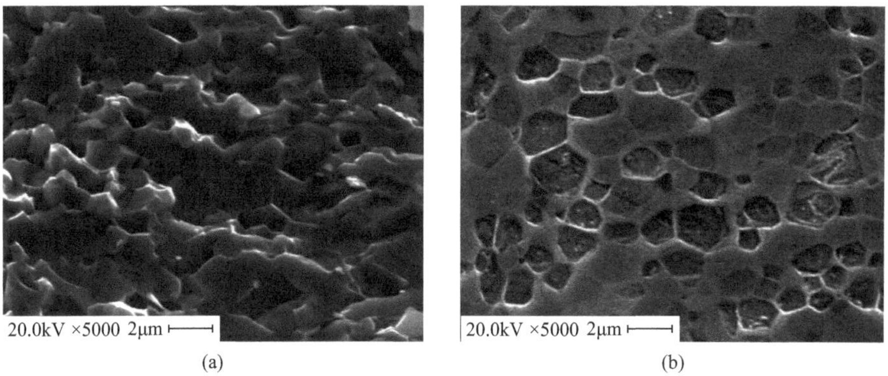

图 3.28　反应热压烧结 ZrB_2-5%（体积分数）$MoSi_2$ 材料的 SEM 图

（a）断口；（b）抛光面

3.4.3　ZrB_2 板晶的生长机理与显微结构演变

采用 TEM 分析手段对板状 ZrB_2 晶粒的生长方向进行了更加深入的分析，如图 3.29 所示。可以发现，ZrB_2 晶粒呈现出板状形貌，而 $MoSi_2$ 相由于高温时的塑性，能够填充在 ZrB_2 晶粒的孔隙中，形成致密的结构，这与前面 SEM 观察的结果一致。通过 HRTEM，还可以发现 ZrB_2 与 $MoSi_2$ 之间以及 ZrB_2 晶粒之间的晶界均比较干净，没有杂质相（图 3.30）。结合高分辨图像与选区电子衍射图谱（图 3.31 和图 3.32），发现板状的 ZrB_2 晶粒沿着 a、b 轴方向生长。由于 ZrB_2 属于六方晶系，因此，沿 a、b 轴生长符合 ZrB_2 的晶体特性。

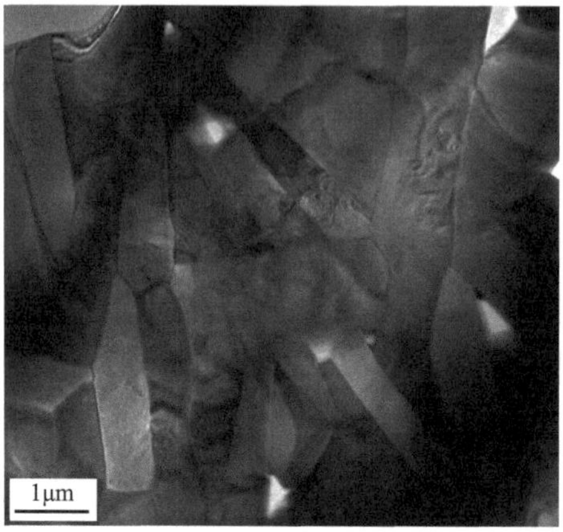

图 3.29 ZrB_2-$MoSi_2$ 陶瓷 TEM 照片

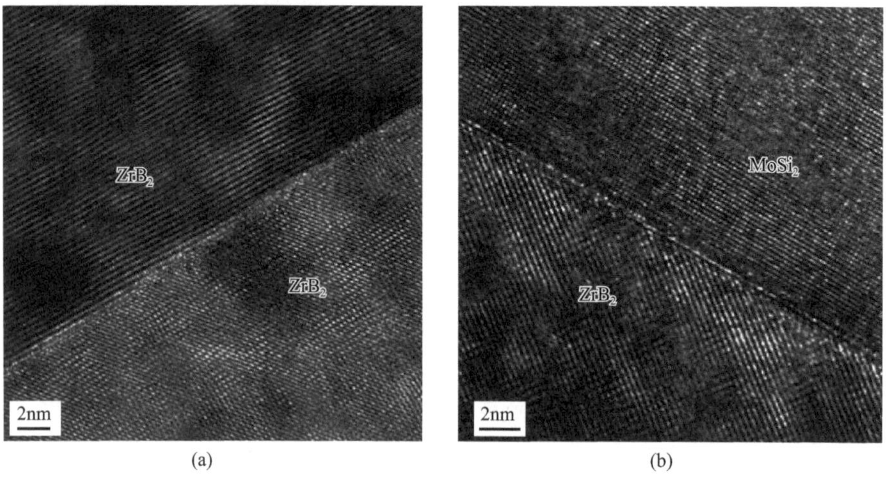

图 3.30 （a）ZrB_2/ZrB_2 和（b）$ZrB_2/MoSi_2$ 晶界高分辨 TEM 照片

由于采用反应热压烧结方法主要包括化学反应和热压烧结两个主要过程，而此前相关文献采用 ZrB_2 和 $MoSi_2$ 粉体为原料，热压烧结制备的复相陶瓷中，未有关于各向异性 ZrB_2 晶粒的报道。因此，可以认为本实验中的化学反应过程是导致 ZrB_2 晶粒各向异性生长的主要因素。为了证明这个推论，采用了四种单质原料混合物，在不施加压力的情况下高温处理，得到了疏松的陶瓷体。

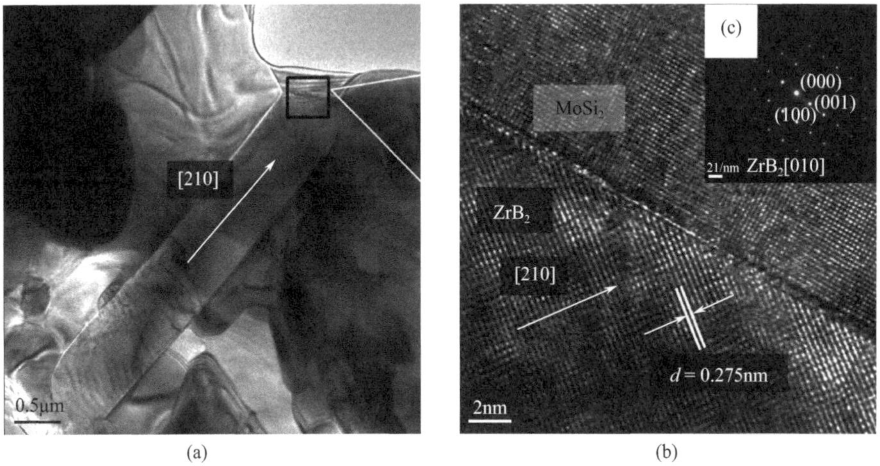

图 3.31　ZrB_2 板状晶粒（一）

（a）TEM 照片；（b）HRTEM 照片；（c）选区电子衍射

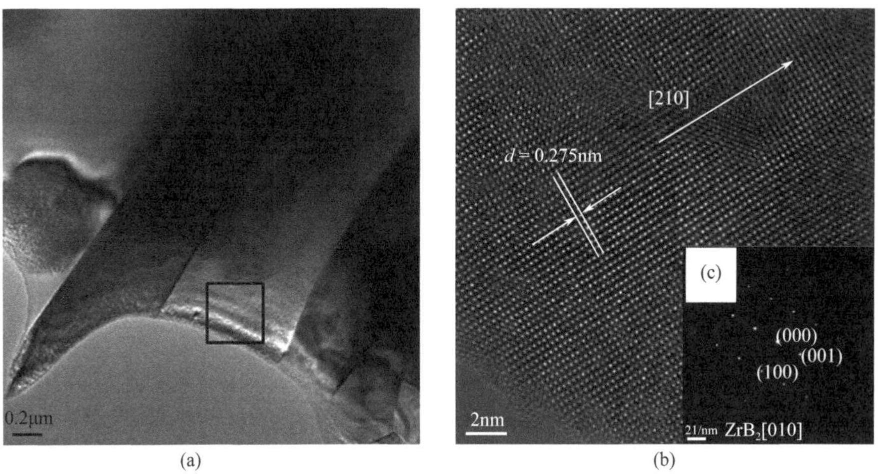

图 3.32　ZrB_2 板状晶粒（二）

（a）TEM 照片；（b）HRTEM 照片；（c）选区电子衍射

SEM 观察表明，样品内部也存在各向异性生长的 ZrB_2 板晶（图 3.33），这进一步验证了反应过程是导致 ZrB_2 晶粒各向异性生长的主要原因。而随后胡春峰博士亦报道了采用同样的原料和烧结方法制备出板状 ZrB_2 晶粒[83]。

如前所述，在 500℃时发现了 ZrH_x 相的存在。此前，Liu 等采用 TiH_2 作为原料反应热压亦制备了含有板状 TiB_2 晶粒的复相陶瓷[84]，因此，可以推断

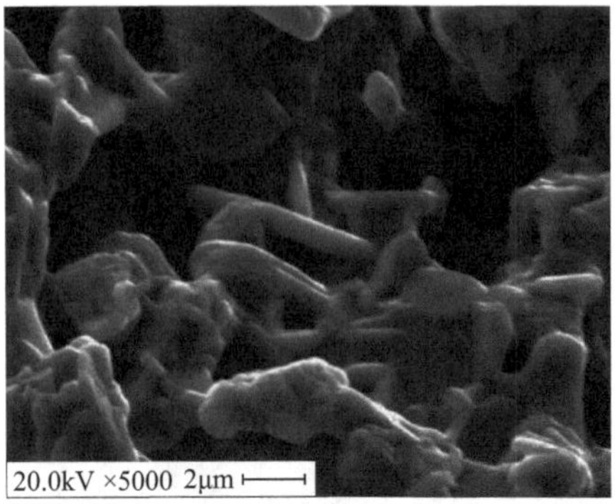

(a)

(b)

图 3.33 无压反应获得板状 ZrB_2 晶粒 SEM 照片

本实验中的过渡相 ZrH_x 的生成以及其与原料的进一步反应促进了板状 ZrB_2 晶粒的产生。此外，由于 ZrH_x 的存在以及随后的反应，自蔓延燃烧合成的 ZrB_2 和 $MoSi_2$ 晶粒可能具有某种特殊性质，使其有利于板状晶粒的形成和生长。鉴于此，采用 TEM 分析了 1000℃燃烧反应后获得的 ZrB_2 和 $MoSi_2$ 粉体，如图 3.34 所示。由图可见，虽然反应后生成的粉体存在部分团聚，但仍可以看出粉体具有较小的晶粒尺寸（<600nm），而采用商业粉体为原料的报道中，原料粉体的粒径一般在 1～5μm 范围内。较小晶粒尺寸的粉体显示了较高的反应活性和烧结活性，这对于陶瓷的烧结致密化具有积极的作用。此外，另一个有趣的现象是：通过高分辨透射电镜的观察，发现燃烧合成的 ZrB_2 晶粒的边缘，覆盖着一些非晶相的物质，这些非晶相的覆盖物与 ZrB_2 晶粒形成了类似于“核-壳”的结构；此外，在 $MoSi_2$ 颗粒的表面也发现了类似的“核-壳”结构。采用 EDS 对颗粒表面包覆的非晶相物质进行了表征，结果显示其为一系列的三元非晶态物质，大部分为 Mo-Si-B，此外还有少量 Zr-B-O 和 Mo-Si-O。Silvestroni 等曾经指出，Mo-Si-B 等三元相在高温时以液相的形式存在，促进了质量的传输，有利于陶瓷的致密化。因此，这些三元相必然也对本实验中的 ZrB_2 晶粒的生长起到积极的推动作用[85]。

由于 ZrB_2 属于六方晶系，而 Zou 等的报道表明[86]，ZrB_2（001）晶面的表面能要高于其他表面［如（100）和（110）］，因此，沿着 a、b 轴方向生长所需要的扩散激活能要小于沿 c 轴方向。尽管如此，在此前的诸多报道中，采用 ZrB_2 和 $MoSi_2$ 为原料的诸多陶瓷烧结体中并未发现板状 ZrB_2 晶粒的存在；同时，在本实验中，1000℃反应合成后的 ZrB_2 粉体亦为等轴状。因此，可以认为，ZrB_2 晶粒的各向异性生长应该与燃烧合成过程中原位生成的三元非晶

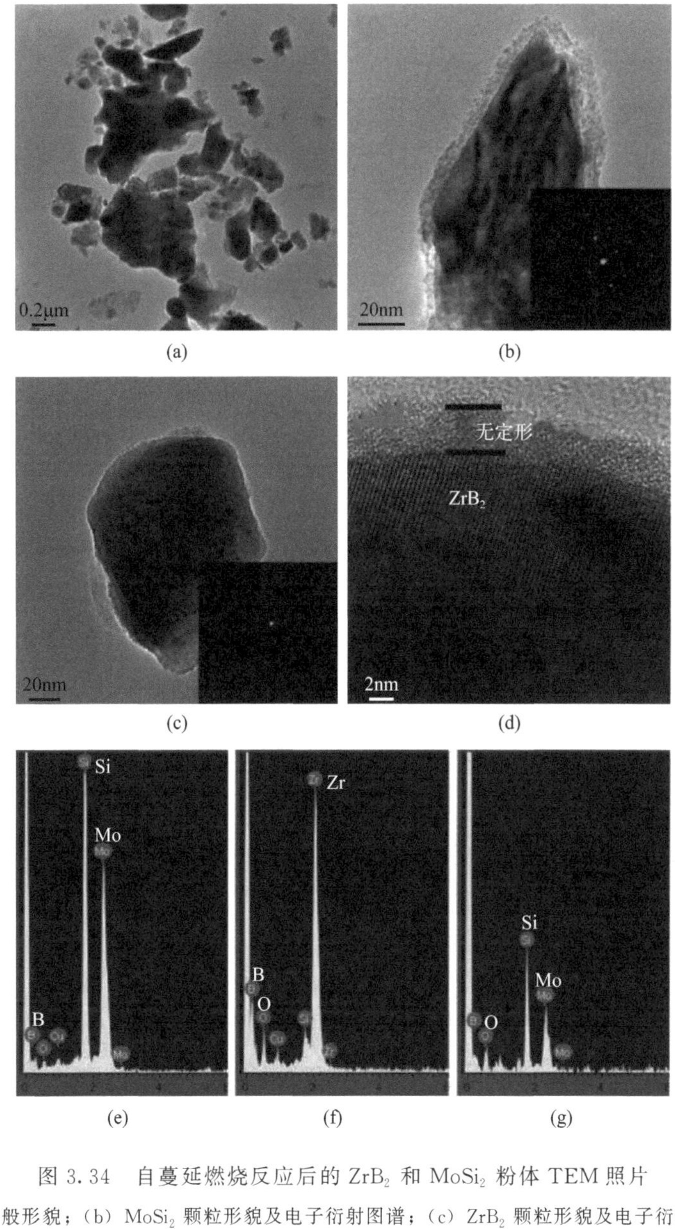

图 3.34　自蔓延燃烧反应后的 ZrB_2 和 $MoSi_2$ 粉体 TEM 照片

(a) 一般形貌；(b) $MoSi_2$ 颗粒形貌及电子衍射图谱；(c) ZrB_2 颗粒形貌及电子衍射图谱；(d) ZrB_2 颗粒形貌及 HRTEM 照片；(e) ～ (g) 非晶相的 EDS 能谱图

态物质 Mo-Si-B 等有关。这些三元非晶态物质作为一种晶粒生长促进剂，随着温度的升高，形成的液相能够较好地润湿晶粒的表面；同时，通过奥斯瓦尔德熟化机理，使液相中的 Zr 和 B 原子更容易传输到 ZrB_2 晶粒具有较低扩散活化能的表面［如（100）或（110）表面］，使其沿着 a、b 轴各向异性生长为板状 ZrB_2 晶粒。

在 1000℃左右产生的超细 ZrB_2 晶粒，随着温度的升高，在其晶粒表面的一些非晶相物质变为液态而加速传质的过程中，ZrB_2 晶粒开始各向异性生长。在 1500℃时，样品中就已经出现了一些板状的 ZrB_2 晶粒，且随着温度的升高，这些板状的 ZrB_2 晶粒逐渐长大；同时在热压的作用下，陶瓷致密化过程也在同步进行。由于热压的作用以及 $MoSi_2$ 相在高温下的塑性，板状 ZrB_2 晶粒在长大的同时，还会在压力的作用下发生偏转，使板晶的排列方向尽可能垂直于热压方向，形成了一定程度的织构化。

3.5 小结

硼化物陶瓷因其具有高熔点、高热导率、高电导率以及良好的化学稳定性等一系列优良特性，被认为是最有希望应用于航空航天飞行器超高温结构部件的候选材料之一，亦得到了广泛的研究。近几十年来，围绕硼化物基超高温陶瓷，研究者的注意力主要集中在优化原料粉体、添加烧结助剂或第二相、采用不同的烧结工艺来改善硼化物陶瓷的致密化以及提高其性能上，并取得了一定程度的阶段性成果。

本章对反应烧结方法制备 ZrB_2-SiC 以及 ZrB_2-SiC-ZrC 复相陶瓷材料的反应过程进行了研究。在对反应过程研究的基础上，利用 SPS、热压烧结与反应烧结相结合，通过调节原料粉体的粒径和烧结工艺控制了实际反应过程，并实现了多种情况下具有不同显微结构的 ZrB_2-SiC-ZrC 材料的烧结致密化。结论如下。

① 对 Zr、Si、B_4C 之间可能发生的反应进行了热力学分析。计算表明，Zr、Si、B_4C 之间的反应符合自蔓延反应发生的条件，原料两两之间从室温至 1800℃温度范围内均能够发生反应。利用扩散偶法分别研究了致密的 Zr-Si、Si-B_4C、Zr-B_4C 块体之间的热扩散反应过程，进行了扩散动力学分析，结果表明 Zr-Si 之间能产生多种硅锆化合物，其中最早形成的是 Zr_2Si；由于形成了固溶部分 Si 的二次 B_4C（B_xSi_yC）包裹 B_4C 颗粒的“核-壳”结构，Si-B_4C 之间的反应在 1350℃以下得到抑制，而 Zr 与 B_4C 发生扩散反应，同时生成 ZrB_2 与 ZrC。因此，根据初始反应的不同，原料之间的反应过程存在两种反应路径：

$$3Zr + B_4C \longrightarrow 2ZrB_2 + ZrC$$

$$2ZrC+3Si+B_4C \longrightarrow 2ZrB_2+3SiC$$

或者

$$2Zr+Si \longrightarrow Zr_2Si$$

$$Zr_2Si+B_4C \longrightarrow 2ZrB_2+SiC$$

② 利用不同的工艺条件，获得了具有三种不同显微结构的 ZrB_2-SiC-ZrC 陶瓷材料。利用颗粒尺寸较大的原料粉体结合反应热压烧结工艺，在 1800℃烧结得到的样品中 ZrB_2 相的颗粒较大，约为 3～10μm，且呈现板状生长，SiC 和 ZrC 两相的颗粒大约为 1～3μm。利用 1800℃放电等离子体烧结得到的样品显微结构均匀，ZrB_2 颗粒尺寸约为 2～5μm，SiC 和 ZrC 两相的颗粒大约为 1～3μm。利用磨细了的原料粉体在 1600℃反应热压烧结制备的样品显微结构最为精细，ZrB_2 颗粒尺寸仅为 1～2μm，SiC 和 ZrC 两相的颗粒尺寸小于 1μm。

③ 随着 ZrC 含量的增加，材料的硬度由 16.2GPa 增加至 18.2GPa，断裂韧性由 ZS 的 4.8MPa·$m^{1/2}$ 增加到 ZSC5 的 5.2MPa·$m^{1/2}$，但是当 ZrC 体积含量为 15％时，却降低为 4.3MPa·$m^{1/2}$。ZS 和 ZSC5 抗弯强度相当，分别为 684.3MPa 和 698.4MPa，当 ZrC 体积含量为 15％时，降低为 512.2MPa。结果显示，ZSC5 具有最好的力学综合性能。1600℃热压烧结制备的 ZSC5 材料由于晶界纯净，显微结构更为精细，相比 1800℃烧结制备的样品具有更好的显微硬度和抗弯强度，分别为 17.2GPa 和（747±101）MPa。随着 ZrC 含量的增加，SiC 含量的减少，材料的抗氧化能力减弱。烧蚀实验结果表明，含 ZrC 的三元体系比常规的 ZrB_2-SiC 材料具有更好的抗烧蚀性，因此具有更好的潜在应用价值。烧蚀过程中快速的升温过程导致了 $ZrSiO_4$ 相的产生。

· 参考文献 ·

[1] Jackson T A, Eklund D R, Fink A J. High speed propulsion: Performance advantage of advanced materials[J]. Journal of Materials Science, 2004, 39(19): 5905-5913.

[2] Van Wie D M, Drewry D G, King D E, et al. The hypersonic environment: Required operating conditions and design challenges[J]. Journal of Materials Science, 2004, 39(19): 5915-5924.

[3] Wuchina E, Opila E, Opeka M, et al. UHTCs: Ultra-high temperature ceramic materials for extreme environment applications[J]. The Electrochemical Society Interface, 2007, 16: 30-36.

[4] Kitsunai Y, Kurishita H, Kayano H, et al. Microstructure and impact properties of ultra-fine grained tungsten alloys dispersed with TiC[J]. Journal of Nuclear Materials, 1999, 272: 423-428.

[5] Rosenstein A H. Overview of research on aerospace metallic structural-materials[J]. Materials Science and Engineering A, Structural Materials: Properties Microstructure and Processing, 1991, 143(1-2): 31-41.

[6] Yoshimi K, Nakatani S, Nomura N, et al. Thermal expansion, strength and oxidation resistance of Mo/

Mo_5SiB_2 in-situ composites at elevated temperatures [J]. Intermetallics, 2003, 11(8): 787-794.

[7] Savage G. Carbon-carbon composites[M]. London: Champman Hall, 1993: 323-359.

[8] Zimmermann J W, Hilmas G E, Fahrenholtz W G, et al. Thermophysical properties of ZrB_2 and ZrB_2-SiC ceramics[J]. Journal of the American Ceramic Society, 2008, 91(5): 1405-1411.

[9] Clougherty E V, Pober R L, Kaufman L. Synthesis of oxidation resistant metal diboride composites [J]. Transactions of the Metallurgical Society of AIME, 1968, 242: 1077-1082.

[10] Gasch M, Ellerby D, Irby E, et al. Processing, properties and arc jet oxidation of hafnium diboride/silicon carbide ultra high temperature ceramics [J]. Journal of Materials Science, 2004, 39(19): 5925-5937.

[11] Talmy I G, Zaykoski J A, Opeka M M, et al. High-temperature chemistry and oxidation of ZrB_2 ceramics containing SiC, Si_3N_4, Ta_5Si_3, and $TaSi_2$ [J]. Journal of the American Ceramic Society, 2008, 91 (7): 2250-2257.

[12] Sciti D, Silvestroni L, Celotti G, et al. Sintering and mechanical properties of ZrB_2-$TaSi_2$ and HfB_2-$TaSi_2$ ceramic composites[J]. Journal of the American Ceramic Society, 2008, 91(10): 3285-3291.

[13] Wu W W, Zhang G J, Kan Y M, et al. Reactive synthesis and mechanical properties of ZrB_2-SiC-ZrC composites[J]. High-Performance Ceramics V, Pts 1 and 2, 2008, 368-372: 1758-1760.

[14] Zhao H L, Wang J L, Zhu Z M, et al. In situ synthesis mechanism of ZrB_2-ZrN composite[J]. Materials Science and Engineering A, Structural Materials: Properties Microstructure and Processing, 2007, 452: 130-134.

[15] Bargeron C B, Benson R C, Jette A N, et al. Oxidation mechanisms of hafnium carbide and hafnium diboride in the temperature range 1400~2100℃ [J]. Johns Hopkins APL Technical Digest, 1993, 14(1): 29-36.

[16] Bartuli C, Valente T, Tului M. Plasma spray deposition and high temperature characterization of ZrB_2-SiC protective coatings [J]. Surface & Coatings Technology, 2002, 155(2-3): 260-273.

[17] Corral E L, Loehman R E. Ultra-high-temperature ceramic coatings for oxidation protection of carbon-carbon composites[J]. Journal of the American Ceramic Society, 2008, 91(5): 1495-1502.

[18] Blum Y D, Marschall J, Hui D, et al. Thick protective UHTC coatings for SiC-based structures: Process establishment[J]. Journal of the American Ceramic Society, 2008, 91(5): 1453-1460.

[19] Pavese A, Fino P, Badini C, et al. HfB_2/SiC as aprotective coating for 2D C-f/SiC composites: Effect of high temperature oxidation on mechanical properties [J]. Surface & Coatings Technology, 2008, 202 (10): 2059-2067.

[20] Ni D W, Zhang G J, Kan Y M, et al. Synthesis of monodispersed fine hafnium diboride powders using carbo/borothermal reduction of hafnium dioxide[J]. Journal of the American Ceramic Society, 2008, 91 (8): 2709-2712.

[21] Khanra A K, Pathak L C, Godkhindi M M, et al. Carbothermal synthesis of zirconium diboride(ZrB_2) whiskers[J]. Advances in Applied Ceramics, 2007, 106(3): 155-160.

[22] Spring A, Guo W M, Zhang G J, et al. Fabrication and characterization of ZrB_2-based ceramic using synthesized ZrB_2-LaB_6 powder[J]. Journal of the American Ceramic Society, 2008, 91(8): 2763-2765.

[23] Guo W M, Zhang G J. Reaction processes and characterization of ZrB_2 powder prepared by boro/carbothermal reduction of ZrO_2 in vacuum[J]. Journal of the American Ceramic Society, 2009, 92(1): 264-267.

[24] Khanra A K, Pathak L C, Godkhindi M M, et al. Double SHS of ZrB_2 powder[J]. Journal of Materials Processing Technology, 2008, 202 (1-3): 386-390.

[25] Licheri R, Orru R, Musa C, et al. Combination of SHS and SPS techniques for fabrication of fully dense ZrB_2-ZrC-SiC composites[J]. Materials Letters, 2008, 62(3): 432-435.

[26] Mishra S K, Das S, Pathak L C. Defect structures in zirconium diboride powder prepared by self-propagating high-temperature synthesis[J]. Materials Science and Engineering A, Structural Materials: Properties Microstructure and Processing, 2004, 364 (1-

2)：249-255.

[27] Tsuchida T, Yamamoto S. Mechanical activation assisted self-propagating high- temperature synthesis of ZrC and ZrB_2 in air from Zr/B/C powder mixtures [J]. Journal of the European Ceramic Society, 2004, 24(1)：45-51.

[28] Setoudeh N, Welham N J. Formation of zirconium diboride(ZrB_2)by room temperature mechanochemical reaction between ZrO_2, B_2O_3 and Mg[J]. Journal of Alloys and Compounds, 2006, 420(1-2)：225-228.

[29] Millet P, Hwang T. Preparation of TiB_2 and ZrB_2 influence of a mechanochemical treatment on the borothermic reduction of titania and zirconia[J]. Journal of Materials Science, 1996, 31(2)：351-355.

[30] Barraud E, Begin-Colin S, Le Caer G, et al. Mechanically-activated solid-state synthesis of nanoparticles of HfB_2, HfC and HfN from partially hydrated hafnium tetrachloride[J]. International Journal of Nanotechnology, 2008, 5(6-8)：649-659.

[31] Schwab S T, Stewart C A, Dudeck K W, et al. Polymeric precursors to refractory metal borides[J]. Journal of Materials Science, 2004, 39(19)：6051-6055.

[32] Guron M M, Kim M J, Sneddon L G. A simple polymeric precursor strategy for the syntheses of complex zirconium and hafnium-based ultra high-temperature silicon-carbide composite ceramics[J]. Journal of the American Ceramic Society, 2008, 91(5)：1412-1415.

[33] Chen L Y, Gu Y L, Shi L, et al. Synthesis and oxidation of nanocrystalline HfB_2[J]. Journal of Alloys and Compounds, 2004, 368(1-2)：353-356.

[34] XieY L, Sanders T H, Speyer R F. Solution-based synthesis of submicrometer ZrB_2 and ZrB_2-TaB_2[J]. Journal of the American Ceramic Society, 2008, 91(5)：1469-1474.

[35] Yan Y J, Zhang H, Huang Z R, et al. Synthesis of ultra-fine ZrB_2-ZrC composite powders by inorganic sol-gel method[J]. Journal of Inorganic Materials, 2008, 23(4)：815-818.

[36] Kalish D, Clougher E, Kreder K. Strength fracture mode and thermal stress Rresistance of HfB_2 and ZrB_2[J]. Journal of the American Ceramic Society, 1969, 52(1)：30-37.

[37] Chamberlain A L, Fahrenholtz W G, Hilmas G E, et al. High-strength zirconium diboride-based ceramics [J]. Journal of the American Ceramic Society, 2004, 87(6)：1170-1172.

[38] Monteverde F, Bellosi A, Guicciardi S. Processing and properties of zirconium diboride-based composites[J]. Journal of the European Ceramic Society, 2002, 22(3)：279-288.

[39] Monteverde F, Bellosi A. Effect of the addition of silicon nitride on sintering behaviour and microstructure of zirconium diboride[J]. Scripta Materialia, 2002, 46(3)：223-228.

[40] Monteverde F, Bellosi A. Beneficial effects of AlN as sintering aid on microstructure and mechanical properties of hot-pressed ZrB_2[J]. Advanced Engineering Materials, 2003, 5(7)：508-512.

[41] Monteverde F, Bellosi A. Efficacy of HfN as sintering aid in the manufacture of ultrahigh-temperature metal diborides-matrix ceramics[J]. Journal of Materials Research, 2004, 19(12)：3576-3585.

[42] Monteverde F, Bellosi A. Development and characterization of metal-diboride-based composites toughened with ultra-fine SiC particulates[J]. Solid State Sciences, 2005, 7(5)：622-630.

[43] Balbo A, Sciti D. Spark plasma sintering and hot pressing of ZrB_2-$MoSi_2$ ultra-high-temperature ceramics[J]. Materials Science and Engineering A, Structural Materials：Properties Microstructure and Processing, 2008, 475(1-2)：108-112.

[44] Guo S Q, Kagawa Y, Nishimura T. Mechanical behavior of two-step hot-pressed ZrB_2-based composites with $ZrSi_2$[J]. Journal of the European Ceramic Society, 2009, 29(4)：787-794.

[45] Fahrenholtz W G, Hilmas G E, Chamberlain A L, et al. Processing and characterization of ZrB_2-based ultra-high temperature monolithic and fibrous monolithic ceramics[J]. Journal of Materials Science, 2004, 39(19)：5951-5957.

[46] Monteverde F, Guicciardi S, Bellosi A. Advances in microstructure and mechanical properties of zirconium diboride based ceramics[J]. Materials Science and Engineering A, Structural Materials：Properties Microstructure and Processing, 2003, 346(1-2)：310-

319.

[47] Monteverde F. Beneficial effects of an ultra-fine α-SiC incorporation on the sinterability and mechanical properties of ZrB_2[J]. Applied Physics A，Materials：Science & Processing, 2006, 82 (2)：329-337.

[48] Zhou X J, Zhang G J, Li Y G, et al. Hot pressed ZrB_2-SiC-C ultra high temperature ceramics with polycarbosilane as a precursor[J]. Materials Letters, 2007, 61(4-5)：960-963.

[49] Yan Y J, Huang Z R, Dong S M, et al. Pressureless sintering of high-density ZrB_2-SiC ceramic composites[J]. Journal of the American Ceramic Society, 2006, 89(11)：3589-3592.

[50] Fahrenholtz W G, Hilmas G E, Zhang S C, et al. Pressureless sintering of zirconium diboride：Particle size and additive effects[J]. Journal of the American Ceramic Society, 2008, 91(5)：1398-1404.

[51] Chamberlain A L, Fahrenholtz W G, Hilmas G E. Pressureless sintering of zirconium diboride [J]. Journal of the American Ceramic Society, 2006, 89 (2)：450-456.

[52] Zhang S C, Hilmas G E, Fahrenholtz W G. Pressureless densification of zirconium diboride with boron carbide additions[J]. Journal of the American Ceramic Society, 2006, 89(5)：1544-1550.

[53] Sciti D, Guicciardi S, Bellosi A, et al. Properties of a pressureless-sintered ZrB_2-$MoSi_2$ ceramic composite [J]. Journal of the American Ceramic Society, 2006, 89(7)：2320-2322.

[54] Medri V, Monteverde F, Balbo A. Comparison of ZrB_2-ZrC-SiC composites fabricated by spark plasma sintering and hot-pressing[J]. Advanced Engineering Materials, 2005, 7(3)：159-163.

[55] Wang H L, Wang C A, Yao X F, et al. Processing and mechanical properties of zirconium diboride-based ceramics prepared by spark plasma sintering [J]. Journal of the American Ceramic Society, 2007, 90(7)：1992-1997.

[56] Zhang G J, Jin Z Z, Yue X M. Effects of Ni addition on mechanical properties of TiB_2/SiC composites prepared by reactive hot pressing(RHP)[J]. Journal of Materials Science, 1997, 32(8)：2093-2097.

[57] Zhang G J, Deng Z Y, Kondo N, et al. Reactive hot pressing of ZrB_2-SiC composites[J]. Journal of the American Ceramic Society, 2000, 83(9)：2330-2332.

[58] Chamberlain A L, Fahrenholtz W G, Hilmas G E. Low-temperature densification of zirconium diboride ceramics by reactive hot pressing[J]. Journal of the American Ceramic Society, 2006, 89 (12)：3638-3645.

[59] 周玉．陶瓷材料学[M]. 哈尔滨：哈尔滨工业大学出版社，2004：342-348.

[60] Fahrenholtz W G, Hilmas G E, Talmy I G, et al. Refractory diborides of zirconium and hafnium [J]. Journal of the American Ceramic Society, 2007, 90 (5)：1347-1364.

[61] Wachtman J B. Mechanical Properties of Ceramics [M]. New York：John Wiley & Sons Inc, 1996.

[62] Rezaie A, Fahrenholtz W G, Hilmas G E. Effect of hot pressing time and temperature on the microstructure and mechanical properties of ZrB_2-SiC [J]. Journal of Materials Science, 2007, 42 (8)：2735-2744.

[63] Zhu S M, Fahrenholt W G, Hilmas G E. Influence of silicon carbide particle size on the microstructure and mechanical properties of zirconium diboride-silicon carbide ceramics[J]. Journal of the European Ceramic Society, 2007, 27(4)：2077-2083.

[64] Zhang X H, Xu L, Han W B, et al. Microstructure and properties of silicon carbide whisker reinforced zirconium diboride ultra-high temperature ceramics [J]. Solid State Sciences, 2009, 11(1)：156-161.

[65] Zhang X H, Li W J, Hong C Q, et al. Microstructure and mechanical properties of hot pressed ZrB_2-SiC_p-ZrO_2 composites [J]. Materials Letters, 2008, 62 (15)：2404-2406.

[66] Yang F Y, Zhang X H, Han J C, et al. Mechanical properties of short carbon fiber reinforced ZrB_2-SiC ceramic matrix composites [J]. Materials Letters, 2008, 62(17-18)：2925-2927.

[67] Zhang X H, Wang Z, Sun X, et al. Effect of graphite flake on the mechanical properties of hot pressed ZrB_2-SiC ceramics[J]. Materials Letters, 2008, 62 (28)：4360-4362.

[68] Yang F Y, Zhang X H, Han J C, et al. Processing and mechanical properties of short carbon fibers toughened zirconium diboride-based ceramics[J]. Materi-

als & Design, 2008, 29(9): 1817-1820.

[69] Tian W B, Kan Y M, Zhang G J, et al. Effect of carbon nanotubes on the properties of ZrB_2-SiC ceramics[J]. Materials Science and Engineering A, Structural Materials: Properties Microstructure and Processing, 2008, 487(1-2): 568-573.

[70] Opeka M M, Talmy I G, Zaykoski J A. Oxidation-based materials selection for 2000℃ plus hypersonic aerosurfaces: Theoretical considerations and historical experience[J]. Journal of Materials Science, 2004, 39(19): 5887-5904.

[71] Opila E, Levine S, Lorincz J. Oxidation of ZrB_2- and HfB_2-based ultra-high temperature ceramics: Effect of Ta additions[J]. Journal of Materials Science, 2004, 39(19): 5969-5977.

[72] Peng F, Speyer R F. Oxidation resistance of fully dense ZrB_2 with SiC, TaB_2, and $TaSi_2$ additives[J]. Journal of the American Ceramic Society, 2008, 91(5): 1489-1494.

[73] Hayun S, Frage N, Dariel M P. The morphology of ceramic phases in B_xC-SiC-Si infiltrated composites[J]. Journal of Solid State Chemistry, 2006, 179(9): 2875-2879.

[74] 唐建新，程继红，曾照强，等．Ti-B_4C 反应机理和扩散路径的研究[J]. 无机材料学报，2000，15(5)：884-888.

[75] Zhao Y, Wang L J, Zhang G J, et al. Preparation and microstructure of a ZrB_2-SiC composite fabricated by the spark plasma sintering-reactive synthesis (SPS-RS) method[J]. Journal of the American Ceramic Society, 2007, 90(12): 4040-4042.

[76] Wu W W, Zhang G J, Kan Y M, et al. Reactive hot pressing of ZrB_2-SiC-ZrC ultra high-temperature ceramics at 1800℃[J]. Journal of the American Ceramic Society, 2006, 89(9): 2967-2969.

[77] Wu W W, Zhang G J, Kan Y M, et al. Synthesis and microstructural features of ZrB_2-SiC-based composites by reactive spark plasma sintering and reactive hot pressing[J]. Scripta Materialia, 2007, 57(4): 317-320.

[78] Wu W W, Zhang G J, Kan Y M, et al. Reactive hot pressing of ZrB_2-SiC-ZrC composites at 1600℃[J]. Journal of the American Ceramic Society, 2008, 91(8): 2501-2508.

[79] Wu W W, Zhang G J, Kan Y M, et al. Reactive synthesis and mechanical properties of ZrB_2-SiC-ZrC composites[J]. Key Engineering Materials, 2008, 368-372: 1758-1760.

[80] Wu W W, Zhang G J, Kan Y M, et al. ZrB_2-$MoSi_2$ composites toughened by elongated ZrB_2 grains via reactive hot pressing[J]. Scripta Materialia, 2009, 61(3): 316-319.

[81] Suryanarayana C. Mechanical alloying and milling[J]. Progress in Materials Science, 2001, 46(1-2): 1-184.

[82] Sciti D, Silvestroni L, Bellosi A. Fabrication and properties of HfB_2-$MoSi_2$ composites produced by hot pressing and spark plasma sintering[J]. Journal of Materials Research, 2006, 21(6): 1460-1466.

[83] Hu C F, Zou J, Huang Q. Synthesis of plate-like ZrB_2 grains[J]. Journal of the American Ceramic Society, 2012, 95(1): 85-88.

[84] Liu H T, Wu W W, Zou J. In situ synthesis of ZrB_2-$MoSi_2$ platelet composites: Reactive hot pressing process, microstructure and mechanical properties[J]. Ceramics International, 2012, 38(6): 4751-4760.

[85] Silvestroni L, Kleebe H J, Lauterbach S. Transmission electron microscopy on Zr- and Hf-borides with $MoSi_2$ addition: Densification mechanisms[J]. Journal of Materials Research, 2010, 25(5): 828-834.

[86] Zou J, Sun S K, Zhang G J. Chemical reactions, anisotropic grain growth and sintering mechanisms of self-reinforced ZrB_2-SiC doped with WC[J]. Journal of the American Ceramic Society, 2011, 94(5): 1575-1583.

第4章

反应热压制备ZrB_2棒晶增韧ZrB_2-$MoSi_2$超高温陶瓷及其织构化

4.1 引言

由于微结构在很大程度上决定陶瓷材料的各种性能，因此通过微结构调控手段实现织构化是提高结构陶瓷性能的一个有效手段。同时，织构化还有可能最大程度地发挥陶瓷材料在某一晶面方向的最佳性能，但目前而言，通过微结构调控来提高硼化物基超高温陶瓷的研究还比较少，且微结构调控的反应机理和调控机制尚不清楚。

根据在 Si_3N_4 以及 SiC 材料烧结过程中原位生长棒状晶粒来增加其韧性的原理，可以通过一定工艺来控制 ZrB_2 材料的显微结构来达到优化材料韧性的目的，比如通过控制 ZrB_2 晶粒的形貌，使其在烧结过程中实现各向异性生长。在热压烧结和无压烧结的材料显微结构中，ZrB_2 晶粒均呈等轴晶粒形貌。反应热压烧结为 ZrB_2 晶粒在烧结过程中的各向异性生长提供了可能[1-10]，研究表明，TiB_2 及 ZrB_2 均可以在反应热压烧结过程中实现板状生长。本章同样利用反应热压烧结，以 Zr、Si、Mo、B_4C 或 B 为原料，制备了具有棒状 ZrB_2 晶粒的 ZrB_2-$MoSi_2$ 及 ZrB_2-$MoSi_2$-SiC 陶瓷材料。研究了所得材料的显微结构和力学性能，并对烧结过程中的反应机理和 ZrB_2 的各向异性生长进行了分析。

4.2 反应热压织构的过程

4.2.1 反应热压温度

织构化结构的形成，既与材料中的各向异性生长的晶粒有关，也与这些晶粒的定向排列有关。在上章讨论中，原料之间的自蔓延高温合成反应原位生成

的 ZrB_2 具有较高的反应和烧结活性，同时生成的三元非晶态物质有利于 ZrB_2 晶粒的各向异性生长，但促使这些板状晶粒定向排列形成织构化结构则需要借助于其他外加场等手段。热压过程就是一个有效的制备织构化陶瓷的方法。

采用不同温度对陶瓷致密化过程研究的同时，也研究了不同温度下制备的陶瓷的显微结构，并对其相组成和织构化程度进行了表征。在陶瓷的相组成以及织构化程度的研究中，对垂直热压方向（V 方向）和平行热压方向（P 方向）的表面均进行了 XRD 的测试，结果如图 4.1 所示。在低于 1600℃时，样品两个表面的衍射图谱形状和相对应衍射峰的强度基本相同；但是随着温度的

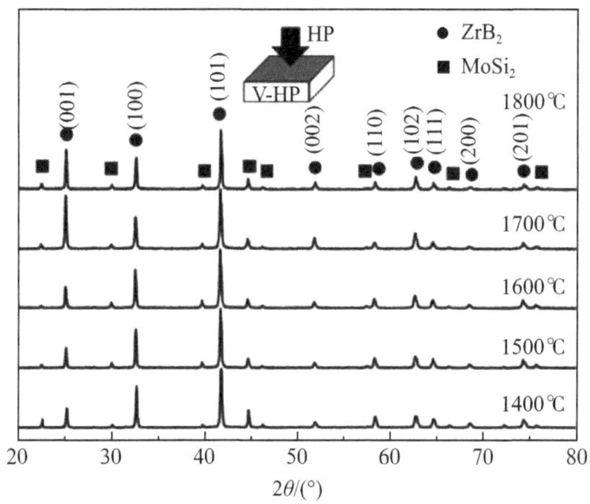

(a)

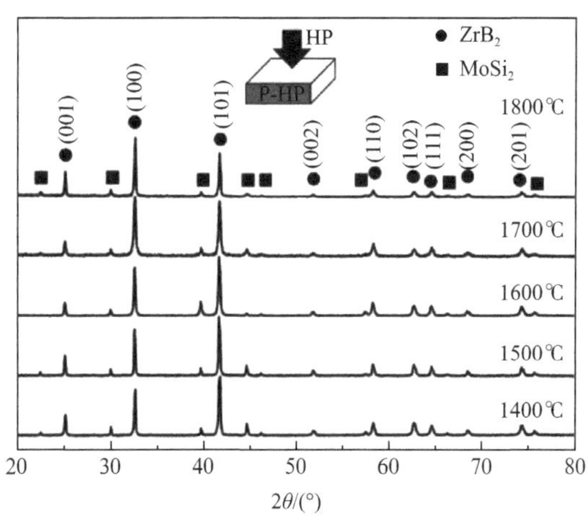

(b)

图 4.1　不同温度时反应热压烧结 ZrB_2-$MoSi_2$ 陶瓷两个表面的 XRD 图谱

（a）垂直热压压力表面，V-HP 表面；（b）平行热压压力表面，P-HP 表面

进一步升高，从1700℃开始，在样品垂直热压方向的表面（即V方向），ZrB_2（001）晶面的衍射峰要明显高于P方向，而其在（100）晶面的衍射峰强度正相反，P方向要强于V方向。前已述及，热压烧结是一个有效的制备织构化陶瓷的手段。随着温度的升高以及外加压力场的作用，板状的ZrB_2晶粒在压力下发生偏转，使板晶尽可能地沿着垂直热压压力的方向定向排列，形成一定的织构化结构。随着板晶定向程度的提高，越来越多的c晶面分布在垂直热压的表面（V方向），而越来越多的a、b晶面则分布在平行热压的表面（P方向），使样品V方向的（001）峰逐渐增强而（100）峰逐渐减弱，而此时，P方向的变化趋势正好相反。

4.2.2 $MoSi_2$含量和保温时间

除反应热压温度外，不同的$MoSi_2$添加量以及不同的保温时间对材料织构化程度也产生影响。制备$MoSi_2$含量（体积分数）为10%、20%和30%的复相陶瓷（1800℃保温1h）（分别以ZM10、ZM20、ZM30表示）；以及1800℃温度下分别保温0.5h、1h和2h的ZrB_2-20%$MoSi_2$陶瓷。采用XRD对这一系列陶瓷的V方向进行了相组成和织构化程度的表征，如图4.2所示。

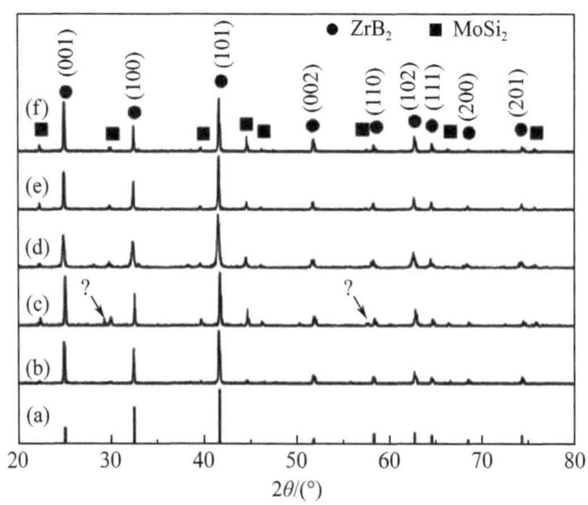

图4.2 ZrB_2-$MoSi_2$样品XRD图谱

(a) JCPDS标准卡片（34-0423）；(b) ZM10-1h；(c) ZM30-1h；(d) ZM20-0.5h；(e) ZM20-1h；(f) ZM20-2h

由图可见，相比于ZrB_2标准卡片，上述陶瓷的V方向的（001）衍射峰的强度都明显增强。对于织构化程度的表征，通常采用洛伦兹取向因子$f(00l)$进行，洛伦兹取向因子越高，表明材料的织构化程度越高。f的取值范围为

0～1。$f=0$ 时，表明材料中没有取向；$f=1$ 时，表明材料完全取向。通过计算，获得了上述样品的洛伦兹取向因子。ZM10-1h、ZM20-1h 和 ZM30-1h 三种样品的取向因子分别为 0.32、0.33 和 0.35，而 ZM20-0.5h、ZM20-1h 和 ZM20-2h 三种样品的取向因子分别为 0.28、0.33 和 0.38。因此，增加 $MoSi_2$ 的含量以及增加保温时间都可以提高材料的取向因子值，亦即提高材料的织构化程度。

当增加 $MoSi_2$ 的含量时，会在自蔓延燃烧反应时形成更多的 Mo-Si-B 等三元相以及增加产物中 $MoSi_2$ 含量。其中，三元过渡相能够有效地促进 ZrB_2 晶粒的各向异性生长，而 $MoSi_2$ 在高温时产生的塑性流动能够有利于板状 ZrB_2 晶粒在热压作用下的转动。因此，这两者含量的增加均有利于 ZrB_2 织构化程度的提高。同样，通过延长保温时间，可以提供更多的时间使板状 ZrB_2 晶粒在热压作用下发生偏转，也能够促进更高程度织构化的形成。

4.2.3　反应热压总过程微结构发展路线图

综上所述，关于反应热压制备织构化 ZrB_2-$MoSi_2$ 复相陶瓷的总过程与材料微观结构的发展路线如图 4.3 所示。

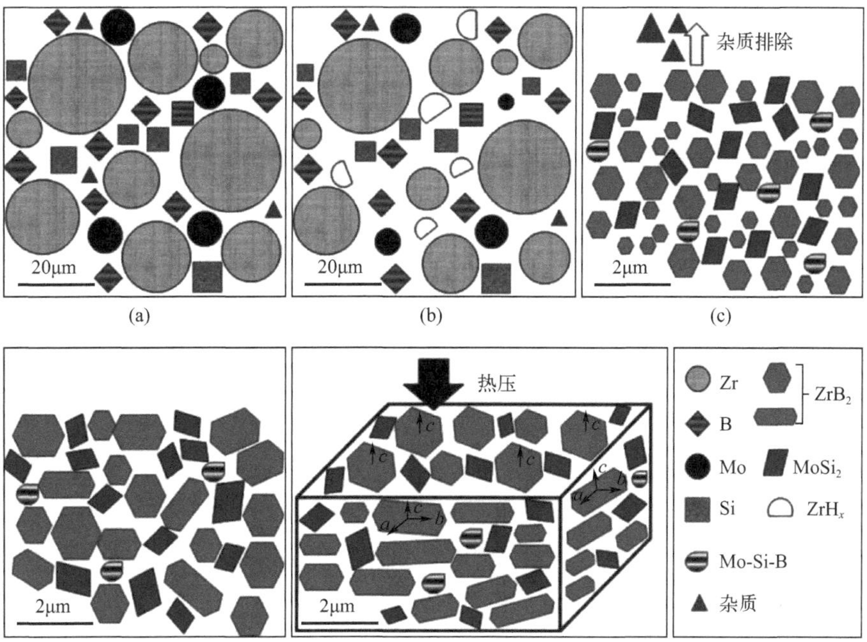

(a)　(b)　(c)　(d)　(e)

图 4.3　含 ZrB_2 板晶的 ZrB_2-$MoSi_2$ 复相陶瓷反应热压制备过程微观结构发展路线图

实验原料无定形 B 粉、Mo 粉和 Si 粉的尺寸为数微米，而 Zr 粉的尺寸较大，约为 20～30μm［图 4.3（a)］。当温度升高到 400～500℃时，一部分原料之间发生反应形成 ZrH_x 等中间过渡相［图 4.3（b)］。在 800～1000℃时，原料之间以及原料和中间过渡相之间发生剧烈的自蔓延燃烧反应，最终产物 ZrB_2 和 $MoSi_2$ 均在此时生成，同时反应伴随着大量热量的放出以及杂质的去除［图 4.3（c)］。原位生成的 ZrB_2 和 $MoSi_2$ 具有较小的晶粒尺寸（约为 600nm)，具有较高的表面能，有利于陶瓷的烧结致密化，同时具有各向异性生长为 ZrB_2 板状晶粒的特性。此外，反应过程中还伴随着一些过渡非晶三元相（如 Mo-Si-B）的形成，这些过渡三元相会在高温时呈液态，提供一个良好的质量传输环境，促进了原位生成的纳米级 ZrB_2 晶粒的各向异性生长。随着温度的进一步升高，ZrB_2 板晶进一步长大，长径比进一步增加［图 4.3（d)］。同时，在热压作用下，板状 ZrB_2 晶粒发生转动和重排，使板晶的排列方向沿着垂直于热压方向的表面，形成了一定程度的织构化结构。而反应合成的第二相 $MoSi_2$ 在此温度下表现出了良好的高温塑性，对 ZrB_2 板晶的转动和重排起到了积极的辅助和促进作用［图 4.3（e)］。因此，反应热压制备的具有独特板晶定向排列微观结构的织构化 ZrB_2-$MoSi_2$ 陶瓷性能取决于如下几种因素的共同作用。

① 通过自蔓延燃烧反应原位合成的 ZrB_2 和 $MoSi_2$ 晶粒具有较小的尺寸和良好的化学反应活性。这些新生成的 ZrB_2 粉体在不同的晶面具有不同的表面能，具有沿各向异性生长的独特性能。

② 自蔓延燃烧反应过程中还生成了一些如 Mo-Si-B、Zr-B-O 及 Mo-Si-O 等三元过渡非晶相，这些非晶相包覆在新生成的 ZrB_2 和 $MoSi_2$ 颗粒表面，随着温度的升高，这些非晶相转变为液相，促进烧结过程中质量的传输，同时也促进了 ZrB_2 晶粒沿着表面能小的晶面实现各向异性生长。

③ 原位反应合成的第二相 $MoSi_2$，在 1000℃左右会发生脆性-塑性的转变[11-12]，此后随着温度的升高，$MoSi_2$ 展现了良好的塑性，不仅可以填充在 ZrB_2 晶粒形成的空隙中促进致密化，同时，亦有利于板状 ZrB_2 晶粒在高温以及热压下的转动和重排，促进了板状晶粒的择优取向排列和织构化结构的形成。

④ 热压烧结方法对陶瓷的致密化以及板状 ZrB_2 晶粒的转动和织构化结构的形成也起到了重要作用。

4.3　反应热压制备 ZrB_2-$MoSi_2$ 基复相陶瓷的力学性能

鉴于反应热压制备的复相陶瓷中存在板状 ZrB_2 晶粒这一特点，对材料的力学性能进行研究，探讨材料的显微结构与力学性能之间的关系。同时，对不同的 $MoSi_2$ 添加量、不同的保温时间对材料力学性能的影响以及样品力学性能的各向异性进行探讨。

4.3.1　$MoSi_2$ 含量

含有不同含量 $MoSi_2$ 的（1800℃保温 1h）复相陶瓷的三点抗弯强度、维氏硬度和断裂韧性如图 4.4 所示。由图可见，在 10%～30%（体积分数）的添加量范围内，材料的抗弯强度与 $MoSi_2$ 含量的关系并不显著。然而，随着 $MoSi_2$ 含量的增加，维氏硬度和断裂韧性逐渐降低，尤其是硬度的降低程度更明显。上述三种样品抛光面的 SEM 照片如图 4.5 所示。可见 $MoSi_2$ 的添加量范围内，样品中均存在板状 ZrB_2 晶粒，即板晶的存在范围较广，且随着 $MoSi_2$ 添加量的增加，板晶的尺寸和长径比也呈增加趋势。ZM10、ZM20 和 ZM30 的长径比分别为 4.3、4.6 和 5.4。尽管三种样品的抗弯强度存在一定程度的差异，但并不十分明显。单相 $MoSi_2$ 的抗弯强度约为 250MPa[12]，不及单相 ZrB_2 的抗弯强度（489～493MPa）[13]。因此，$MoSi_2$ 含量的增加会对 ZrB_2-$MoSi_2$ 复相陶瓷的强度产生负面影响。此外，由于 $MoSi_2$ 含量的增加，促进了板状 ZrB_2 晶粒的长大以及各向异性生长和长径比的增加，ZrB_2 板晶相互间形

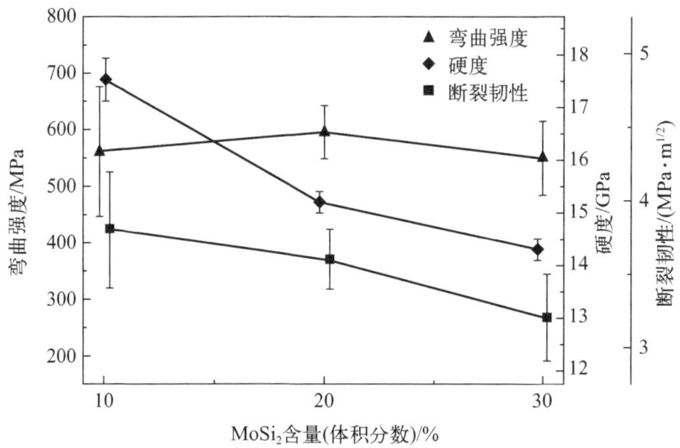

图 4.4　不同 $MoSi_2$ 添加量的 ZrB_2-$MoSi_2$ 陶瓷力学性能

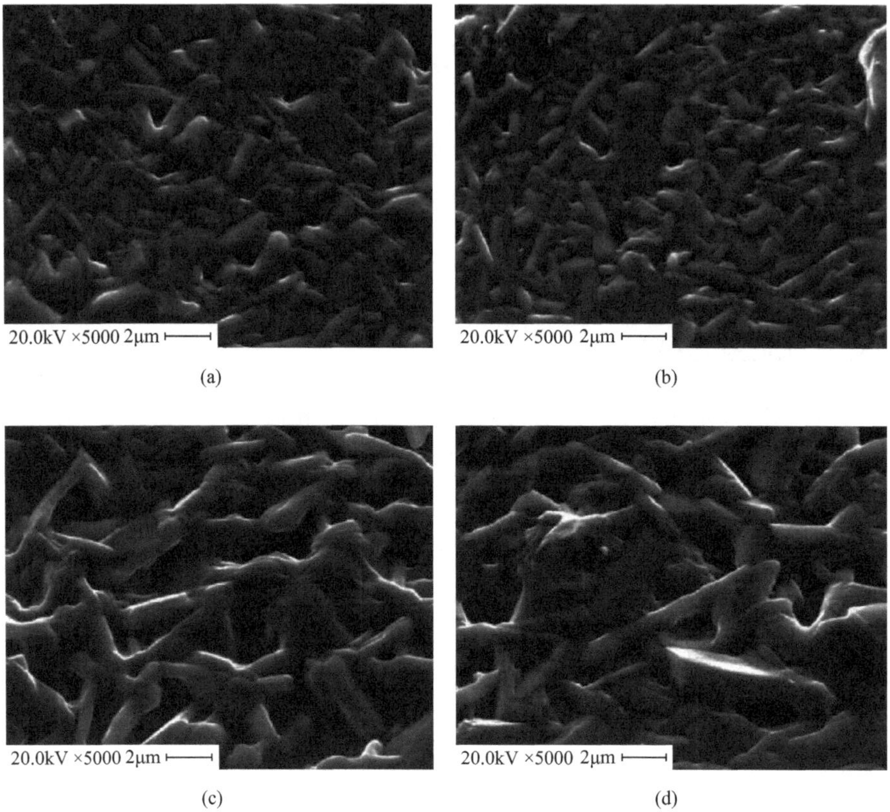

图 4.5 烧结后 ZrB_2-$MoSi_2$ 样品抛光并热腐蚀后 SEM 照片

(a) ZM10-1h；(b) ZM20-1h；(c) ZM30-1h；(d) ZM20-2h

成的互锁结构有利于材料抗弯强度的提高，因而抵消了低强度 $MoSi_2$ 含量增加带来的负面影响。对于维氏硬度和断裂韧性而言，随着 $MoSi_2$ 含量的增加皆呈现下降趋势，这可以解释为硬度和韧性更依赖于材料的本征特性。$MoSi_2$ 具有较低的硬度和断裂韧性，分别为 8～10GPa 和 2.5～3MPa·$m^{1/2}$[12]，而 ZrB_2 的硬度和断裂韧性分别为 21～23GPa 和 3.5～4.2MPa·$m^{1/2}$[13]。显而易见，$MoSi_2$ 含量增加将会导致复相材料硬度和韧性的降低。因此，选择合适的 $MoSi_2$ 添加量对材料的致密化和力学性能的保持具有重要作用。

4.3.2 保温时间

保温时间是影响 ZrB_2 板晶长径比的另一个因素。不同保温时间下的 ZrB_2-20%（体积分数）$MoSi_2$ 陶瓷的力学性能如图 4.6 所示。1800℃致密化温度下，随着保温时间的延长，样品的抗弯强度逐渐增加，但其硬度和断裂韧性的变化则相反。

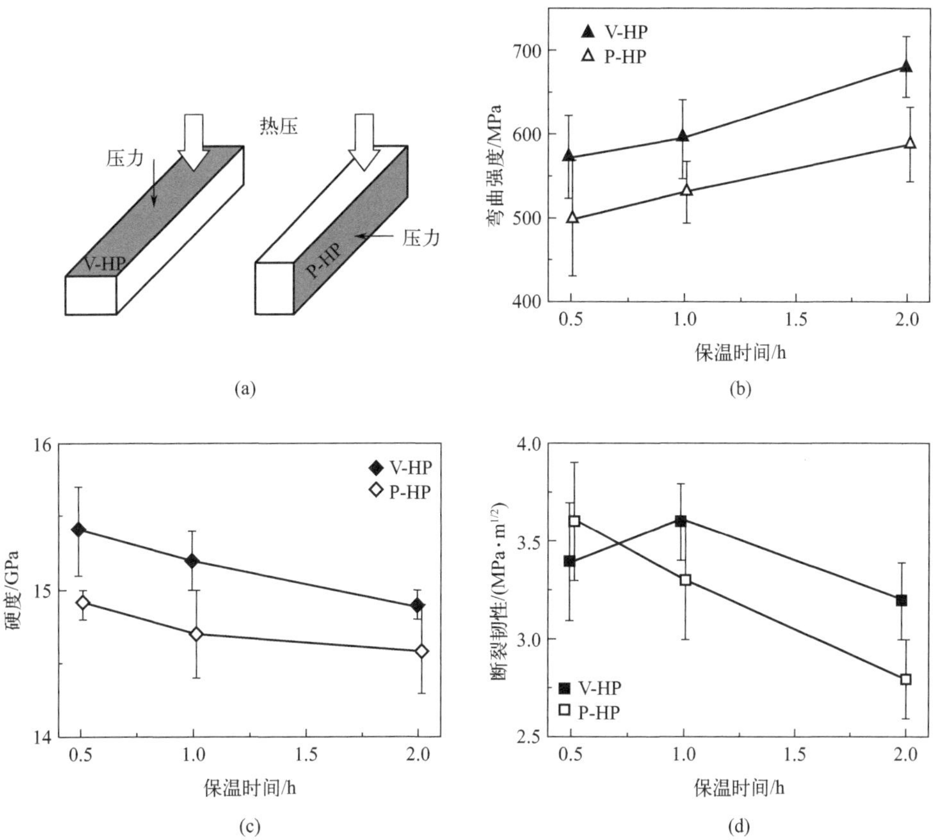

图 4.6　不同保温时间制得 ZrB_2-20%（体积分数）$MoSi_2$ 复相陶瓷的力学性能

（a）荷载方向与热压方向的关系；（b）抗弯强度；（c）硬度；（d）断裂韧性

由 SEM 照片可见，随着保温时间的延长，板状 ZrB_2 晶粒的尺寸和长径比明显增加。保温 0.5h、1h 和 2h 的样品微观结构中板晶的尺寸分别为 1.8μm、2.9μm 和 4.6μm，长径比分别为 3.9、4.6 和 5.0。可见，一定程度下较大的晶粒和较大的长径比有利于材料抗弯强度的提高。同时，相比于长径比，三种样品晶粒尺寸存在较大的差距，因此认为，晶粒尺寸对强度的影响更为显著。一个典型的陶瓷断口形貌如图 4.7 所示，箭头指示出 ZrB_2 板晶的拔出。

4.3.3　力学性能的各向异性

图 4.6 显示和比较了材料在不同方向力学性能的各向异性。V-HP 与 P-

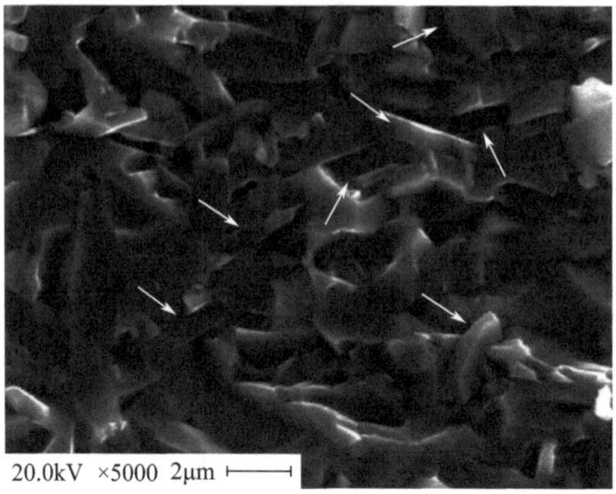

图 4.7 样品 ZM30-1h 断口 SEM 照片（箭头指示板状晶粒的拔出）

HP 方向分别为样品垂直于平行热压方向的表面。由图可见，样品在 V-HP 方向上的抗弯强度和断裂韧性均优于 P-HP 方向。

ZrB_2-$MoSi_2$ 复相陶瓷不同方向力学性能的各向异性归结于 ZrB_2 晶粒本征的各向异性以及其在陶瓷中的定向排列。尽管反应热压制备的复相陶瓷，其织构化程度并不高，但材料中依然存在一定程度上板晶的定向排列。如图 4.5 所示，板晶 ZrB_2 中更多的（001）晶面在压力的作用下相互重叠，使更多的（001）面分布在 V-HP 表面，同时更多的（$hk0$）面分布在 P-HP 表面。因此，当载荷加载到垂直于 V-HP 的表面时，相互重叠的 ZrB_2 板晶对施加的载荷起到了一定的抵抗作用，同时也延缓了裂纹的扩展。相互重叠的板晶分裂会消耗一定的外加载荷能量，因此，材料在 V-HP 方向上的强度有所增加。此外，当载荷施加于 P-HP 表面时，由于载荷方向平行于（001）晶面，因此，不存在重叠板晶对外加载荷的抵抗作用，导致了此表面较低的抗弯强度。此外，由于 ZrB_2 的六方晶体结构，其晶体的热膨胀系数也存在各向异性，其在 a、b 轴的热膨胀系数 $\alpha_a=5.61\times10^{-6}\ K^{-1}$，而 c 轴为 $\alpha_c=6.74\times10^{-6}\ K^{-1}$[14]。与之相比，$MoSi_2$ 的热膨胀系数为 $\alpha=9\times10^{-6}\ K^{-1}$[15]。相比于 a、b 轴，ZrB_2 晶粒在 c 轴的热膨胀系数与 $MoSi_2$ 的热膨胀系数更为接近。因此，在 V-HP 方向，随着更多的晶面垂直于 c 轴，在 ZrB_2 板晶中存在较弱的拉伸应力，形成了较强的界面结合。相反地，在 P-HP 方向，存在较多的晶面平行于 c 轴，由于 ZrB_2 在 a、b 轴方向的热膨胀系数与 $MoSi_2$ 的热膨胀系数差异较大，在 ZrB_2 与 $MoSi_2$ 之间存在着较大的拉伸应力。Wen 等[16]认为，界面应力的存在诱发了裂纹的形成，导致裂纹在界面处的曲折扩展，借此消耗了大量的断裂能量，起到了增韧效果。因此，V-HP 表面较弱的拉伸应力有利于材料力学性能的提高。而 P-HP 方向正相反，具有较低的力学性能。

比较其他烧结致密化手段制备相同材料的性能证明，反应热压制备的 ZrB_2-$MoSi_2$ 具有相对较高的断裂韧性。断裂韧性的提高归结于材料中原位形成的板状 ZrB_2 晶粒以及其定向排列。高的断裂韧性亦有利于材料抗热震性能的提高，因此，ZrB_2 基陶瓷中通过添加 $MoSi_2$ 作为第二相，不仅促进了陶瓷的致密化，提高了抗氧化性能，同时，也有利于增强陶瓷材料的抗热震性能。此外，陶瓷 $MoSi_2$ 材料的脆性也能够通过原位生成的板状 ZrB_2 晶粒的互锁结构得到抑制。由此可见，反应热压制备的 ZrB_2-$MoSi_2$ 陶瓷展现出良好的力学性能，将成为具有广泛应用前景的超高温陶瓷。

4.4　热锻制备织构化 ZrB_2-$MoSi_2$ 超高温陶瓷及性能

热锻作为金属材料的一种锻造工艺，较早地在金属材料领域得到广泛应用。在陶瓷材料领域，随着陶瓷超塑性现象的发现和发展，研究者亦将热锻工艺引入陶瓷材料的成型和制备过程中。对陶瓷材料而言，热锻是一种在一定温度下通过轴向压缩或拉伸应力实现陶瓷致密化的超塑性成型技术。陶瓷热锻的优点是，如果陶瓷材料中存在各向异性生长的晶粒，那么，在热锻的轴向应力作用下，能够促进各向异性晶粒的转动和重排，从而实现陶瓷材料的织构化。同时，较陶瓷材料的其他织构化手段而言，热锻是一种相对简单的织构化工艺途径。

陶瓷材料的热锻过程中，起始原料通常采用通过一定的致密化过程（如热压、无压烧结等）获得的陶瓷烧结体，且将陶瓷烧结体置于大于其尺寸的热锻模具中。在热锻过程中，可以利用陶瓷材料所具有的超塑性，实现其在热锻模具中的塑性延展和陶瓷中各向异性晶粒更大程度的转动和重排，从而达到更高的织构化程度。

将反应热压制备的含有 ZrB_2 板晶的致密化 ZrB_2-$MoSi_2$ 超高温陶瓷作为热锻前样品，通过热锻工艺，实现 ZrB_2-$MoSi_2$ 超高温陶瓷更高程度的织构化[6]。对其微结构演变与织构化发展进行研究和探讨，并对材料的力学性能和抗氧化性能的各向异性进行表征和分析[6, 17]。

4.4.1　热锻过程

采用反应热压制备的致密化 ZrB_2-$MoSi_2$ 陶瓷为热锻前样品（以 RHP 表示），热锻总过程分为两个步骤。

(1) 第一步

以 Zr、B、Mo 和 Si 四种单质粉体为原料，采用反应热压方法制备含有板晶的 ZrB_2-$MoSi_2$ 复相陶瓷，其尺寸为 37mm×30mm×10mm。因本实验中反应热压和热锻所采用的热压模具相同，因此，将所得的陶瓷坯体按热锻实验的不同要求进行切割：第一类热锻样品（以 HF1 表示）是将坯体切割成 30mm×18mm×9.8mm 的长方体，第二类热锻样品（以 HF2 表示）为 9mm×9mm×9.8mm 的长方体。

(2) 第二步

将第一步制备的样品置于原热压模具中。

对于第一类热锻样品 HF1，其长和宽均为热压模具的一半，因此将其置于原热压模具中，采用了简单压缩模式（图 4.8），材料在长和宽两个方向均可以自由延展变形。样品置于热压炉中进行加热，在 1550℃ 保温 30min 并改通氩气后，施加热锻压力，压力为热压压力的 3 倍，即 60MPa，在 1800℃ 时保温 1h，热锻结束。

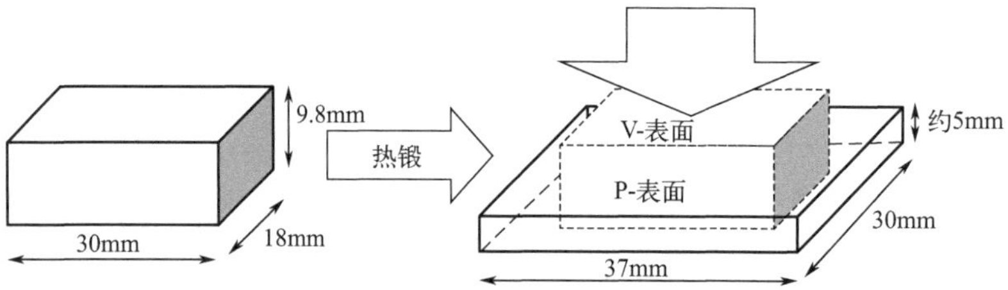

图 4.8 热锻过程示意图［简单压缩模式（SC）］

对于第二类热锻样品 HF2，将样品置于热压模具中，升温及加压过程与第一类热锻样品的制备过程基本相同。区别在于 1800℃ 保温过程中，当施加 60MPa 的压力并保压 20min 后，根据样品的延展变形程度和实际受压面的面积，再施加 60MPa 的实际压力并保压 20min 之后，最后根据样品的实际受压面积施加 60MPa 的实际压力并保压 20min。经过共计 1h 的三次加压后，热锻结束。

4.4.2 微结构与织构化程度表征

热锻前后样品实物照片如图 4.9 所示。由于采用了简单压缩模式，样品沿长度和宽度两个方向均可以自由延展变形。在此，压缩应变定义为 $\Delta h/h$，其中 Δh 和 h 分别表示样品厚度的收缩量以及样品的原始厚度。本实验中，样品的压缩应变值为 0.51。样品起始热锻压力为 60MPa，在达到 0.51 的应变状态下，由于样品受压表面的增加，因此样品所受的实际压力应为 30MPa。

(a)　　(b)

图 4.9　热锻前（a）与热锻后（b）样品实物照片

采用 XRD 分析了热锻前后样品垂直于热压/热锻压力方向的表面的相组成以及织构化程度，结果如图 4.10 所示。通过与 ZrB_2 的标准卡片（JCPDS 34-0423）进行比较，可以看出热锻样品 HF1 的 V 方向表面 ZrB_2 晶粒的（001）衍射峰的强度要明显高于热锻前样品 RHP1。采用洛伦兹取向因子 $f(00l)$ 对样品的织构化程度进行了表征，计算结果表明，样品的取向因子 $f(00l)$ 由热锻前的 0.12 增加至热锻后的 0.59，显示热锻过程促进了更高程度织构化结构的形成。

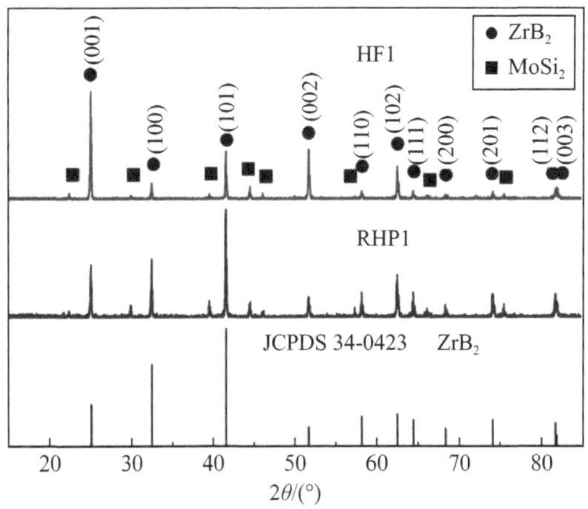

图 4.10　热锻前后样品（分别为 RHP1 和 HF1）的 XRD 图谱

反应热压制备样品中发现板状 ZrB_2 晶粒的存在，通过对晶粒的生长方向进行表征，发现 ZrB_2 晶粒沿着 a、b 轴各向异性生长为板状形貌。热锻前后样品断口和抛光面的 SEM 观察亦证实了这一结论。图 4.11 和图 4.12 分别为热锻前后样品显微结构的 SEM 和 TEM 照片的比较，由图可见热锻前后样品两个明显变化：①高温热锻过程中，板状 ZrB_2 晶粒进一步长大，通过对样品的 SEM 照片进行测量，发现板状 ZrB_2 晶粒的厚度由热锻前的 0.57μm 增加至热锻后的 0.95μm，同时板晶的长度也由 2.28μm 增加至 5.71μm。②加压热锻过程中，在压力及模具提供的延展变形空间的辅助下，板状的 ZrB_2 晶粒发生了转动和重排［图 4.11（b）、（d）和图 4.12（b）］，形成了定向排列的织构化结构。由于板晶沿 a、b 轴生长，因此在外界压力作用下，板晶沿着垂直热锻压力的方向排列，更多的（001）晶面分布在 V 方向表面，而更多的（$hk0$）晶面则分布在 P 方向表面（图 4.13），从而使得 V 方向表面的（001）衍射峰有较大幅度的增强并获得较高的洛伦兹取向因子 $f(00l)$。

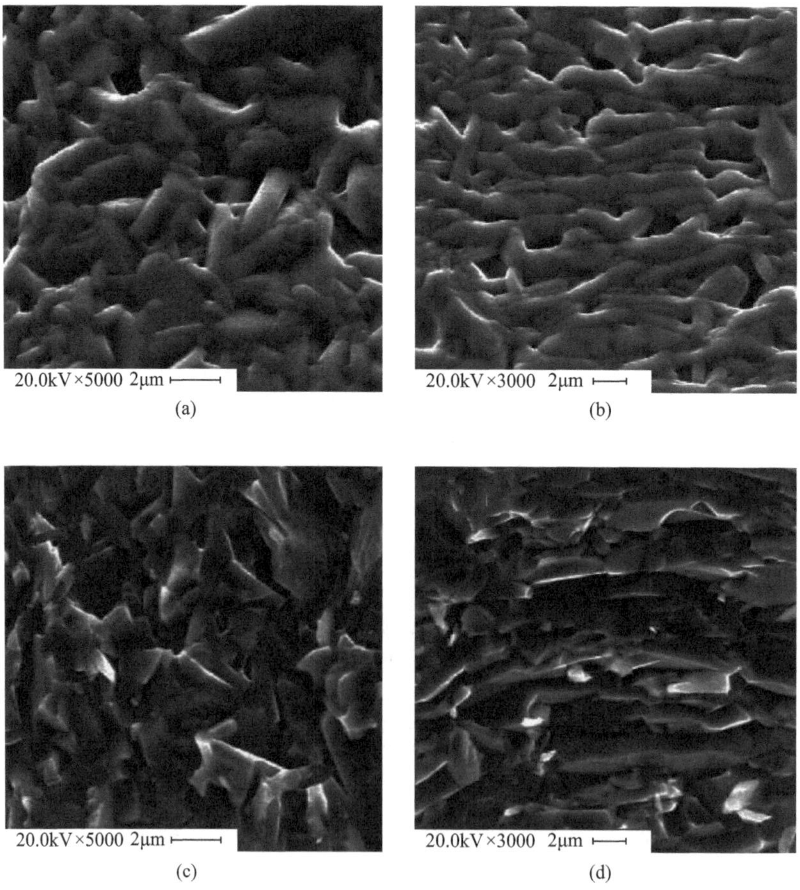

图 4.11 SEM 照片

（a）样品 RHP1 抛光面；（b）样品 HF1 抛光面；（c）样品 RHP1 断面；（d）样品 HF1 断口

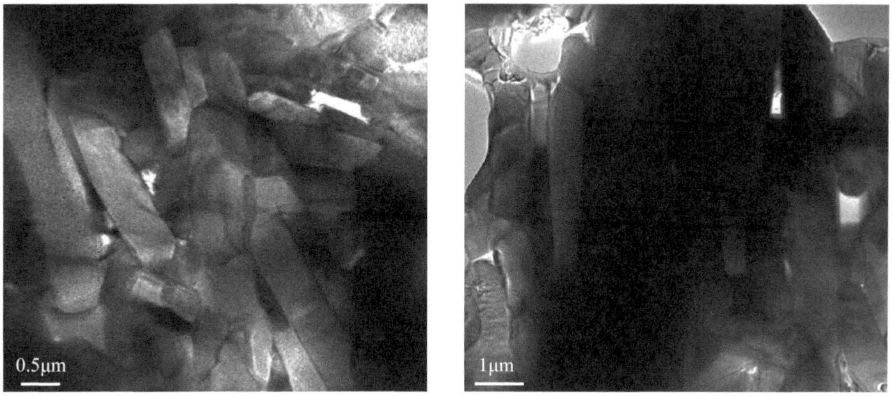

(a)　(b)

图 4.12　TEM 照片

（a）样品 RHP1；（b）样品 HF1

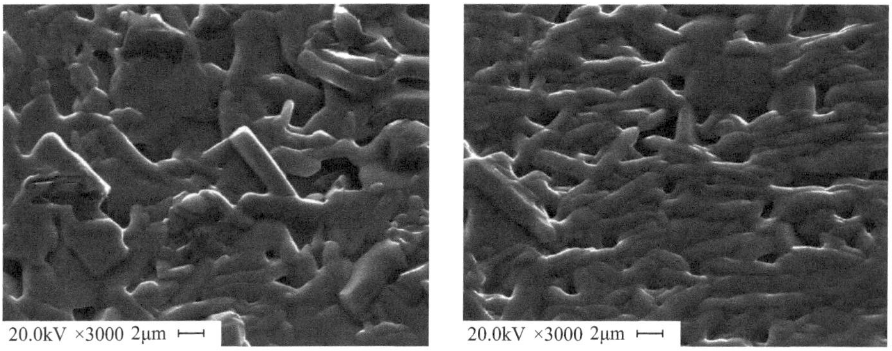

(a)　(b)

图 4.13　热锻后获得的织构化 ZrB_2-$MoSi_2$ 陶瓷（a）V 和（b）P 方向表面的 SEM 照片

4.4.3　热锻极限

为了研究样品织构化程度的增加与变化，以及样品的热锻极限，采用小样品（样品 HF2）进行了多次连续热锻实验。样品的压力加载过程、压缩位移变化与升温制度的关系如图 4.14 所示。样品多次热锻的实物照片如图 4.15 所示。由图可见，在温度达到 1800℃时，对样品施加了 60MPa 的热锻压力，随着热锻过程的进行，样品发生塑性变形，同时其受压表面不断增大，此时样品所受的实际压力逐渐减小，通过对热锻 20min 后取出的样品（HF2-1）的分析表明，此时样品所受的实际压力仅为 19MPa，因此 19MPa 的压力值可以认为是使样品 HF2-1 发生进一步塑性变形的极限压力，即低于 19MPa 将很难再使此时的样品压缩。随后对 HF2-1 样品又再次施加了 60MPa 的实际压力，经过第二次 20min 的热锻后，得到样品 HF2-2，此时样品所受的实际压力为 39MPa。再次对 HF2-2 样品施加了 60MPa 的实际压力，获得了样品 HF2-3，通过对样品的测量表明，此时 HF2-3 所受的实际压力为 52MPa，这与热锻起始时的压力（即名义压力）60MPa 十分接近。通过对上述样品多次热锻的实验表明，随着热锻过程中样品压缩应变量的提高，样品的压缩将变得越来越困难。虽然随样品实际受压面积的增大导致了压力冲头与样品之间接触摩擦力的增加是阻碍继续压缩变形的一个原因，但样品显微结构中板晶的生长以及织构化结构产生的应变强化应是阻碍样品进一步变形的另一个重要原因。

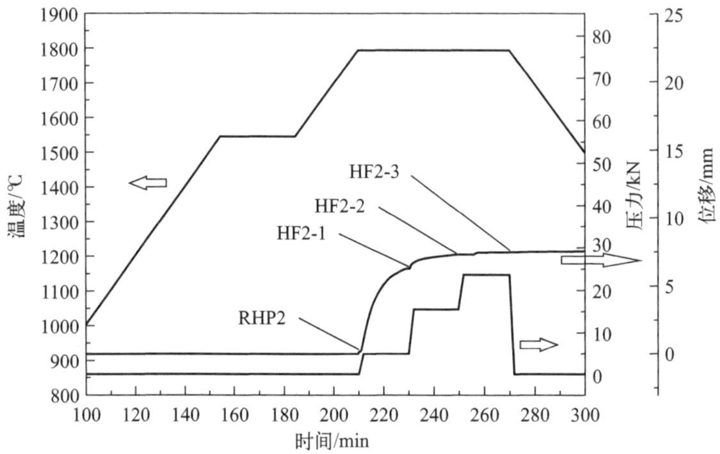

图 4.14　热锻过程中温度、压力及样品变形量的关系

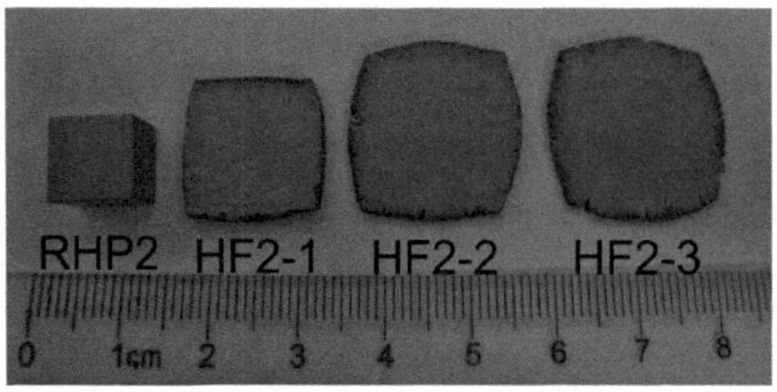

图 4.15　热锻前样品 RHP2 与热锻后样品 HF2-1、HF2-2、HF2-3 实物照片

对此，通过对 HF2-1、HF2-2、HF2-3 等样品 V 方向表面的 XRD 表征和计算表明，随着连续热锻过程的不断进行以及样品压缩应变的不断增加，样品的织构化程度也在逐渐增加，其洛伦兹取向因子与压缩应变的关系如图 4.16 所示。由图可知，可以通过连续的热锻处理获得高织构化复相陶瓷材料。在连

续的热锻过程中，需要特别指出的是 $MoSi_2$ 的作用，由于其高温下具有一定的塑性，既可以促进陶瓷的致密化，同时也为 ZrB_2 板晶的转动和定向排列提供了良好的环境。虽然 $MoSi_2$ 的塑性被认为可能会对超高温陶瓷的高温应用带来负面影响，但板状 ZrB_2 晶粒定向排列导致的应变强化则会补偿 $MoSi_2$ 塑性的负面作用，从而形成具有耐高温变形的高织构化 ZrB_2-$MoSi_2$ 复相陶瓷。

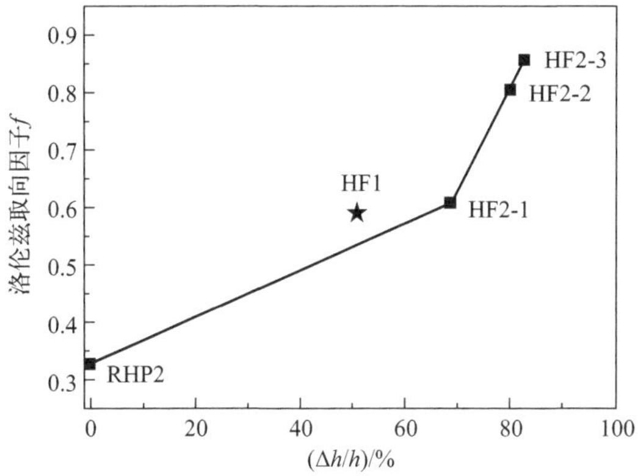

图 4.16　洛伦兹取向因子与热锻样品压缩量关系

4.4.4 力学性能

采用热锻工艺制备的织构化 ZrB_2-$MoSi_2$ 复相陶瓷的抗弯强度见表 4.1。对织构化陶瓷本身而言，其力学性能表现出了各向异性。热锻前，陶瓷在不同方向的强度值存在一定差距，但差距不大；热锻后，HF1 样品在不同表面的强度值则具有明显的差距，其在 V 方向的强度要明显高于 P 方向。此外，热锻后样品的强度，无论是 V 方向还是 P 方向，相比于热锻前样品都有了一定程度的提升，热锻后 V 方向的强度较热锻前提高了 52%，同时亦高于采用其他致密化手段获得的样品强度。这显示了热锻工艺对材料力学性能的提升具有重要作用，热锻制备织构化陶瓷强度的提高是由显微结构内部板晶的定向排列引起的，同时也不能忽视 $MoSi_2$ 的作用，其高温塑性促进了板晶的定向排列。

表 4.1　热锻前后样品抗弯强度

样品	烧结方式	抗弯强度/MPa
ZrB_2-20%（体积分数）$MoSi_2$（HF1）	反应热压、热锻	871±103（V 方向） 723±109（P 方向）

续表

样品	烧结方式	抗弯强度/MPa
ZrB_2-20%（体积分数）$MoSi_2$（RHP1）	反应热压	572±50（V方向） 499±69（P方向）

4.4.5 各向异性氧化

4.4.5.1 ZrB_2-$MoSi_2$ 复相陶瓷的氧化过程模型

在研究织构化 ZrB_2-$MoSi_2$ 复相陶瓷的各向异性氧化行为前，需要对 ZrB_2-$MoSi_2$ 复相陶瓷的一般氧化过程进行简要的分析与总结。借鉴 ZrB_2-SiC 复相陶瓷的氧化行为的研究[18-20]，通过热力学分析与实验结果（包括本实验和其他研究者的报道[21-26]）相结合的手段，可以研究 ZrB_2-$MoSi_2$ 复相陶瓷的一般氧化过程，并提出 ZrB_2-$MoSi_2$ 复相陶瓷在室温至 1500℃升温及保温过程中的氧化模型。

ZrB_2-$MoSi_2$ 复相陶瓷氧化过程模型如图 4.17 所示，由于氧化过程是一个复杂的综合过程，因此本模型仅对氧化过程中出现的一些代表性的氧化产物及结构进行简要探讨，而更深入的氧化过程还有待进一步研究。本氧化模型共包含四个主要过程。

（1）室温下未氧化的 ZrB_2-$MoSi_2$ 复相陶瓷

前已述及，ZrB_2-$MoSi_2$ 复相陶瓷在高温烧结过程中，由于 $MoSi_2$ 良好的高温塑性而呈现出不规则的微观结构，且具有较小的二面角，填充在 ZrB_2 晶粒的空隙中，促进了 ZrB_2 的致密化。这种不规则的形貌一直保留到样品烧结后冷却为室温下的陶瓷烧结体中。图 4.17（a）为含有 20%（体积分数）$MoSi_2$ 的复相陶瓷显微结构示意图。如图所示，通常情况下，ZrB_2 晶粒为等轴结构。

（2）氧化的初始阶段（$T<1000℃$）

在温度低于 1000℃时，空气气氛下的 ZrB_2 和 $MoSi_2$ 均具有氧化趋势，然而已有研究结果表明，此时以 ZrB_2 的氧化过程为主。此时的显微结构如图 4.17（b）所示。ZrB_2 的氧化过程按如下化学反应方程式进行：

$$ZrB_2(s)+2.5O_2(g)=\!=\!=ZrO_2(s)+B_2O_3(l) \tag{4-1}$$

热力学计算表明，从室温至 1500℃的温度范围内，反应（4-1）的吉布斯自由能为负值。同时，通过如下公式计算了 ZrB_2 氧化过程的平衡氧分压：

$$\Delta G=-RT\ln K_{eq} \tag{4-2}$$

$$K_{eq}=\frac{(a_{B_2O_3})(a_{ZrO_2})}{(a_{ZrB_2})(a_{O_2})^{5/2}}=\frac{1}{(p_{O_2}/p_{O_2}^{\ominus})^{5/2}} \tag{4-3}$$

计算表明，氧化温度升高时，平衡氧分压随之降低。例如，其在 500℃、1000℃和 1500℃时的数值分别为 5.37×10^{-42}Pa、1.09×10^{-20}Pa 和 1.60×10^{-11}Pa，这说明从热力学角度看，ZrB_2 在低温低氧分压下即可发生氧化。

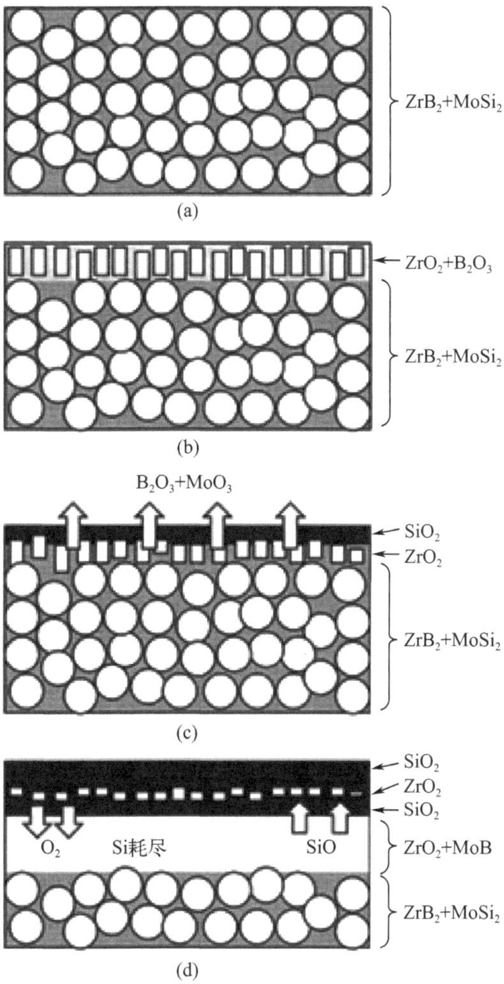

图 4.17　空气中 ZrB_2-$MoSi_2$ 陶瓷氧化过程示意图（室温至 1500℃）

（a）室温未氧化状态；（b）初始氧化状态（$T<1100$℃）；

（c）中等温度加速氧化状态（1100～1200℃）；（d）高温稳态氧化状态（1200～1500℃）

因此，在氧化过程中，复相陶瓷的表面会被氧化产物层覆盖，氧化层主要

包括柱状的 ZrO_2 以及填充柱状空隙的液态 B_2O_3[27]。该结构与 ZrB_2-SiC 复相陶瓷氧化初期的氧化层结构类似，因为此时 ZrB_2 的氧化为主导过程。在此温度范围内，氧化产物 B_2O_3 为液态，能够覆盖在陶瓷表面，与 ZrO_2 共同阻止氧气向材料内部扩散。此时，由于 $MoSi_2$ 的氧化不明显，表面氧化层中还存在部分 $MoSi_2$ 相。

(3) 加速的氧化状态（1100～1200℃）

在 1100～1200℃温度范围内，复相陶瓷存在加速氧化过程。一方面，前期 ZrB_2 氧化过程中产生的 B_2O_3 相具有较低的熔点和较高的蒸气压，因此在该温度下较易变为气态挥发，留下带有大量孔洞的柱状 ZrO_2 覆盖在未反应陶瓷的表面，加速了氧气从陶瓷表面向内部的扩散；另一方面，$MoSi_2$ 的氧化趋势增强：

$$MoSi_2(s) + 3.5O_2(g) \xlongequal{} 2SiO_2(s) + MoO_3(s) \tag{4-4}$$

$$\Delta G = -RT\ln K_{eq} \tag{4-5}$$

$$K_{eq} = \frac{(a_{SiO_2})^2 (a_{MoO_3})}{(a_{MoSi_2})(a_{O_2})^{7/2}} = \frac{1}{(p_{O_2}/p_{O_2^{\ominus}})^{7/2}} \tag{4-6}$$

一般认为，上述反应生成的 SiO_2 能够在陶瓷表面形成保护层，从而阻止氧气扩散和样品进一步氧化，但在此温度范围内，氧化层的保护效果并不显著。一方面，有报道称在温度较低时，单相 $MoSi_2$ 的氧化受 MoO_3 相形成控制，因此 MoO_3 相的形成优于 SiO_2[28-29]。MoO_3 具有较高的蒸汽压，因此 $MoSi_2$ 的氧化产物 MoO_3 很容易与 ZrB_2 的氧化产物 B_2O_3 一同挥发，挥发过程同时也形成了较大的陶瓷体内部应力，加速了氧化过程。另一方面，此时 $MoSi_2$ 的氧化并不十分迅速，且未生成足够的 SiO_2 覆盖在陶瓷体表面，因此导致氧气迅速扩散和氧化进一步进行，形成了此温度范围内的加速氧化过程。

(4) 高温稳态氧化状态（1200～1500℃）

当温度高于 1200℃时，随着 $MoSi_2$ 的氧化，大量 SiO_2 生成并覆盖在材料表面，有效阻碍了氧气扩散和材料进一步氧化。因此，与上一阶段相比，此阶段的氧化速率有减慢的趋势。此时，样品氧化层的最外层为 SiO_2 层，次外层为 ZrO_2 层，通过这两层氧化层阻碍氧的扩散和传输，样品未氧化部分与氧化层界面的氧分压降低，导致氧对陶瓷材料中 Si 的选择性氧化。此时，$MoSi_2$ 中的 Si 参与了选择性氧化，而 Mo 与 ZrB_2 中的 B 发生反应生成 MoB，涉及的反应方程式如下：

$$ZrB_2(s) + 2MoSi_2(s) + 5O_2(g) \xlongequal{} ZrO_2(s) + 2MoB(s) + 4SiO_2(s) \tag{4-7}$$

$$\Delta G = -RT\ln K_{eq} \tag{4-8}$$

$$K_{eq}=\frac{(a_{ZrO_2})^2(a_{MoB})^2(a_{SiO_2})^4}{(a_{ZrB_2})(a_{MoSi_2})^2(a_{O_2})^5}=\frac{1}{(p_{O_2}/p_{O_2^{\ominus}})^5} \tag{4-9}$$

反应（4-7）的吉布斯自由能与反应（4-1）和（4-4）一样为负值；此外，反应（4-7）在 1500℃时的氧分压仅为 1.53×10^{-12} Pa，低于相同温度下反应（4-1）和（4-4）的氧分压（分别为 1.60×10^{-11} Pa 和 8.87×10^{-8} Pa）。因此，在氧化界面处，反应（4-7）相比于反应（4-1）和（4-4）能够优先进行。

随着反应（4-7）的不断进行，新生成的 Si 的氧化物以 SiO(g) 形式向外界扩散，随着扩散进行及氧分压增加，SiO 继续与氧反应生成 SiO_2。反应（4-8）生成的 SiO_2 扩散至次外层 ZrO_2 时，其传输速率会减慢，因此部分 SiO_2 未通过 ZrO_2 层进入最外层的 SiO_2 层，而是形成了第三层氧化层，即内层的 SiO_2。此时内外两层 SiO_2 与中间 ZrO_2 层构成了类似三明治的层状结构。与此同时，随着氧化界面层 Si 的氧化及氧化产物向外层的扩散，在三明治氧化层与未反应的陶瓷基体之间会形成一个新的过渡层——Si 耗尽层。同时，随着氧化时间的延长，Si 耗尽层的厚度会不断增加。

图 4.18 显示了 Sciti 等报道的 ZrB_2-$MoSi_2$ 复相陶瓷的氧化程度[25]，即单位面积的质量增重与氧化温度的关系。图 4.18 中氧化增重的变化趋势与本实验提出的理论模型基本符合。尽管在 1100～1200℃，氧化过程中伴随着大量的 B_2O_3 和 MoO_3 的挥发，但不断增加的氧化增重仍显示了此阶段的加速氧化过程。而随着温度的继续升高，SiO_2 的含量逐渐增加并有效阻碍了氧从外界向未反应界面的进一步扩散，因此氧化进入了高温的稳态过程。综上，$MoSi_2$ 的加入有利于提高复相陶瓷的高温抗氧化性能。

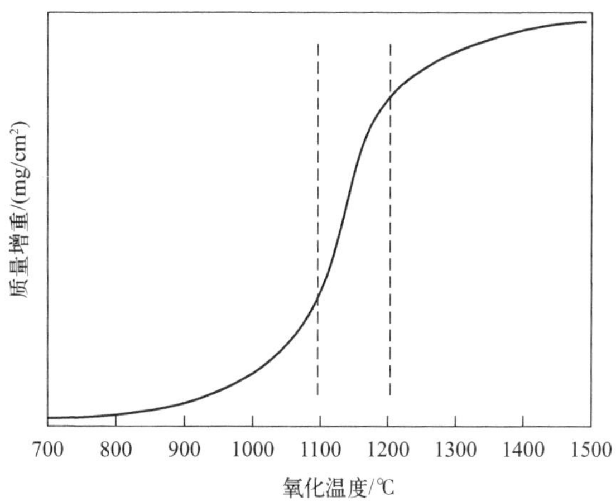

图 4.18　氧化增重随温度变化示意图

4.4.5.2 ZrB_2-$MoSi_2$ 复相陶瓷的实际氧化过程

将织构化复相陶瓷与热压烧结制备的陶瓷进行对比，经过 1500℃不同氧化时间的静态氧化后，样品的氧化增重与氧化时间的关系如图 4.19 所示。由图可初步认为，织构化陶瓷相比于非织构化陶瓷具有较好的抗氧化性能。

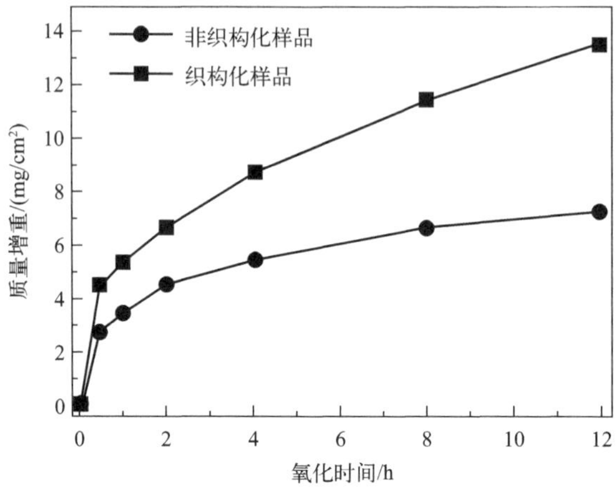

图 4.19 织构化与非织构化陶瓷 1500℃时氧化增重与氧化时间关系图

随后，对 1500℃氧化 0.5h、4h 和 12h 样品的氧化表面和横截面分别进行了 SEM 与 EDS 分析。鉴于 0.5h 和 4h 样品的 SEM 结果类似，而与 12h 样品结果有较大差距，因此将 0.5h 和 4h 氧化样品作为短时间氧化的代表性结果，而 12h 氧化样品的形貌则作为长时间氧化的代表性结果。以下仅围绕短时间氧化的结果进行讨论。

织构化样品氧化 4h（T4）的不同表面氧化横截面的 SEM 及 EDS 面扫描照片如图 4.20 所示，与之对比，对应的非织构化样品（S4）的相关照片如图 4.21 所示。由图可见，尽管织构化样品的氧化增重要低于非织构化样品，但两种样品氧化横截面中氧化层的结构基本相同，这说明织构化与非织构化样品均遵循 ZrB_2-$MoSi_2$ 复相陶瓷的一般氧化规律。

通过 EDS 面扫描照片可以清楚看到，无论是织构化样品还是非织构化样品，其氧化横截面均存在三明治结构，从外向内依次为：最外层的 SiO_2 层（氧化 1 层）、中间的 ZrO_2 层（氧化 2 层）、内层的 SiO_2 层（氧化 3 层）以及 Si 耗尽层（氧化 4 层）。其中，氧化 4 层（即 Si 耗尽层）的显微结构呈现出疏松多孔的形貌，这与 ZrB_2-SiC 复相陶瓷氧化的结果类似，是由于 SiO 向氧化层表面扩散引起的。

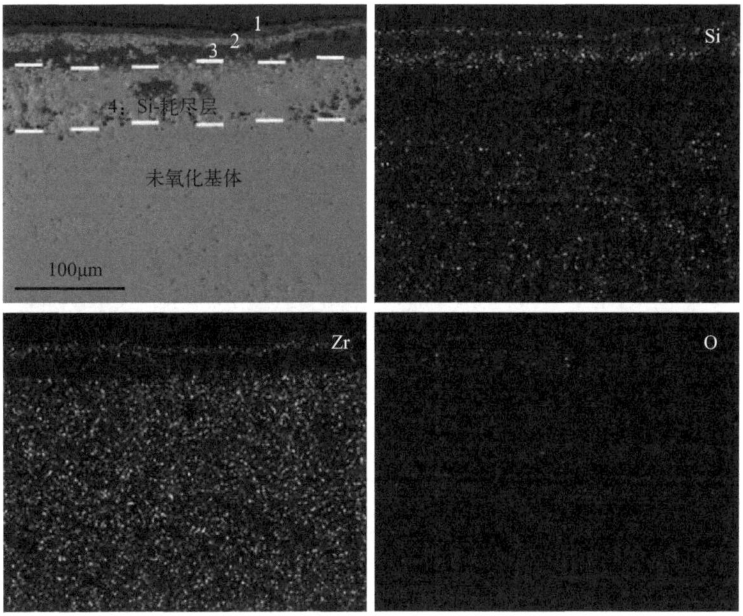

(a)

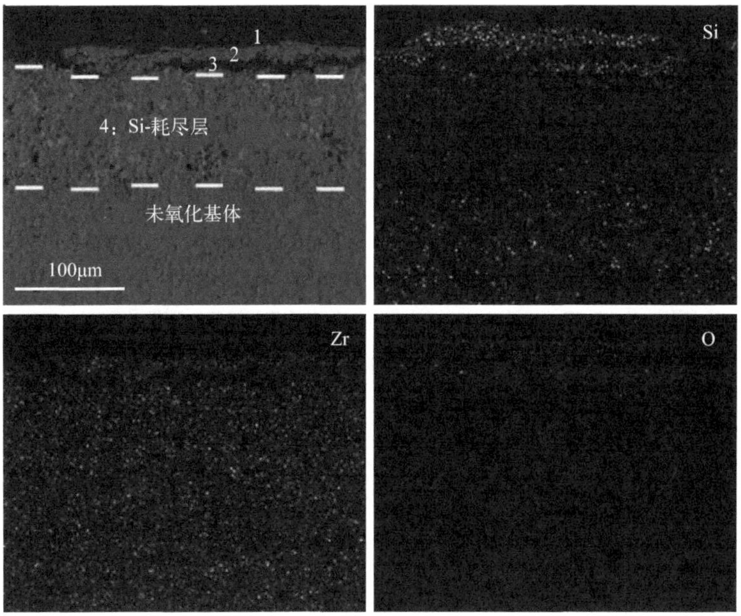

(b)

图 4.20　样品 T4 的 SEM 照片及 Si、O 和 Zr 元素的 EDS 面扫描

（a）V 方向；（b）P 方向

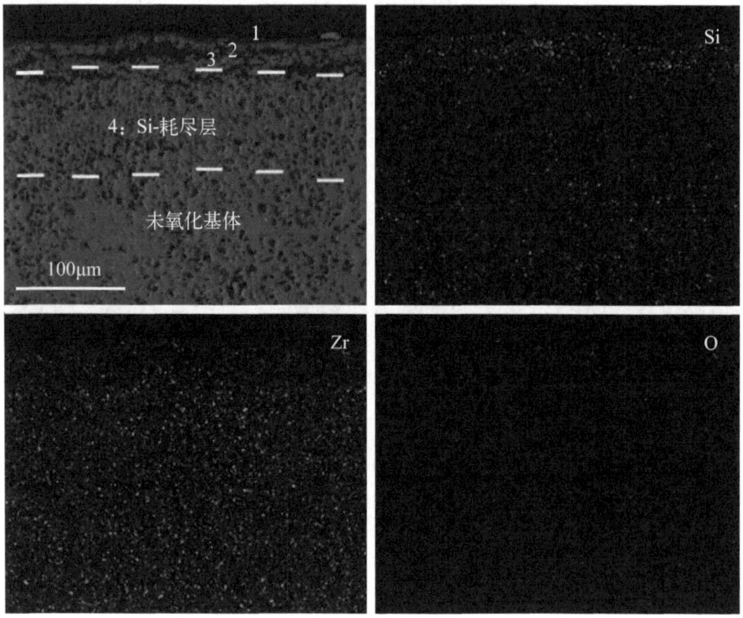

图 4.21 非织构化样品 S4 氧化横截面 SEM 照片及 Si、O 和 Zr 元素的 EDS 面扫描

因此，结合上节中提到的反应过程模型，可以很好地解释实际观察到的现象：低温时，以 ZrB_2 的氧化为主导，生成的 ZrO_2 构成了氧化 2 层；随着温度的升高，$MoSi_2$ 的氧化开始显著进行，生成的 SiO_2 扩散到 ZrO_2 层的表面，构成氧化 1 层，同时有效阻碍了氧向未反应界面的扩散和氧化的进一步进行。此时，在氧化层与未反应基体的界面处，由于氧分压较低，反应（4-7）成为占主导地位的反应，$MoSi_2$ 发生选择性氧化，Si 被氧化为 SiO（g）并向氧化表面扩散，继续氧化转变为 SiO_2；此时生成的 SiO_2 因扩散受到 ZrO_2 氧化层的阻碍而停留在 ZrO_2 层下方，构成了氧化 3 层。同时，留下了 EDS 面扫描显示的缺 Si 元素分布的氧化 4 层，即 Si 耗尽层。由图 4.20 和图 4.21 可以看出，织构化和非织构化陶瓷均存在与氧化模型讨论中相同的氧化层分布，这也通过实验验证了氧化层模型的正确性。

图 4.22（a）和（b）为样品 T4 不同方向的氧化表面 SEM 照片。由图可见，织构化陶瓷不同方向的氧化表面存在较大差异。P 方向显示出更为粗糙的氧化表面，表明其氧化程度较 V 方向表面更严重。对氧化横截面而言，将氧化表面到未氧化基体与氧化层的界面之间的距离定义为氧化层的总厚度，其包括 4 个氧化层厚度的总和。由图可见，V 方向的氧化层总厚度明显小于 P 方向的氧化层总厚度。同时，两个方向的氧化横截面的另一个明显区别在于 Si 耗

尽层的厚度：V 方向的 Si 耗尽层厚度明显小于 P 方向，因此可以认为，主要是 Si 耗尽层厚度的不同导致了氧化层总厚度的差异。此外，其他氧化层也显示出一定的各向异性：P 方向的氧化 1 层（外层的 SiO_2 层）较 V 方向更厚，而氧化 3 层（内层的 SiO_2 层）较 V 方向更薄。

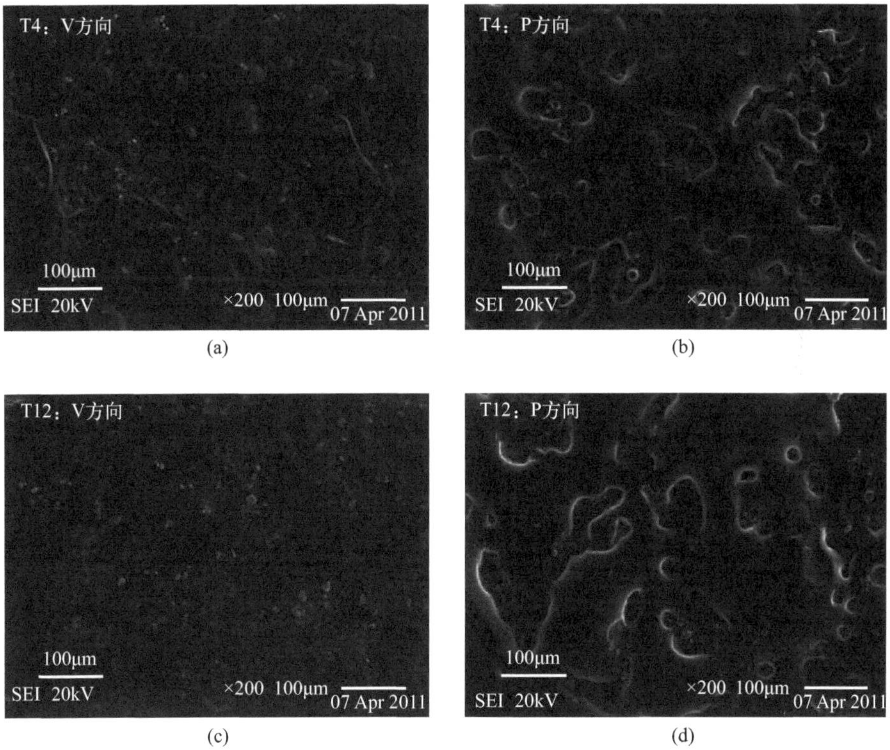

图 4.22　织构化样品 V 方向和 P 方向氧化表面 SEM 照片

（a）T4，V 方向；（b）T4，P 方向；（c）T12，V 方向；（d）T12，P 方向

织构化样品不同氧化表面在不同氧化时间的氧化层总厚度与 Si 耗尽层的厚度数据如表 4.2 所示，同时与非织构化样品数据进行了对比。结果表明，T4 样品在 V 方向上 Si 耗尽层的厚度仅为 P 方向厚度的 55%。

表 4.2　样品氧化后 Si 耗尽层和总氧化层厚度

样品①	氧化条件	断面方向	Si 耗尽层厚度/μm	总氧化层厚度/μm
T0.5	1500℃/0.5h	V	25	52
		P	37	76

续表

样品①	氧化条件	断面方向	Si 耗尽层厚度/μm	总氧化层厚度/μm
T4	1500℃/4h	V	54	88
		P	98	139
S4	1500℃/4h	—	92	124
T12	1500℃/12h	V	114	155
		P	137	217

① T—织构化 ZrB_2-$MoSi_2$；S—非织构化 ZrB_2-$MoSi_2$。

针对织构化陶瓷氧化层结构的各向异性，结合 ZrB_2-$MoSi_2$ 复相陶瓷的一般氧化过程，提出了织构化陶瓷的各向异性氧化模型，如图 4.23 所示。对于完全织构化的 ZrB_2-$MoSi_2$ 复相陶瓷而言，板状 ZrB_2 晶粒的 $\{00l\}$ 晶面族完全分布在 V 方向表面，而其 $\{hkl\}$ 晶面族则完全分布在 P 方向表面。

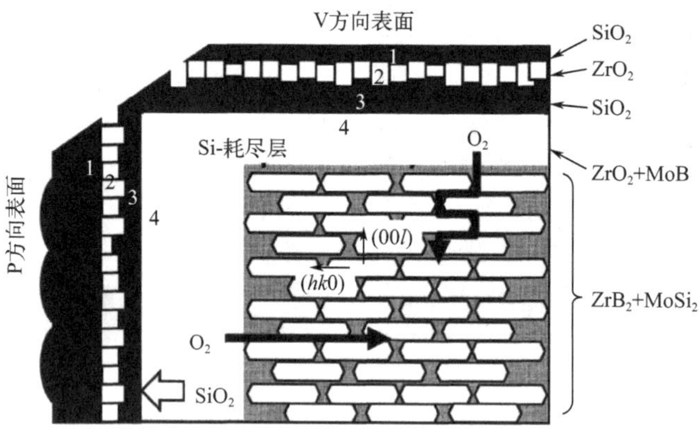

图 4.23 具有各向异性氧化行为的织构化 ZrB_2-$MoSi_2$ 样品 1500℃氧化 4h 后在 V 方向和 P 方向横截面示意图

由于 ZrB_2 属于六方晶系（AlB_2 型，$P6/mmm$ 空间群），且 ZrB_2 的晶胞参数 $a=0.317\text{nm}$，$c=0.353\text{nm}$，根据晶体学计算得知：在 $\{00l\}$ 晶面族上，Zr 原子的原子面密度为 $2/(\sqrt{3}a^2)=11.49\text{nm}^{-2}$［(001) 晶面］，而 B 在 (002) 晶面的原子面密度为 $4/(\sqrt{3}a^2)=22.98\text{nm}^{-2}$。在 $\{hk0\}$ 晶面族上，Zr 原子的最高原子面密度存在于 (100) 晶面，为 $1/(ac)=8.94\text{nm}^{-2}$，而 B 原子最高原子面密度为 $6/(5ac)=10.72\text{nm}^{-2}$［(300) 晶面］。从原子的面密度分析可见，其在 $\{hk0\}$ 晶面族要明显低于 $\{00l\}$ 晶面族。此外，ZrB_2 中的

B—B 键强度要明显强于其他键，使得 {00l} 晶面族的二维石墨结构的 B 原子网络具有更强的抗破坏性。在 V 方向表面，由于存在较多的 {00l} 晶面及其较高的原子面密度，因此表现出较强的抗氧化性，优于原子面密度低的 P 方向表面。同时，由于 {00l} 面的 Zr 原子的高密度分布，其原位氧化形成的 ZrO_2 柱状氧化产物结构也比 {hk0} 面的 ZrO_2 层致密。致密的柱状 ZrO_2 氧化层以及较少的孔洞分布亦可有效阻止氧气的扩散和传输，对提高该方向的抗氧化性起到了一定的促进作用。同时，在反应的高温稳态阶段，致密的 ZrO_2 氧化层还能有效阻止反应（4-6）生成的 SiO_2 向氧化表面的扩散。因此，在 V 表面上，氧化 1 层的厚度较小，而氧化 3 层的厚度较大的现象证实了该表面 ZrO_2 层（即氧化 2 层）具有相对较致密的结构；更重要的是，由于有效阻止了氧气的扩散，使得反应（4-6）的速率减慢，亦形成了较薄的 Si 耗尽层。而对于 P 方向表面而言，结果正相反：较松散的 ZrO_2 层导致了氧气的进一步扩散和传输，促进了反应（4-6）的进行，形成了较厚的 Si 耗尽层；同时，也促进了 SiO_2 的向外扩散，形成了较厚的氧化 1 层以及较薄的氧化 3 层。

对含有板晶定向排列的织构化陶瓷而言，材料微结构的各向异性也是导致氧化各向异性的另一个因素。如图 4.23 所示，氧气在陶瓷不同表面基体内部的扩散具有不同路径。对 P 表面来说，由于板晶沿此方向定向排列，因此氧气的扩散路径基本为直线；而对 V 表面来说，由于板晶的重叠排列，氧气沿着“之”字形的路径向材料内部扩散，这显著延长了氧气的扩散路程和时间。由于扩散路径不同，若要求氧气沿不同的表面以相同速度扩散相同厚度，则样品沿 V 方向表面的扩散路程为 P 方向的 4 倍。可见，微结构的各向异性也是氧化性能各向异性的一个重要原因。

综上，织构化陶瓷的各向异性与材料本身晶体学性能的各向异性有关，同时亦与材料的织构化显微结构有关。Ni 等采用强磁场定向方法制备了等轴晶粒形貌的织构化 ZrB_2 基陶瓷，尽管材料中并不存在各向异性生长的晶粒及排列，但该材料同样具有各向异性的氧化行为[30-31]。鉴于此，可以认为 ZrB_2 晶粒本身的各向异性，尤其是其不同晶面的原子面密度及化学键强度不同，才是织构化 ZrB_2 基陶瓷的氧化行为各向异性的主要原因。

Guo 等的前期研究表明：ZrB_2-SiC 陶瓷中 Si 耗尽层的厚度是材料氧化过程受到破坏的一个有效的表征手段，因此可以用 Si 耗尽层的厚度作为比较材料抗氧化能力的一个指标[32]。前述实验中，虽然氧化过程中由于第二相添加物的不同导致氧化反应与过程存在差异，但显微结构中存在的 Si 耗尽层同样可以作为 ZrB_2-$MoSi_2$ 陶瓷抗氧化性能的一个度量指标。通过 Si 耗尽层厚度的比较可知，材料在 V 方向表面的抗氧化性能优于 P 方向表面。

与织构化陶瓷对比，非织构化样品的 Si 耗尽层厚度与织构化样品 P 方向的厚度近似，而高于 V 方向的厚度。因此，织构化陶瓷 V 方向具有优于 P 方向和非织构化样品的良好抗氧化性能。此结果不仅说明了织构化材料具有各向异性的抗氧化性能，同时也说明织构化材料较非织构化材料具有较优异的抗氧化性能。

4.5 小结

针对含 $MoSi_2$ 的 ZrB_2 基复相陶瓷难以克服的常温脆性问题，以 Zr、Si、Mo、B_4C 或 B 为原料，采用原位反应合成工艺制备了具有棒状 ZrB_2 晶粒的 ZrB_2-$MoSi_2$ 及 ZrB_2-$MoSi_2$-SiC 陶瓷材料。研究了所得材料的显微结构和力学性能，并对烧结过程中的反应机理和 ZrB_2 的各向异性生长进行了分析。结果如下。

① 在反应烧结制备的 ZrB_2-$MoSi_2$ 及 ZrB_2-$MoSi_2$-SiC 陶瓷材料中，ZrB_2 均呈棒状，并且在 $MoSi_2$ 的高温塑性以及热压的作用下具有一定的取向排列。通过 XRD 分析，ZrB_2 晶粒沿垂直于 c 轴方向生长。在 ZrB_2-$MoSi_2$ 中，ZrB_2 晶粒的长度在 1.0～2.6μm 的范围内，宽度为 0.21～0.63μm，平均长宽比为 5.19。SiC 的引入增大了 ZrB_2 的尺寸，ZrB_2 晶粒的长度范围为 1.44～5.29μm，宽度在 0.30～1.03μm 之间，而平均长宽比减小至 5.0。

② 反应热压样品中出现了各向异性生长的 ZrB_2 板状晶粒。SEM、HR-TEM 等分析手段表明：板状的 ZrB_2 晶粒沿着 a、b 轴方向生长，且反应热压中的反应过程是导致 ZrB_2 晶粒各向异性生长的主要原因。在原料的自蔓延燃烧反应中，生成的少量三元非晶态物质 Mo-Si-B 等的液相能够较好地润湿晶粒的表面；同时，通过奥斯瓦尔德熟化机理，使液相中的 Zr 和 B 原子更容易传输到 ZrB_2 晶粒扩散活化能较低的（100）或（110）表面，使其沿着 a、b 轴各向异性生长为板状 ZrB_2 晶粒。随着反应热压温度的升高，样品的织构化程度逐渐增强，显示了热压是制备织构化陶瓷的一个有效手段。$MoSi_2$ 含量的增加使其在高温时产生的塑性流动更有利于板状 ZrB_2 晶粒在热压作用下的转动，促进了织构化程度的增加；而较长的保温时间亦利于板状 ZrB_2 晶粒的旋转和重排，同样促进了织构化程度的增加。

③ 通过热锻，样品的洛伦兹取向因子 $f(00l)$ 由热锻前的 0.12 增加至热锻后的 0.59，显示热锻过程促进了更高程度织构化结构的形成。对微观结构的观察发现：热锻过程中，板状 ZrB_2 晶粒进一步长大；在热锻压力的作用下，

板状的 ZrB_2 晶粒发生了转动和重排，形成了定向排列的织构化结构。织构化 ZrB_2-$MoSi_2$ 复相陶瓷表现出各向异性的力学性能，其在垂直热锻压力方向的抗弯强度要优于平行热锻压力方向的抗弯强度；与非织构化陶瓷相比，织构化陶瓷显示了较优异的力学性能。此外，织构化样品还显示出各向异性的氧化行为，其在垂直热锻压力方向的抗氧化性能优于平行热锻压力方向的抗氧化性能。ZrB_2 晶粒本身的各向异性，尤其是其不同晶面的原子面密度及化学键强度不同，是织构化 ZrB_2 基陶瓷氧化行为各向异性的主要原因。

· 参考文献 ·

[1] Wu W W, Zhang G J, Kan Y M, et al. Reactive hot pressing of ZrB_2-SiC-ZrC ultra high-temperature ceramics at 1800℃[J]. Journal of the American Ceramic Society, 2006, 89(9): 2967-2969.

[2] Wu W W, Zhang G J, Kan Y M, et al. Synthesis and microstructural features of ZrB_2-SiC-based composites by reactive spark plasma sintering and reactive hot pressing[J]. Scripta Materialia, 2007, 57(4): 317-320.

[3] Wu W W, Zhang G J, Kan Y M, et al. Reactive hot pressing of ZrB_2-SiC-ZrC composites at 1600℃[J]. Journal of the American Ceramic Society, 2008, 91(8): 2501-2508.

[4] Wu W W, Zhang G J, Kan Y M, et al. Reactive synthesis and mechanical properties of ZrB_2-SiC-ZrC composites[J]. Key Engineering Materials, 2008, 368-372: 1758-1760.

[5] Wu W W, Wang Z, Zhang G J, et al. ZrB_2-$MoSi_2$ composites toughened by elongated ZrB_2 grains via reactive hot pressing[J]. Scripta Materialia, 2009, 61(3): 316-319.

[6] Liu H T, Zou J, Ni D W, et al. Textured and platelet-reinforced ZrB_2-based ultra-high-temperature ceramics[J]. Scripta Materialia, 2011, 65(1): 37-40.

[7] Liu H T, Wu W W, Zou J, et al. In situ synthesis of ZrB_2-$MoSi_2$ platelet composites: Reactive hot pressing process, microstructure and mechanical properties[J]. Ceramics International, 2012, 38(6): 4751-4760.

[8] Wu W W, Estili M, Nishimura T, et al. Machinable ZrB_2-SiC-BN composites fabricated by reactive spark plasma sintering[J]. Materials Science and Engineering: A, 2013, 582: 41-46.

[9] Wu W W, Xiao W L, Estili M, et al. Microstructure and mechanical properties of ZrB_2-SiC-BN composites fabricated by reactive hot pressing and reactive spark plasma sintering[J]. Scripta Materialia, 2013, 68(11): 889-892.

[10] Zhang G J, Ni D W, Zou J, et al. Inherent anisotropy in transition metal diborides and microstructure/property tailoring in ultra-high temperature ceramics—A review[J]. Journal of the European Ceramic Society, 2018, 38(2): 371-389.

[11] Yao Z, Stiglich J, Sudarshan T S. Molybdenum silicide based materials and their properties[J]. Journal of Materials Engineering and Performance, 1999, 8(3): 291-304.

[12] Jeng Y L, Lavernia E J. Processing of molybdenum disilicide[J]. Journal of Materials Science, 1994, 29(10): 2557-2571.

[13] Fahrenholtz W G, Hilmas G E, Talmy I G, et al. Refractory diborides of zirconium and hafnium[J]. Journal of the American Ceramic Society, 2007, 90(5): 1347-1364.

[14] Okamoto N L, Kusakari M, Tanaka K, et al. Temperature dependence of thermal expansion and elastic constants of single crystals of ZrB_2 and the suitability of ZrB_2 as a substrate for GaN film[J]. Journal of Applied Physics, 2003, 93(1): 88-93.

[15] Petrovic J J, Pena M I, Reimanis I E, et al. Mechanical behavior of $MoSi_2$ reinforced-Si_3N_4 matrix com-

posites[J]. Journal of the American Ceramic Society, 1997, 80(12): 3070-3076.

[16] Wen G, Li S B, Zhang B S, et al. Reaction synthesis of TiB_2-TiC composites with enhanced toughness[J]. Acta Materialia, 2001, 49(8): 1463-1470.

[17] Liu H T, Zou J, Ni D W, et al. Anisotropy oxidation of textured ZrB_2-$MoSi_2$ ceramics[J]. Journal of the European Ceramic Society, 2012, 32(12): 3469-3476.

[18] Fahrenholtz W G. Thermodynamic analysis of ZrB_2-SiC oxidation: Formation of a SiC-depleted region [J]. Journal of the American Ceramic Society, 2007, 90(1): 143-148.

[19] Fahrenholtz W G. The ZrB_2 volatility diagram[J]. Journal of the American Ceramic Society, 2005, 88 (12): 3509-3512.

[20] Fahrenholtz W G, Hilmas G E. Oxidation of ultra-high temperature transition metal diboride ceramics [J]. International Materials Reviews, 2012, 57(1): 61-72.

[21] Monteverde F. The addition of SiC particles into a $MoSi_2$-doped ZrB_2 matrix: Effects on densification, microstructure and thermo-physical properties[J]. Materials Chemistry and Physics, 2009, 113(2-3): 626-633.

[22] Raju G B, Basu B, Suri A K. Oxidation kinetics and mechanisms of hot-pressed TiB_2-$MoSi_2$ composites [J]. Journal of the American Ceramic Society, 2008, 91(10): 3320-3327.

[23] Guo S, Mizuguchi T, Ikegami M, et al. Oxidation behavior of ZrB_2-$MoSi_2$-SiC composites in air at 1500℃[J]. Ceramics International, 2011, 37(2): 585-591.

[24] Sciti D, Brach M, Bellosi A. Oxidation behavior of a pressureless sintered ZrB_2-$MoSi_2$ ceramic composite [J]. Journal of Materials Research, 2005, 20(4): 922-930.

[25] Sciti D, Brach M, Bellosi A. Long-term oxidation behavior and mechanical strength degradation of a pressurelessly sintered ZrB_2-$MoSi_2$ ceramic [J]. Scripta Materialia, 2005, 53(11): 1297-1302.

[26] Sciti D, Brach M, Bellosi A. Oxidation behaviour of a pressureless sintered HfB_2-$MoSi_2$ composite[J]. Journal of the European Ceramic Society, 2009, 29 (9): 1809-1815.

[27] Parthasarathy T A, Rapp R A, Opeka M, et al. A model for the oxidation of ZrB_2, HfB_2 and TiB_2[J]. Acta Materialia, 2007, 55(17): 5999-6010.

[28] Zhu Y T, Stan M, Conzone S D, et al. Thermal oxidation kinetics of $MoSi_2$-based powders[J]. Journal of the American Ceramic Society, 1999, 82(10): 2785-2790.

[29] Zhu Y T, Shu L, Butt D P. Kinetics and products of molybdenum disilicide powder oxidation[J]. Journal of the American Ceramic Society, 2002, 85(2): 507-509.

[30] Ni D W, Zhang G J, Kan Y M, et al. Highly textured ZrB_2-based ultrahigh temperature ceramics via strong magnetic field alignment[J]. Scripta Materialia, 2009, 60(8): 615-618.

[31] Ni D W, Zhang G J, Kan Y M, et al. Textured HfB_2-based ultrahigh-temperature ceramics with anisotropic oxidation behavior[J]. Scripta Materialia, 2009, 60(10): 913-916.

[32] Guo W M, Zhang G J. Oxidation resistance and strength retention of ZrB_2-SiC ceramics[J]. Journal of the European Ceramic Society, 2010, 30(11): 2387-2395.

第5章 流延成型制备织构化ZrB_2基超高温陶瓷及性能

5.1 引言

流延成型又称为刮刀成型，20 世纪 40 年代就有研究者对其开展了研究。目前，流延成型已经成为制备大面积平薄陶瓷材料的一种重要方法，具有连续操作、自动化水平高、工艺稳定、生产效率高以及产品性能一致等优点，无论是在实验室还是在大规模生产中都得到了广泛应用[1-5]。早期的流延成型多用于功能陶瓷膜片的制备，而近年来，利用流延成型制备一些结构陶瓷的薄片，再叠层压实制备具有层状结构的复合陶瓷或叠层复合材料，为陶瓷的强韧化设计提供了一条新思路。特别地，在具备结构陶瓷晶种的前提下，通过流延成型可实现陶瓷晶种的定向排列，再通过模板晶粒生长机制，实现织构化陶瓷的制备。织构化陶瓷表现出较为优异的力学性能及其他各项性能，为结构陶瓷性能的提升提供了一条有效且可行的制备途径。

本章采用碳热/硼热还原方法合成棒晶 ZrB_2 粉体；随后以棒晶粉体为原料，通过流延成型和热压烧结，制备织构化的 ZrB_2 单相和 ZrB_2-SiC 复相陶瓷，对陶瓷的微结构演变与力学性能进行测试、表征和分析。

5.2 ZrB_2 棒晶与流延膜的制备与表征

5.2.1 棒晶 ZrB_2 粉体的制备与表征

本章所述原料粉体为碳热/硼热还原方法合成的棒晶 ZrB_2 粉体以及商品 α-SiC 粉体。图 5.1 为棒晶 ZrB_2 粉体显微结构 SEM 照片，其棒状晶粒的直径为 0.4～0.8μm，长度为 2～5μm，长径比为 4～6。

图 5.1 碳热/硼热还原合成棒状 ZrB_2 粉体 SEM 照片

为了研究棒状 ZrB_2 晶粒的生长方向，采用 HRTEM 结合 SAED 对单一棒状 ZrB_2 晶粒进行了观察和表征，如图 5.2 所示。分析结果显示，棒状 ZrB_2 晶粒沿 c 轴方向生长；而前已述及，ZrB_2 属于六方晶系，故沿 c 轴方向生长符合其晶体学性质。

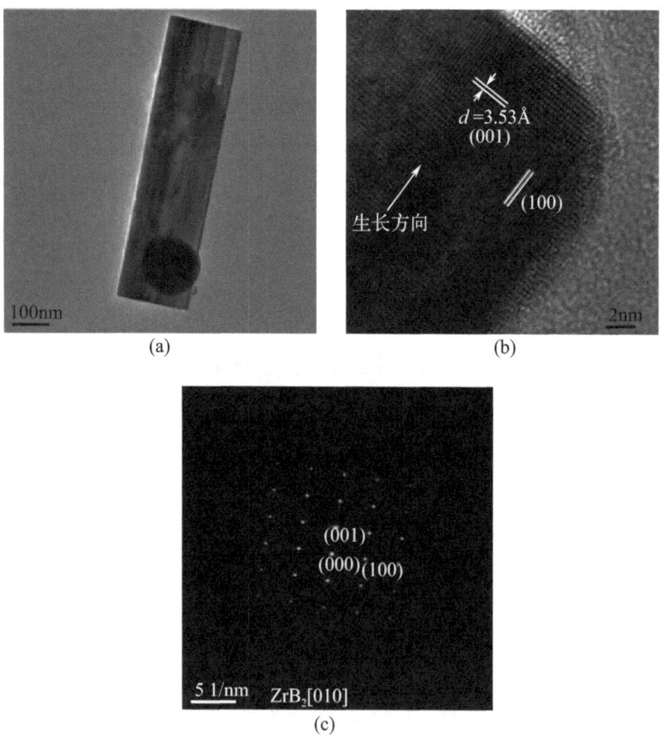

图 5.2 ZrB_2 棒状晶粒

(a) TEM 照片；(b) HRTEM 照片；(c) 选区电子衍射图案

此外，由图 5.1 可见，虽然采用碳热/硼热还原方法成功合成了 ZrB_2 棒晶，但合成的棒晶 ZrB_2 粉体中存在一定的团聚。因此，在流延成型浆料的制备中，首先要通过辊式混料将团聚的棒晶予以分离。

5.2.2　流延膜的制备与表征

以棒晶 ZrB_2 粉体为原料，通过选用最优化的浆料固含量、有机添加剂配比，并采用流延制备工艺，获得了较为理想的流延膜。含棒晶 ZrB_2 粉体的流延膜实物图及显微结构分别如图 5.3 和图 5.4 所示。由图可见，在分散剂、黏结剂和增塑剂的共同作用下，流延膜表现出均质、连续且具良好柔韧性等特点。干燥后，可以获得厚度为 105μm 的流延膜。扫描电镜的放大照片显示，流延过程中，在流延刮刀的剪切力作用下，棒状 ZrB_2 晶粒具有沿着流延方向定向排列的趋势。但是由于棒晶的尺寸（2～5μm）与流延膜的厚度（约 100μm）存在较大的差异，棒晶的定向效果较差。

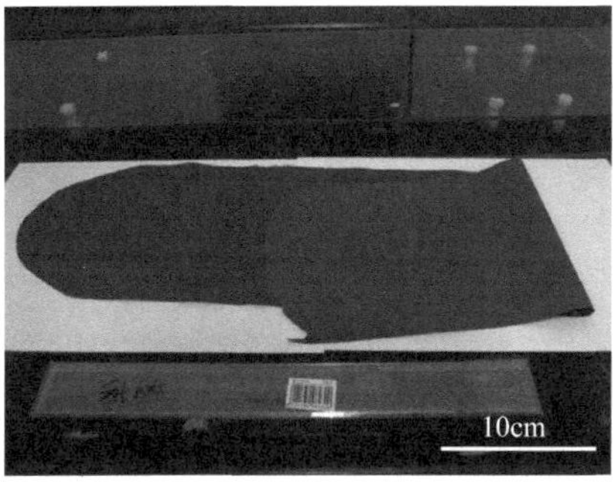

图 5.3　流延定向后 ZrB_2 流延膜照片

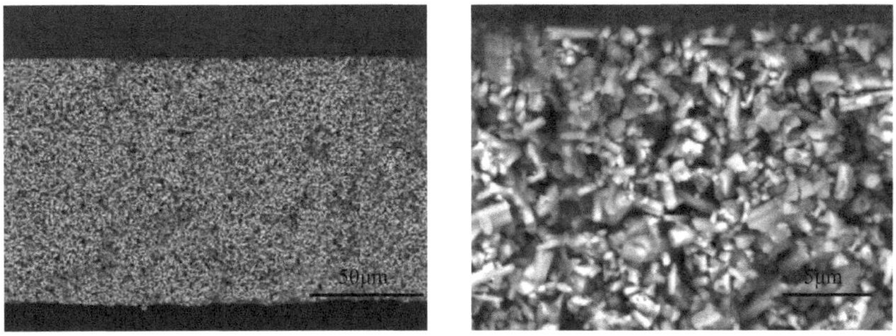

(a)　(b)

图 5.4　ZrB_2 流延膜横截面不同放大倍数 SEM 照片

采用 XRD 对棒晶原料粉体、流延膜以及热压烧结后的致密化样品进行了相组成和织构化程度的表征，如图 5.5 所示。由图可见，ZrB_2 不同晶面的衍射峰强度随测试材料的不同而不同。从棒晶原料粉体到流延膜，ZrB_2 的（001）和（101）衍射峰强度不断减弱，而（100）衍射峰逐渐增强。采用洛伦兹取向因子 $f(hk0)$ 对衍射数据进行分析表明，棒晶原料粉体与流延膜的 $f(hk0)$ 分别为 0.010 和 0.138。对原料粉体而言，棒状晶粒随机排布，类似于等轴均匀分布的 ZrB_2 粉体，因而其取向因子接近于 0，即无择优取向。经过流延刮刀的剪切作用获得的流延膜，由于晶粒一定程度的定向排列，择优取向度有了一定提高。

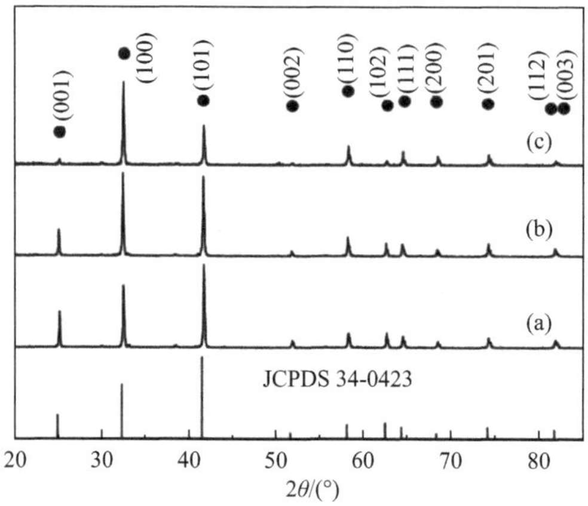

图 5.5 样品 XRD 图谱

（a）棒状 ZrB_2 原料粉体；（b）流延膜表面；（c）热压烧结样品

5.3 显微结构

流延工艺制备的织构化陶瓷垂直于热压的样品顶面 XRD 图谱亦如图 5.5 所示。由图可见，与棒晶原料粉体和流延膜相比，热压烧结致密体顶面 ZrB_2 的（001）和（101）衍射峰强度很低，而（100）衍射峰强度很高。与衍射峰强度相对应，陶瓷顶面的洛伦兹取向因子 $f(hk0)=0.448$，远高于流延膜和原料粉体。分析认为，经过热压烧结后，材料的取向度进一步提高，一方面是由于热压烧结本身就是一种显微结构调控方法，可以使材料内部的晶粒在压力作用下发生转动，沿与热压方向垂直的方向排列；另一方面，在热压过程的高温下，发生了晶粒长大，原料粉体中的一些小颗粒通过溶解-析出机制生长在大颗粒表面，使流延过程中易于定向排列的大颗粒在长大的同时，也促进了材料织构化程度的提高。

流延成型并热压烧结后获得的单相 ZrB_2 陶瓷和 ZrB_2-20%（体积分数）SiC 复相陶瓷的抛光面和断口的显微结构 SEM 照片如图 5.6 所示。由图可见，单相 ZrB_2 陶瓷的断裂模式为穿晶断裂，而 ZrB_2-SiC 复相陶瓷的断裂模式为沿晶断裂和穿晶断裂的混合断裂模式。由图 5.6 还可看出，在 ZrB_2-SiC 复相陶瓷中，SiC 晶粒均匀分布在 ZrB_2 主相晶粒的晶界处，主要是三角晶界处，起到了抑制 ZrB_2 晶粒生长的作用。因此，ZrB_2-SiC 陶瓷中的 ZrB_2 晶粒（约 2.3μm）要明显小于单相 ZrB_2 的晶粒尺寸（约 3.9μm）。

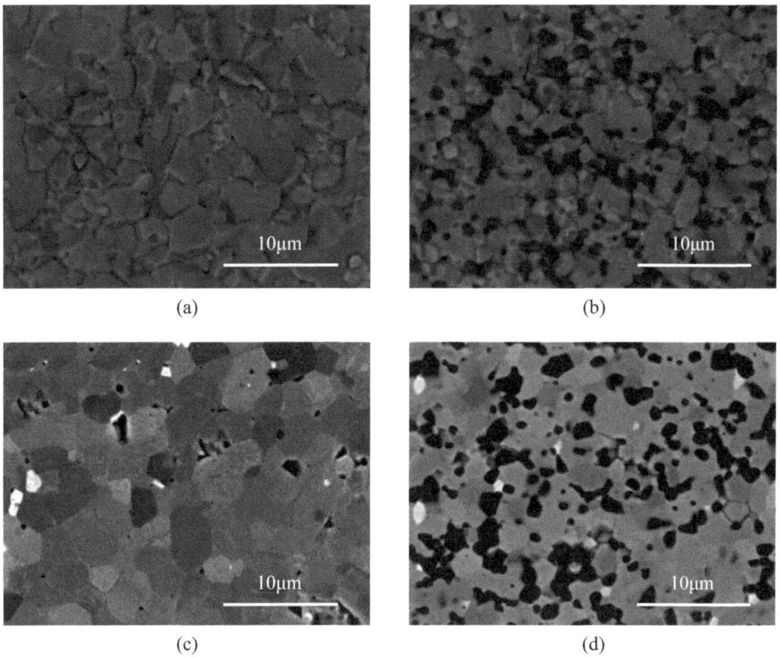

图 5.6　SEM 照片

（a）ZrB_2 单相陶瓷断口；（b）ZrB_2-20%（体积分数）SiC 复相陶瓷断口；（c）ZrB_2 单相陶瓷抛光面；（d）ZrB_2-20%（体积分数）SiC 复相陶瓷抛光面

但是，SEM 照片也显示了一个有趣的现象：采用棒状 ZrB_2 粉体通过流延定向成型后，经热压烧结获得的陶瓷致密体中 ZrB_2 晶粒为等轴形貌，已基本观察不到棒状晶粒，这种现象在断口和抛光面的显微结构中均是如此。通过测量、比较与分析原料粉体与陶瓷体中晶粒的尺寸大小，发现在棒状 ZrB_2 晶粒的轴向方向（即 c 轴方向），晶粒的尺寸并无明显变化；而在径向方向（即 a、 *b* 轴方向），晶粒的尺寸明显增加。前已述及，原料棒状 ZrB_2 晶粒的长径比为 4～6，而热压烧结过程中径向的生长导致长径比不断减小，因此当径向生长使晶粒在 *a*、*b* 轴方向上的尺寸与晶粒在 *c* 轴方向上的长度相当时，就形成了类似于等轴颗粒的晶粒形貌。

由图 5.4 所示，流延定向成型后，流延膜中 ZrB_2 晶粒仍然保持着棒状形貌。因此推断在热压烧结的过程中，各向异性的棒晶随着晶粒的生长形成了等轴形貌。ZrB_2 属于六方晶系，具有各向异性生长能力，根据晶体学性质，其既可以沿 *c* 轴生长为一维的棒状晶粒，也能够沿着 *a*、*b* 轴生长成二维方向的板状晶粒。前面两章已经讨论了反应热压烧结中板状 ZrB_2 晶粒的产生及性质，因此本节首先对棒状晶粒的制备与生成机理进行讨论，其次再对棒状晶粒的等轴化进行讨论。

陶瓷晶粒沿不同方向的生长与陶瓷材料所处的外界环境密切相关，不同的外部环境（包括气氛、压力等）会对材料的择优生长方向产生一定的影响。棒状 ZrB_2 粉体是在无压炉中通过碳热/硼热反应合成的。其所处环境无外加压力，更重要的是，棒状 ZrB_2 晶粒的生长是在一定适宜的 B_2O_3 气氛中进行的。在气态 B_2O_3 含量较大的情况下（如在氩气气氛中的合成反应），随着温度的升高，中间产物 B_2O_3 大量产生，Qiu 等[6]的分析表明，与真空环境生成的气体不断被真空泵抽走不同，氩气气氛环境处于一种准静态，气流速度可以忽略，在高温作用下产生的大量中间产物 B_2O_3 气体达到一定量且得不到及时消耗时，会在反应腔中形成液相 B_2O_3。粉体合成过程主要为 V-L-S 机制。液相的表面张力将反应物粘连在一起，起到了降低反应物比表面积的作用；同时在液相的作用下，小颗粒溶解度增大，使熔体处于过饱和状态，最终形成了较大的颗粒和各向同性的生长。而在真空环境下合成粉体时，产生的中间产物 B_2O_3 通过两种途径消耗：一种是产生之后马上参与到后续反应中以生成 ZrB_2，另外一种途径则是由于真空泵的作用不断被抽走。因此，保留在反应腔中的 B_2O_3 含量不多，且大部分以气态形式存在，而恰恰是这部分适当含量的气态 B_2O_3 通过 V-S 生长机理，导致硼化锆晶粒沿 *c* 轴方向各向异性生长，形成了最终的棒状结构粉体。由此可见，ZrB_2 粉体或陶瓷所处的外界环境对其是否产生各向异性生长以及各向异性生长的方向具有重要的影响。

回到前述原料棒状粉体烧结过程中生长为等轴化晶粒现象的讨论：流延定向成型过程使棒状粉体呈一定程度的定向排列，而随后的冷等静压使定向排列的粉体致密度有一定程度的提高，粉体间的接触也更加紧密。在随后的热压烧结过程中，由于棒状 ZrB_2 晶粒的轴向和径向都有一定的分布范围（如前所述：直径为 0.4～0.8μm，长度为 2～5μm），因此在高温烧结过程中会出现奥斯瓦尔德熟化现象。Zou 等的研究表明，ZrB_2 晶粒在 c 轴晶面的表面能要高于其他晶面（如 a、b 晶面），因此沿着 a、b 轴方向生长所需要的扩散活化能要小于沿 c 轴方向，棒状 ZrB_2 晶粒在高温时更有利于沿 a、b 轴方向生长[7-8]。此外，由于沿 c 轴方向生长的棒状 ZrB_2 粉体的定向排列，大量 ZrB_2 晶粒形成了 a、b 轴方向的紧密接触，这也有利于晶粒在 a、b 轴方向上的传质、扩散及晶粒生长。在烧结的高温环境及热压作用下，尺寸相对较小的晶粒会在扩散过程中通过溶解-析出机理重结晶在较大的晶粒上，而这一过程主要沿着 ZrB_2 晶粒的 a、b 轴方向进行，因此尺寸较大的 ZrB_2 晶粒会沿着 a、b 轴的径向生长，使其长径比逐渐减小，最终形成了类似于等轴晶粒的微观形貌。

综上，通过流延定向工艺结合热压烧结制备织构化 ZrB_2 基超高温陶瓷的显微结构演变过程如图 5.7 所示。

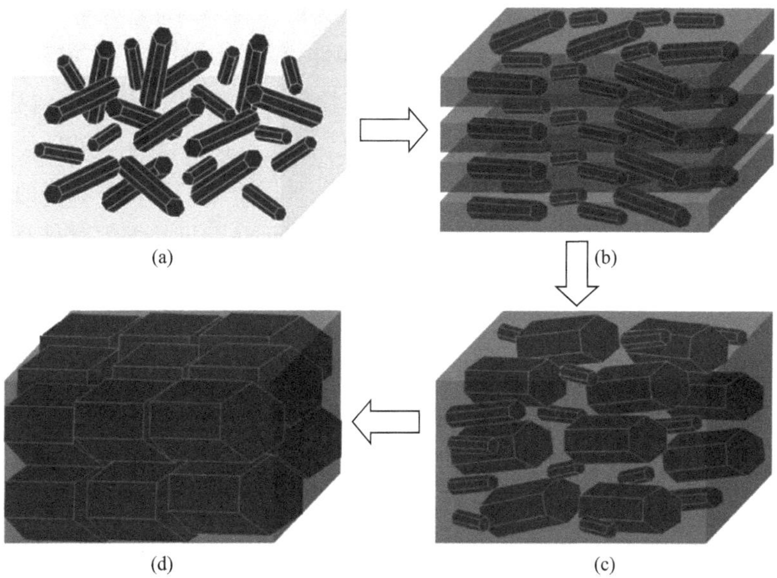

图 5.7　棒状 ZrB_2 晶粒在流延成型和热压过程中显微结构演变示意图

(a) 棒状 ZrB_2 粉体；(b) 流延定向成型后 ZrB_2 流延膜堆垛层；(c) 热压过程中棒状 ZrB_2 晶粒生长；(d) 热压烧结获得的致密化陶瓷

5.4　流延成型制备织构化陶瓷的各向异性

流延定向成型制备的陶瓷样品的力学性能测试结果如表 5.1 所示。

表 5.1 流延定向制备样品的力学性能

样品	抗弯强度/MPa	硬度/GPa	断裂韧性/(MPa·$m^{1/2}$)
ZrB_2	738±7	17.3±0.2	3.18±0.4
ZrB_2-SiC	790±33	19.1±0.3	3.32±0.3

抗弯强度方面，单相 ZrB_2 陶瓷的抗弯强度高达（738±7）MPa，与其他研究者的实验结果相比，这是目前报道中相对较高的数值。但对于 ZrB_2-SiC 陶瓷而言，虽然获得的抗弯强度比单相 ZrB_2 陶瓷略高，为（790±33）MPa，但相比于同类材料的报道，这个数值并不理想。通常认为，在 ZrB_2-SiC 复相陶瓷中，SiC 的加入能够抑制 ZrB_2 晶粒的生长，获得具有较小尺寸的 ZrB_2 晶粒；这一现象在本实验中得到了验证（图 5.6）。但本工作中，较小的 ZrB_2 晶粒并没有导致较高的抗弯强度，这与通常认为的“较小的晶粒尺寸能够提高强度”这一观点相矛盾。此外，本工作中，单相 ZrB_2 陶瓷由于没有第二相添加剂对晶粒生长的阻碍作用，获得的陶瓷晶粒尺寸比 ZrB_2-SiC 复相陶瓷要大，但其抗弯强度却与 ZrB_2-SiC 复相陶瓷相当。因此，我们认为除了晶粒尺寸对陶瓷的抗弯强度产生影响外，必然还存在另一种因素对本工作中获得的单相或复相陶瓷的强度产生作用，且这种因素会抵消由于晶粒尺寸增大对材料带来的负面影响。

通过前一节对材料显微结构的分析（图 5.6）与讨论，单相 ZrB_2 陶瓷的断口形貌多为穿晶断裂，这表明单相 ZrB_2 陶瓷晶粒间存在较强的晶界。图 5.7 亦表明，由于棒晶的定向排列和 a、b 轴方向的紧密接触，更有利于 ZrB_2 晶粒的共晶格生长，从而导致较高的晶界强度。单相陶瓷的高晶界强度补偿了晶粒增大产生的负面作用，提高了材料的抗弯强度。而对于 ZrB_2-SiC 复相陶瓷而言，虽然 SiC 起到了增强致密化和细化晶粒的作用，但相对于无 SiC 的单相材料 ZrB_2 来说，SiC 在晶界的均匀分布，降低了 ZrB_2 颗粒之间的紧密接触程度，导致陶瓷体中晶粒的晶界强度下降。因此，复相陶瓷呈现沿晶断裂和穿晶断裂的混合断裂模式。较低的晶界强度产生的负面影响与较小晶粒尺寸的正面作用相抵消，致使获得的复相陶瓷的抗弯强度相比于相关报道值不太理想。

硬度方面，由于 SiC 的硬度比 ZrB_2 的硬度略高，因此添加 SiC 有利于提高复相材料的硬度；此外，材料的硬度随自身晶粒尺寸的增加而降低，而添加 SiC 的复相陶瓷由于 SiC 对 ZrB_2 晶粒生长的阻碍作用，使复相陶瓷中 ZrB_2 的晶粒较小，因此也利于提高复相陶瓷材料的硬度。断裂韧性方面，单相和复相陶瓷的断裂韧性亦接近，但由于 SiC 的加入及其发挥的晶界钉扎作用，复相陶瓷的断裂韧性较单相陶瓷略高。

5.5 小结

通过碳热/硼热还原方法合成了棒晶 ZrB_2 粉体；采用流延成型工艺获得了性能较好的流延膜；通过热压烧结实现了织构化 ZrB_2 单相和 ZrB_2-SiC 复相陶瓷的致密化。研究了流延膜与织构化陶瓷的微观结构及其演变规律，并探讨了材料的微观结构与力学性能的关系。

① 对碳热/硼热还原方法合成的棒晶 ZrB_2 粉体的 SEM 和 HRTEM 分析表明，棒状 ZrB_2 晶粒沿 c 轴方向生长。流延过程中，在流延刮刀的剪切力作用下，棒状 ZrB_2 晶粒具有沿着流延方向定向排列的趋势，获得的流延膜具有一定程度的织构化显微结构。而随后的热压烧结，使棒状 ZrB_2 晶粒在高温和压力的作用下进一步定向排列，获得了更高程度的织构化。

② 虽然 XRD 数据分析显示陶瓷具有一定程度的织构化，但 SEM 观察发现通过热压烧结获得的陶瓷致密体中 ZrB_2 晶粒为等轴形貌，已基本观察不到棒状晶粒。这是由于棒状 ZrB_2 晶粒在高温时更有利于沿 a、b 轴方向生长，从而使 ZrB_2 晶粒沿着 a、b 轴的径向生长，使其长径比逐渐减小，最终形成了类似于等轴晶粒的微观形貌。

③ 力学性能测试结果表明，由于单相 ZrB_2 陶瓷具有较高的晶界强度，因而其断裂模式为穿晶断裂，其抗弯强度也较高。而 SiC 的加入，使 ZrB_2-SiC 复相陶瓷的硬度和断裂韧性都有所提高。

④ 鉴于流延成型并热压烧结后制备的陶瓷织构化程度仍有待于进一步提高，可采用更为有效的微结构调控手段——强磁场定向——对织构化 ZrB_2 陶瓷的制备与性能提升进行探索。

· 参考文献 ·

[1] Yao J, Li J, Viehland D, et al. Aging associated domain evolution in the orthorhombic phase of 〈001〉 textured($K_{0.5}Na_{0.5}$)$Nb_{0.97}Sb_{0.03}O_3$ ceramics[J]. Applied Physics Letters, 2012, 100(13): 132902.

[2] Hong S H, Messing G L. Development of textured mullite by templated grain growth[J]. Journal of the American Ceramic Society, 1999, 82(4): 867-872.

[3] Kan Y, Wang P, Li Y, et al. Fabrication of textured bismuth titanate by templated grain growth using aqueous tape casting[J]. Journal of the European Ceramic Society, 2003, 23(12): 2163-2169.

[4] Horn J A, Zhang S C, Selvaraj U, et al. Templated

grain growth of textured bismuth titanate[J]. Journal of the American Ceramic Society 1999, 82(4), 921-926.

[5] Messing G L, Trolier-McKinstry S, Sabolsky E M, et al. Templated grain growth of textured piezoelectric ceramics[J]. Critical Reviews in Solid State and Materials Sciences, 2004, 29(2): 45-96.

[6] Qiu H Y, Guo W M, Zou J, et al. ZrB_2 powders prepared by boro/carbothermal reduction of ZrO_2: The effects of carbon source and reaction atmosphere[J]. Powder Technology, 2012, 217: 462-466.

[7] Liu H T, Wu W W, Zou J, et al. In situ synthesis of ZrB_2-$MoSi_2$ platelet composites: Reactive hot pressing process, microstructure and mechanical properties [J]. Ceramics International, 2012, 38(6): 4751-4760.

[8] Zou J, Sun S K, Zhang G J, et al. Chemical reactions, anisotropic grain growth and sintering mechanisms of self-reinforced ZrB_2-SiC doped with WC[J]. Journal of the American Ceramic Society, 2011, 94(5): 1575-1583.

第6章

ZrB_2基超高温陶瓷的强磁场织构

6.1 引言

高抗弯强度（500～1000MPa）和良好的抗氧化性（约1600℃）使 ZrB_2 基超高温陶瓷适用于各种应用，如高超声速航空航天飞行器的热保护系统，耐火衬里或熔融金属坩埚[1]。除了实现以上极端环境应用外，高温抗弯强度作为评价服役温度时承载能力的一个重要方面已受到越来越多的关注[2-8]。在室温至1400℃温度范围，Kalish 等[2]研究了晶粒尺寸为9μm的高致密 $ZrB_{1.89}$ 陶瓷的抗弯强度和断裂模式。Neuman 等[8]通过气氛控制和热压获得晶粒尺寸约为19μm的致密 ZrB_2 陶瓷，并测试出2300℃时的抗弯强度。结果表明，当测试温度超过1000℃时，ZrB_2 的高温强度急剧下降。

众所周知，陶瓷在高温下抗弯强度的下降往往与晶界或二次相的软化有关。为了克服这些问题，人们一直在努力改变晶界相的体积和组成。由于SiC作为二次相加入，已被证明可将室温抗弯强度从约500MPa提高到>1GPa[9-10]。Bellosi 等[3]报道的火花等离子烧结（SPS）技术有利于保持 ZrB_2-10%（体积分数）SiC陶瓷在1500℃时的强度。胡等[4]报道了由粗晶粒组成的 ZrB_2-SiC 陶瓷在1800℃时更强，因为大晶粒抑制了晶界滑动。通过控制晶界相和断裂方式，邹等[5,7]发现原料粉和添加剂（WC和ZrC）的纯度对 ZrB_2-SiC材料的高温强度影响很大。致密化过程中通过加入5%WC去除氧化杂质，在1600℃时的平均抗弯强度高达675MPa，为室温抗弯强度的111.5%。

以往的研究表明，ZrB_2 陶瓷在高温下的力学行为受到一系列参数的强烈影响。改变 ZrB_2-基材料高温性能的因素除了晶粒尺寸和第二相外，还有烧结添加剂和烧结方式[11-18]。另外，具有六角形晶体结构（AlB_2 型，$P6/mmm$ 空间群）的织构化 ZrB_2 基陶瓷的各向异性力学行为对晶体平面改善力学性能的作用值得研究[19-21]。

通过在注浆成型过程中施加强磁场，可制备出非立方晶体结构的织构化陶瓷。ZrB_2 的 χ_c 和 $\chi_{a,b}$ 分别为 $0.094\times10^{-4}cm^3/mol$ 和 $-0.671\times10^{-4}cm^3/mol$，考虑到悬浮中 ZrB_2 颗粒的平均直径为约 2μm，并将角 θ 固定为 $\pi/4$ 以使 $\sin2\theta$ 的值最大化，在施加的高磁场（约 12T）中，磁转矩的量级约为 $10^{-15}N\cdot m$。在注浆过程中，ZrB_2 颗粒分散在液体介质中，最佳悬浮液组分为 ZrB_2 含量 20%（体积分数），分散剂 PEI（聚乙烯二胺）含量 1.5%（质量分数），且 ZrB_2 粒子的 c 轴平行于 12T 磁场方向。在强磁场和无强磁场作用下，分别制备 5%（体积分数）B_4C 含量的织构化和非织构化 ZrB_2 陶瓷。引入 B_4C 作为添加剂可去除 ZrB_2 粉末表面的氧化物[22]，从而减少晶粒粗化并促进致密化。此外，与传统热压技术相比，SPS 还具有致密化速度更快、烧结温度更低、能量效率更高的固有优势[23-24]。采用 XRD、SEM 和 TEM 等方法对烧结试样的织构化结构进行表征。在 1650℃高温下，研究织构化 ZrB_2 陶瓷的高温抗弯强度和断裂行为，并探讨织构化 ZrB_2 陶瓷和非织构化 ZrB_2 陶瓷的断裂机理[21, 25]。

6.2 高温强度各向异性

6.2.1 微观结构

图 6.1 是通过 SPS 在 1750℃烧结的织构化和非织构化 ZrB_2 陶瓷的 XRD

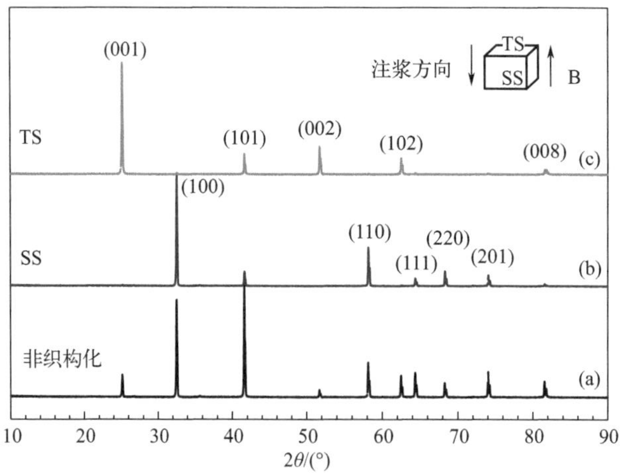

图 6.1 烧结后 ZrB_2 样品的 XRD 图谱

(a) 非织构化表面；(b) 织构化 SS；(c) 织构化 TS

图谱。结果表明，ZrB_2 粒子在强磁场中取向良好。在顶面（TS，垂直于磁向），主要衍射峰为（001）面；在侧面（SS，平行于磁向），衍射峰主要分布在（110）面和（101）面。本工作中织构化 ZrB_2 样品用于评价样品 c 轴织构化程度的 Lotgering 取向因子 $f(00l)$ 为 0.92。

表 6.1 给出了烧结试样的密度、开孔率和 ZrB_2 晶粒尺寸。另外，图 6.2 和图 6.3 分别展示了 ZrB_2 粉末的初始形貌和抛光表面的显微结构。结合图 6.3（a）和（b），在 1750℃烧结获得的织构化 ZrB_2 陶瓷在 SS 和 TS 之间没有明显的形貌差异。大多数晶粒呈等轴形，两个表面的晶粒尺寸分别为 2.5μm 和 2.4μm。在相同温度下，烧结的非织构化 ZrB_2 陶瓷的平均粒径增加到 5.8μm，如图 6.3（c）所示。晶粒形貌也由等轴形变为球形，表明在此温度下存在过烧结。在图 6.3（d）中，降低烧结温度至 1700℃导致微观结构细化。

表 6.1　烧结 ZrB_2 陶瓷的烧结温度、密度、开孔率和 ZrB_2 晶粒尺寸

项目	烧结温度℃	密度/(g/cm³)	开孔率	ZrB_2 晶粒尺寸/μm
非织构化 ZrB_2	1750 1700	5.79 5.78	0.2 0.1	约 5.8 约 2.8
织构化 ZrB_2	1750	5.78	0.1	约 2.5（TS） 约 2.4（SS）

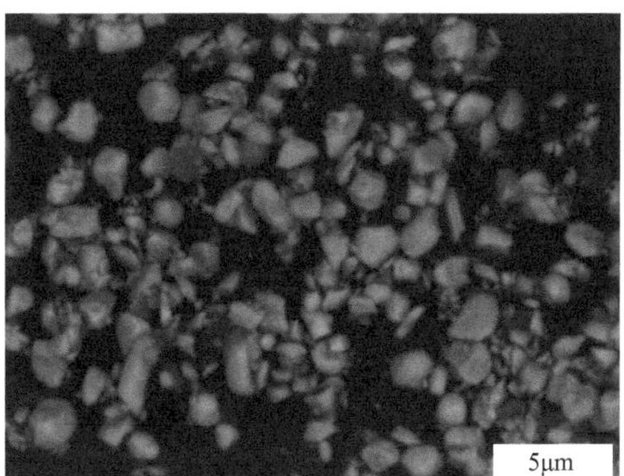

图 6.2　初始 ZrB_2 粉末的 SEM 图片

与理论值 5.92g/cm³ 相比，由于二次相的存在可能导致较低的密度。图 6.4 给出了非织构化 ZrB_2 在 1750℃下烧结 5min 后抛光表面的形貌和成分图。在 ZrB_2 晶粒的三角晶界处均匀分布的亚微米次相不是 B_4C，而是由片状 BN 晶粒和球形 SiC 颗粒组成，其余地方由 Si—O 的相填充。B_4C 和 Si_3N_4 与起始

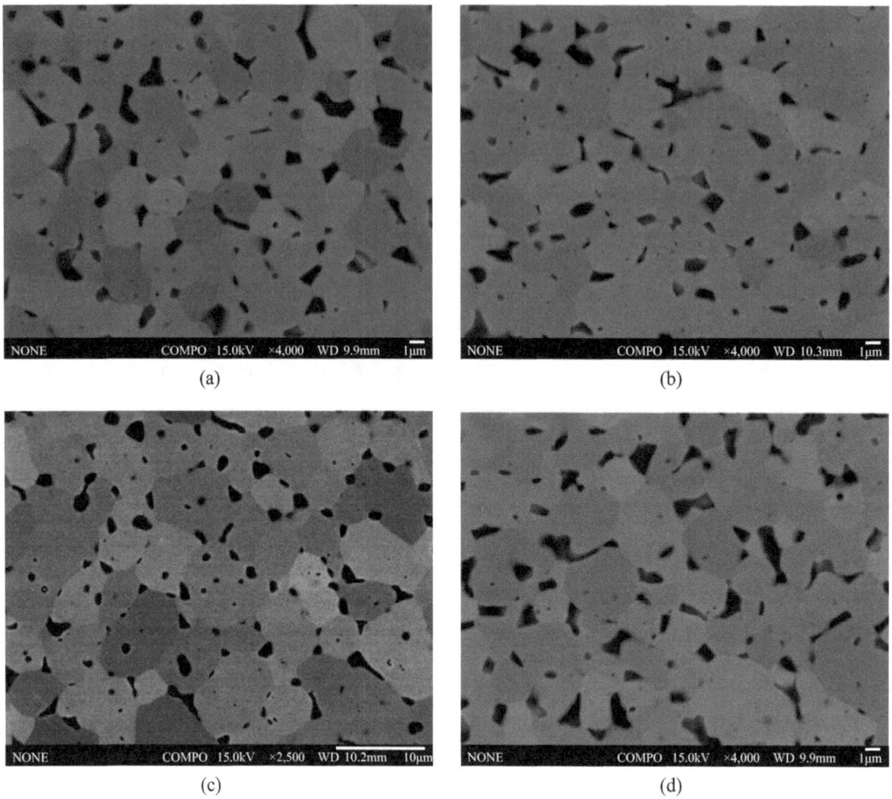

图 6.3 ZrB_2 陶瓷抛光表面 SEM

(a) TS，1750℃烧结；(b) SS，1750℃烧结；(c) 非织构化，1750℃烧结；(d) 非织构化，1700℃烧结

粉末中的氧化物杂质通过球磨反应生成了 BN 和 SiC，具体反应如下：

$$Si_3N_4+B_4C \longrightarrow 4BN+SiC+2Si \qquad \Delta G^{\ominus}_{298K}=-250.0kJ \tag{6-1}$$

$$7ZrO_2+5B_4C \longrightarrow 7ZrB_2+3B_2O_3+5CO \qquad \Delta G^{\ominus}_{298K}=-1138.9kJ \tag{6-2}$$

$$Si_3N_4+2B_2O_3 \longrightarrow 3SiO_2+4BN \qquad \Delta G^{\ominus}_{298K}=-434.8kJ \tag{6-3}$$

图 6.5 为 ZrB_2 陶瓷的典型 TEM 图。其中，图 6.5 (a) 和 (b) 的高分辨率图像表明所有观察到的匹配和不匹配的 ZrB_2/ ZrB_2 晶界都非常清晰，而二次相被限制在没有互连的孤立三相点上。这些二次相的典型微观结构如图 6.5 (c) 所示。通过 TEM 对 ZS 材料进行详细的微观结构分析，从图 6.5 (d) 中可以发现 BN 薄片与基体晶粒之间的相为无定形的 Zr-Ca-Al-Y-Si-O 相，这可能是由在球磨时 Si_3N_4 的致密化过程中通常加入 CaO、Al_2O_3 和 Y_2O_3 而引入杂质导致。

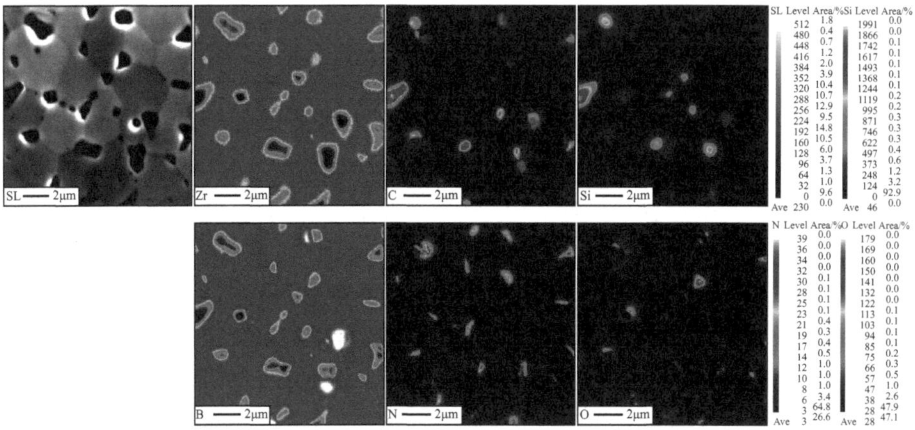

图 6.4　在 1750℃下烧结 5min 的非织构化 ZrB_2 抛光表面的 SEM 图像（左上）和成分图

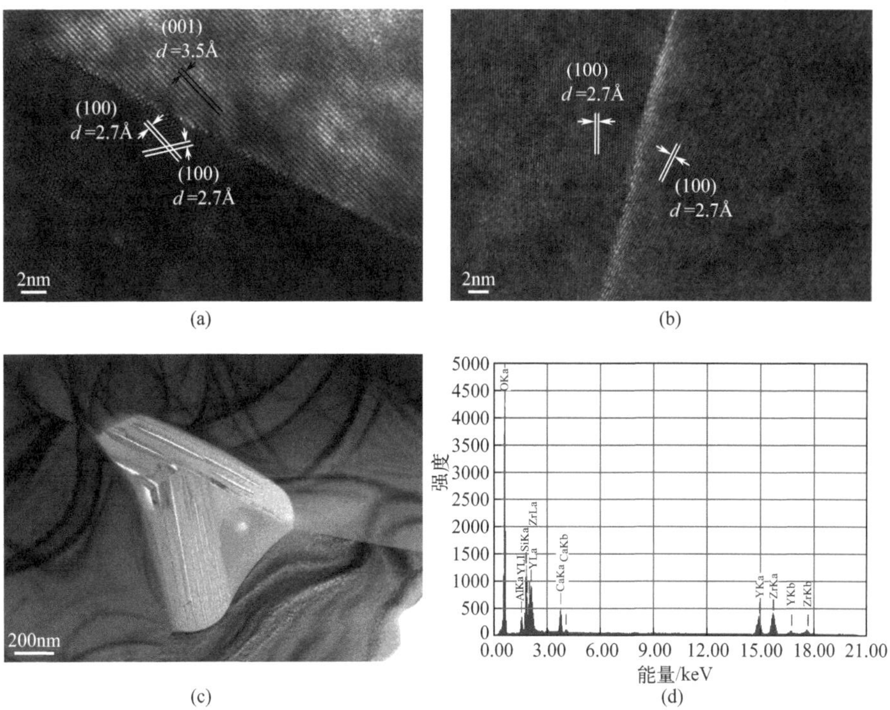

图 6.5　ZrB_2 陶瓷的 TEM 图

(a) 匹配的 ZrB_2/ZrB_2 晶界；(b) 不匹配的 ZrB_2/ZrB_2 晶界；

(c) BN 薄片和非晶相位于基体的三相点；(d) (c) 中非晶相的元素分析

6.2.2 室温力学强度

织构化和非织构化 ZrB_2 的力学性能总结如表 6.2 所示。ZrB_2 的晶体结构是由二维类石墨的环状或网状的 B 原子层组成，并与六边形紧密排列的 Zr 层形成交替排列。一般来说，Zr—Zr、B—B 和 Zr—B 键的组合影响材料的性能和各向异性[10]。虽然有报道称 ZrB_2 中的成键是各向同性的，但弹性模量在 c 轴和 a、b 轴方向之间表现出较大差异。室温下，织构化 ZrB_2 在 c 轴方向的杨氏模量为 (463±16)GPa，其他方向的杨氏模量低于 (505±10)GPa，而非织构化 ZrB_2 的杨氏模量接近 (463±26)GPa。在具有层状结构的材料中观察到这种特征行为，其中 (00l) 平面之间的键合比晶体中其他方向的键合弱得多。通过维氏硬度测量表明，c 面硬度高于 a 面硬度，这与 ZrB_2 晶体显微硬度的结果一致[26]。这可归因于 c 面紧密排列的结构和强的 B—B 共价键。

表 6.2 各种样品的维氏硬度、杨氏模量和抗弯强度

<table>
<tr><th rowspan="2">项目</th><th rowspan="2">样品名称</th><th rowspan="2">烧结温度/℃/样品方向</th><th rowspan="2">维氏硬度/GPa</th><th rowspan="2">杨氏模量/GPa</th><th colspan="4">抗弯强度/MPa</th></tr>
<tr><th>室温</th><th>1500℃</th><th>1600℃</th><th>1650℃</th></tr>
<tr><td rowspan="2">非织构化 ZrB_2</td><td>ZB1700</td><td>1700</td><td>17.3±0.4</td><td>463±26</td><td>600±97</td><td>—</td><td>748±5</td><td>—</td></tr>
<tr><td>ZB1750</td><td>1750</td><td>—</td><td>—</td><td>460±59</td><td>420±43</td><td>428±61</td><td>333±20</td></tr>
<tr><td rowspan="2">织构化 ZrB_2</td><td>ZB-TS</td><td>1750/⊥ c 面 (TS)</td><td>19.1±0.3</td><td>463±16</td><td>574±31</td><td>758±52</td><td>810±60</td><td>591±64</td></tr>
<tr><td>ZB-SS</td><td>1750/// c 面 (SS)</td><td>17.5±0.2</td><td>505±10</td><td>723±61</td><td>—</td><td>650±38</td><td>—</td></tr>
</table>

6.2.3 高温强度

室温和高温下 ZrB_2 材料的抗弯强度和断裂行为与晶粒尺寸有显著的关系。表 6.2 汇总了所有烧结材料的抗弯强度值，并绘制在图 6.6 中。经过对非织构化 ZrB_2 的数据分析，认为 1700℃ [ZB1700 (600±97)MPa，2.8μm] 烧结样品的室温强度高于 1750℃ [ZB1750，(460±59)MPa，5.8μm] 是由较小的晶粒尺寸导致。ZB1750、ZB1700 在 1600℃时的抗弯强度分别为 (428±61)MPa 和 (748±5)MPa。随着实验温度的升高（至 1600℃），大晶粒的 ZrB_2 强度没有明显下降，在室温下测量其断裂强度保持率为 92.9%。这与通过 6.1μm 晶

粒尺寸的 ZrB_2 热压的 ZrB_2-SiC 复合材料相当[27]，远高于 ZrB_2 晶粒尺寸为 19.4μm 的 ZrB_2 陶瓷[8]。此外，值得注意的是，ZB1700 在 1600℃时的强度为（748±5）MPa，比在室温下测量的强度高 24.6%。

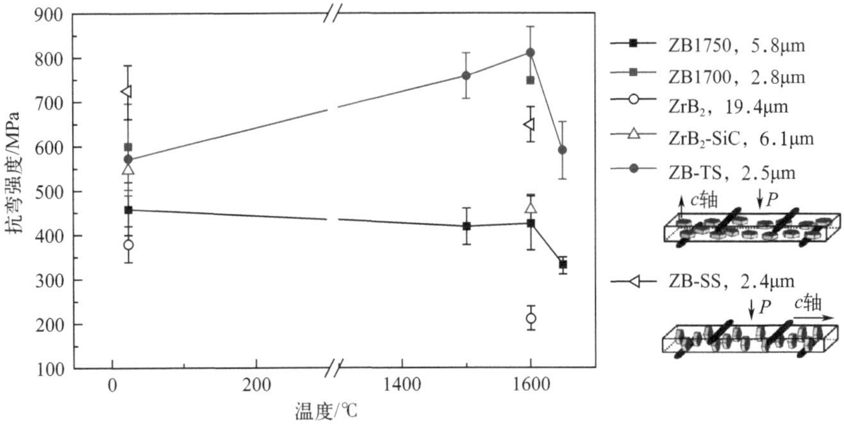

图 6.6　织构化 ZrB_2 陶瓷和非织构化 ZrB_2 陶瓷在室温和高温下的抗弯强度

当载荷面为 c 面时，晶粒尺寸与 ZB1700 相似的织构化 ZrB_2 陶瓷在室温和高温下表现出相似的变化趋势，但性能有很大提升。ZB-TS 在 1500℃ 和 1600℃时的抗弯强度分别为（758±52）MPa 和（810±60）MPa，分别是相同样品在室温（574±31）MPa 时强度的 132.2% 和 141.1%。这些结果是 ZrB_2 基材料在如此高温下报道的最高值。然而，虽然 ZB-SS 在测试过程中获得了最高的室温强度（723±61）MPa，但在 1600℃ 时强度反而下降到（650±38）MPa。

图 6.7 为室温至 1650℃ 时抗弯强度测试过程中 ZrB_2 陶瓷的载荷-位移曲线。ZB1750 在断裂前未观察到塑性变形，载荷/位移图在 1650℃ 前保持完全线性。这条线的斜率可以用来计算材料的杨氏模量，直到 1600℃ 几乎是恒定的。在 1600℃时，ZB-TS 断裂前塑性变形很小，杨氏模量随时间逐渐降低，而在相同温度下 ZB-SS 断裂前塑性变形非常明显。这些观察结果表明，由较粗晶粒组成的 ZrB_2 陶瓷具有更好的抗蠕变性能，最高可达 1650℃，与 Hu 先前报道的结果一致[4]。然而，低塑性变形并不一定与高抗弯强度相关。高温塑性变形抗力顺序为 ZB1750＞ZB-TS＞ZB-SS，而 1600℃时的高温强度顺序为 ZB-TS＞ZB1700＞ZB-SS＞ZB1750。进一步将测试温度提高到 1650℃ 会导致 ZB1750 和 ZB-TS 的强度急剧下降，表明在该温度下断裂行为的转变与晶粒尺寸无关。

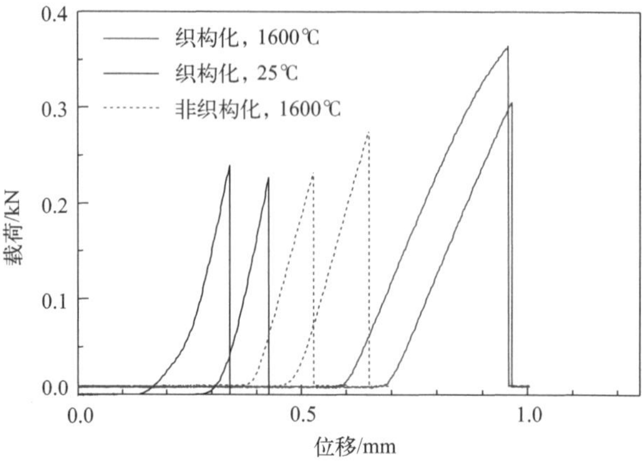

图 6.7　ZrB_2 陶瓷在室温至 1650℃抗弯强度试验的载荷-位移曲线

观察 ZB1750 和 ZB1700 的室温断口形貌［图 6.8（a）和（c）］，发现烧结试样的晶间强度高于晶内强度，这可能是由于在干净的 ZrB_2/ZrB_2 界面处的强结合抑制了裂纹沿晶界的扩展。图 6.8（a）和（c）插图中显示试样断口呈现典型的脆性断裂，且从拉伸面开始可以观察到一个粗糙区域。

当测试温度升高到 1600℃时，ZB1750 的断裂模式变为完全沿晶断裂，且断口光滑，如图 6.8（b）所示。没有发现亚临界裂纹扩展的证据。相比之下，ZB1700 的相应断口表现为穿晶/沿晶断裂，断口不但相当粗糙，而且有多条裂纹从拉伸面辐射出来。根据 Kalish 等和左等的研究，发现随着试验温度的升高，晶间断裂百分比降低，同时抗弯强度也随之升高。高温强度显著提高的原因可归结如下：①高温试验过程中棒体受拉面裂纹愈合；②当再次接近成型温度时，高温成型过程中残余应力释放。

(a)

(b)

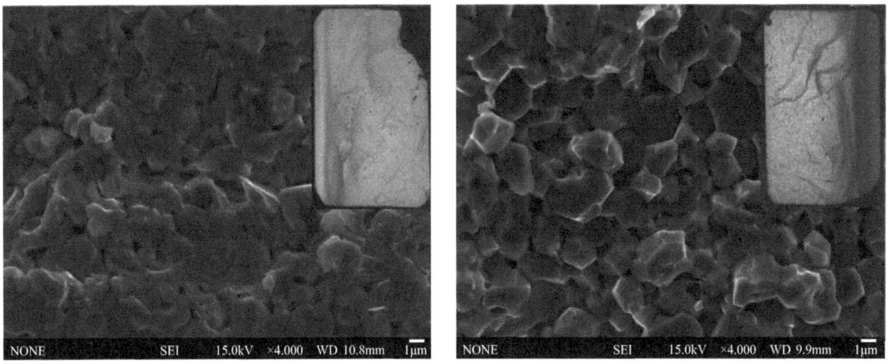

(c)　(d)

图 6.8　ZrB_2 陶瓷室温和高温抗弯强度测试后的拉伸侧断口

(a) ZB1750，室温 (RT)；(b) ZB1750，1600℃；(c) ZB1700，RT；(d) ZB1700，1600℃

根据第一个原因，只有当测试温度低于晶界相的软化温度（硅酸盐玻璃相通常<1400℃）时，才有增强作用。对于第二个原因，在相同的处理过程中，所有的样品都有可能增强，但在本工作中，只有部分样品出现了这种增强。因此，这些原因都不能单独解释本研究中室温和 1650℃高温下断裂行为的差异，也不能解释织构化 ZrB_2 陶瓷两个方向断裂行为的差异。

陶瓷高温断裂通常涉及晶界微裂纹或空洞的成核、生长和聚结[28]。图 6.9 所示的显微组织为没有晶界相的等轴晶结构，很少有 BN 薄片和非晶相局限于三个晶粒或四个晶粒交界处。在这种情况下，由于晶界滑动，假定空腔主要在晶界三点附近成核，然后沿着晶界扩展并合并，直到足够的连续边界空化，从而形成能够自扩展到破坏的宏观裂纹。而强结合的 ZrB_2/ZrB_2 界面在很大程度上抑制了晶界滑动，表明孔洞生成阶段是断裂过程的控制阶段。从图 6.9 (e) 发现，直到测试温度升高到 1600℃时，三相点处的非晶硅相才产生孔洞。一旦孔洞形成，其尖端附近的非晶相将通过提供快速的原子迁移路径促进孔洞聚集，从而导致沿晶模式的断裂行为。如图 6.9 (g) 所示，仅将测试温度提高 50℃，隔离的空腔就会相互连接。在 1650℃时，这种增强的裂纹增长也解释了在此温度下所有测试样品强度急剧下降的原因。

此外，当测试温度低于 1600℃时，晶界处没有相互连接的孔洞，外部载荷产生的高应力不能通过晶界滑动来松弛。因此，弹性应力将被 ZrB_2 晶粒内部的塑性变形所调节。塑性变形过程中形成的位错可诱发初始裂纹，随后在高温下以穿晶模式断裂。根据格里菲斯准则，脆性陶瓷的断裂受临界裂纹扩展控制。当储存的裂纹扩展弹性能与形成两个新表面的表面自由能相平衡时，塑性变形过程中较大的能量吸收过程将增加断裂所需的断裂强度。随着测试温度的

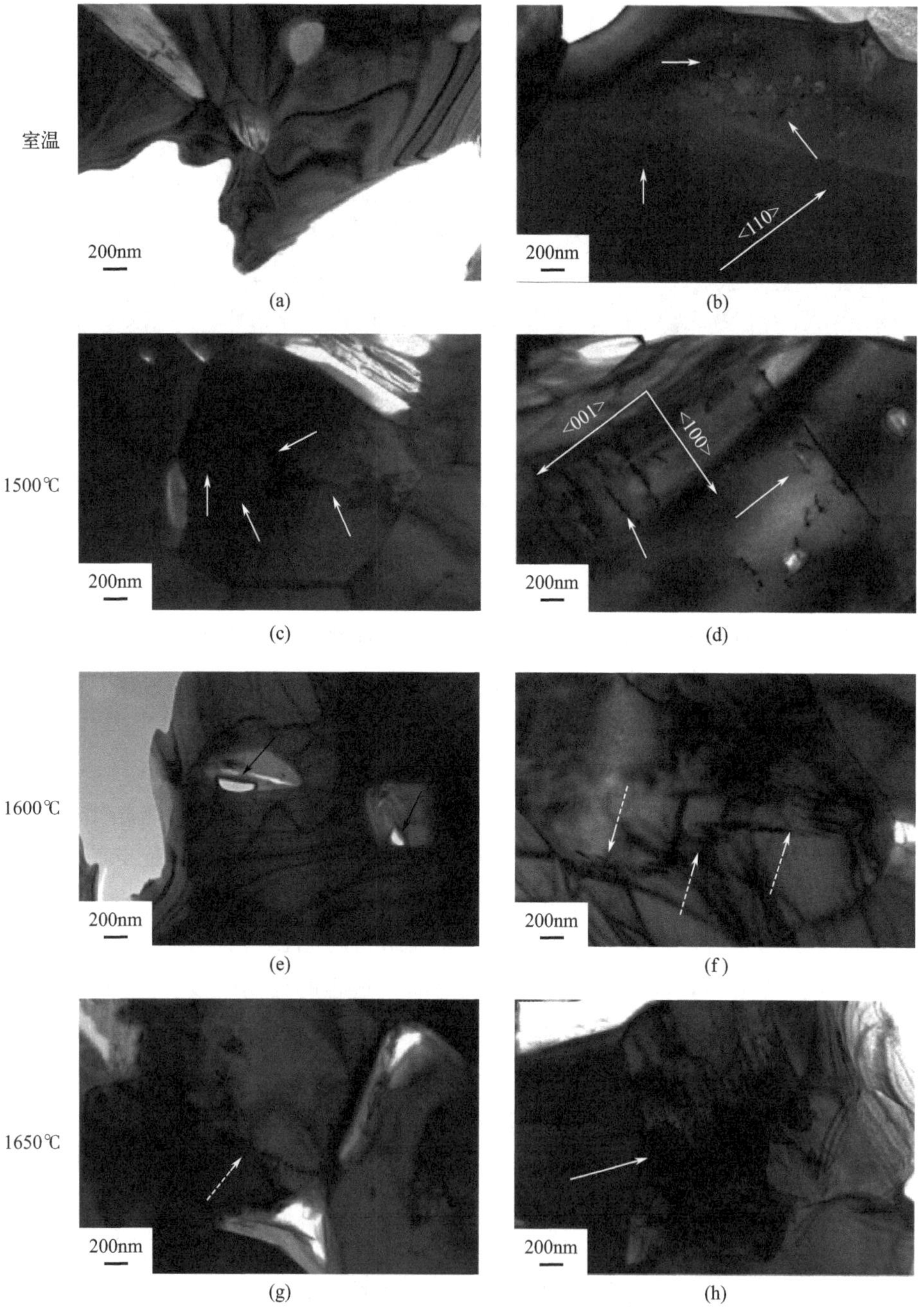

图 6.9 在不同温度下，透射电镜显示了 ZB1700 拉伸表面相邻位置连续生长的孔洞和位错的演变

（白色实线箭头表示位错，虚线箭头表示亚晶界，黑色实线箭头表示三点处形成的孔洞）

升高，ZB1700 中位错的演变支持了这一观点。

在图 6.9（b）中，虽然在室温下测试的样品中只能发现少量位错，但在图 6.9（d）中显示 1500℃时位错密度增加，且在图 6.9（g）中的虚线箭头发现在 1600℃时亚晶界的形成伴随着抗弯强度的增加。在 1600℃时，如图 6.9（h）所示，缺陷之间的互连可能会增加塑性变形。

ZrB_2 晶粒内部的塑性变形也可以解释织构化 ZrB_2 陶瓷的各向异性抗弯强度。ZB-TS 中晶粒方向与拉伸面上的拉应力方向平行，即试样的纵向方向。这意味着靠近拉伸表面的晶粒能够承受晶粒与晶界之间的剪切拉应力。通过研究 ZrB_2 单晶的塑性变形，Haggerty 和 Lee 发现在室温下棱柱面发生 a 方向滑移，在高温下基面发生 a 方向滑移[29]。图 6.9（d）显示在 1500℃测试的样品在标记区域很容易发现平行的几组长而直的位错。基于电子衍射图分析，表明位错平行于＜100＞方向。且在 ZB-TS 中，平行于织构取向的力得到释放。对于 ZB-SS，在试验过程中力被加载在垂直于 c 平面的表面上，拉应力由晶粒之间的吸引应力承担。因此在 1600℃时，ZB-SS 比 ZB-TS 具有更低的强度和更高的断裂位移。

6.3　强磁场定向制备织构化 ZrB_2 和 ZrB_2-$MoSi_2$ 陶瓷的微观结构和各向异性

6.3.1　强磁场织构

如图 6.10 所示，ZrB_2 和 $MoSi_2$ 颗粒均具有双峰粒度分布，形状不规则，无团聚现象，在磁场中滑移铸造时形成稳定的浆料，易于排列。图 6.11 为 ZrB_2 和 ZrB_2-$MoSi_2$ 在有外加磁场和没有外加磁场情况下的 XRD 谱图。将与磁向平行和垂直的顶面和侧面分别记为织构化顶面（TS）和织构化侧面（SS）。对于非织构化的 ZrB_2 和 ZrB_2-$MoSi_2$ 材料，从 XRD 谱图中没有观察到优选取向。织构化的 ZrB_2 中，垂直于晶胞 c 轴的（$00l$）平面的衍射峰在 SS 表面表现出最强的强度，而在 TS 表面消失。相反，平行于晶胞 c 轴的所有（$hk0$）平面的衍射峰在 SS 表面上的相对强度明显弱于 TS 表面。对于 ZrB_2-$MoSi_2$ 复合材料，$MoSi_2$ 的峰表现出与 ZrB_2 相同的 c 轴取向，因为 $MoSi_2$ 的（$00l$）峰在 SS 表面更强，而在 TS 表面消失。结果表明，ZrB_2 和 $MoSi_2$ 晶粒平行于磁场方向的择优取向均为沿 c 轴方向。

图 6.10　注浆成型粉末的扫描电镜图像

(a) ZrB_2 粉末；(b) $MoSi_2$ 粉末

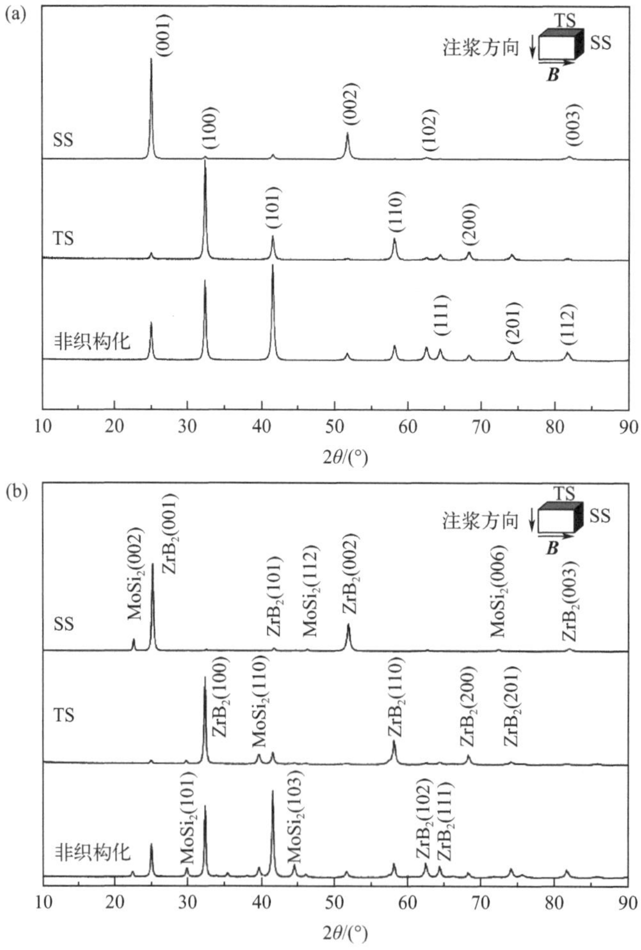

图 6.11　12T 磁场下滑移铸造非织构化和织构化试样的 XRD 图谱

(a) ZrB_2；(b) ZrB_2-$MoSi_2$

采用 Lotgering 取向因子 $f(00l)$ 评价烧结前后试样的 c 轴织构化程度。ZrB_2 烧结后，$f(00l)$ 由 0.92 降至 0.89。相比之下，ZrB_2-$MoSi_2$ 样品的 $f(00l)$ 从 0.94 增加到 1.00，表明烧结后形成了较强的 c 轴取向。致密化过程对单相 ZrB_2 的织构化程度有负面影响，这与之前的结果相反，但 $MoSi_2$ 与 ZrB_2 在同一方向上的排列增强了 ZrB_2 的取向程度。

在 1900℃和 1700℃烧结后，ZrB_2 和 ZrB_2-$MoSi_2$ 材料的相对密度均达到 99%。图 6.12（a）和（b）显示了织构化 ZrB_2 在 1900℃烧结时的 SS 和 TS 表面的显微组织。与 Ni 等的结果相比，此织构化块体 ZrB_2 的密度更高。如图 6.10 所示，经行星球磨后的 ZrB_2 原粉粒度小，小于 1μm，具有较高的烧结性能。更重要的是，在原粉的行星球磨过程中引入了约 3%（质量分数）的 Si_3N_4 杂质，这些杂质在加热过程中起烧结助剂的作用。在垂直于 ZrB_2 的 c 轴的 SS 表面，a 轴、b 轴在平面内随机取向，以等轴晶粒为主，平均尺寸约为 6.2μm。在平行于 c 轴的 TS 表面，ZrB_2 晶粒与磁场方向平行排列形成织构化结构，但晶粒生长方向垂直于磁场的 a、b 轴方向，说明 ZrB_2 在烧结过程中形成了板状形态。根据图 6.12（b）织构化组织中 ZrB_2 晶粒尺寸的长度和宽度，ZrB_2 板的宽度约为 6.2μm，厚度约为 3.9μm，长径比约为 1.5。晶粒生长方向与磁场方向相反被认为是烧结后 ZrB_2 块体取向度下降的原因。

图 6.12（c）为无磁场铸造后烧结 ZrB_2 的显微组织，与织构化试样的 SS 表面相似。除少数拉长的板状颗粒外，大部分晶粒呈等轴形。与图 6.12（a）和（b）相似，该显微组织包含两个位于 ZrB_2 晶界处的额外相。根据 EDS 分析［图 6.12（d）］，富氧的白色相为 ZrO_2，具有板状形态的富氮暗相为 h-BN。根据反应（6-4），在加热过程中，ZrB_2 粉末表面的 B_2O_3 杂质可以与 Si_3N_4 发生反应。Monteverde 等已经报道过类似的 BN 相形成，他们使用 Si_3N_4 作为 ZrB_2 烧结的烧结添加剂。

$$2B_2O_3 + Si_3N_4 = 4BN + 3SiO_2 \tag{6-4}$$

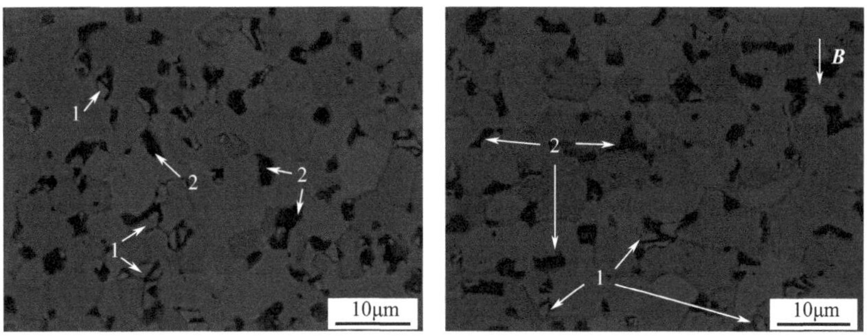

(a)　(b)

图 6.12

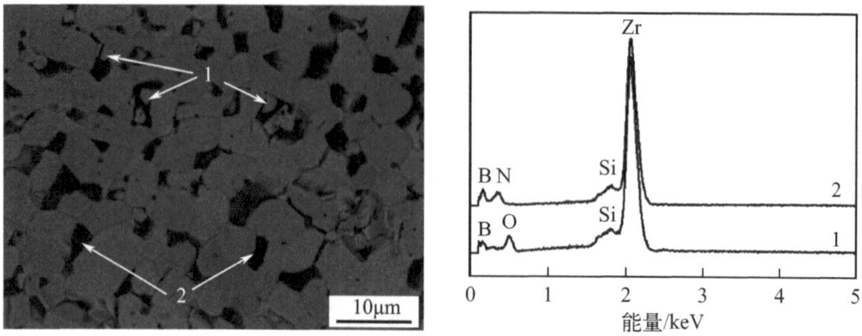

(c) (d)

图 6.12 ZrB_2 样品蚀刻表面的扫描电镜图像

(a) 织构化的顶面（TS）；(b) 织构化的侧面（SS）；(c) 非织构化的顶面；

(d) (a)、(b) 和 (c) 中编号区域的能量色散光谱

图 6.13 (a) 和 (b) 为 ZrB_2-$MoSi_2$ 样品表面的扫描电镜图像。与单相 ZrB_2 材料类似，晶粒在 SS 表面呈随机取向的等轴形状，而在 TS 表面呈 c 轴方向排列，沿 a、b 轴方向延伸。与织构化的单相 ZrB_2 相比，ZrB_2-$MoSi_2$ 复合材料中的 ZrB_2 板状颗粒具有更高的长径比（约 2.6），宽度和厚度分别约为 2.1μm 和 0.8μm。ZrB_2 晶粒的细化是由于烧结温度较低，且 $MoSi_2$ 为第二相。在 SS 表面的大晶粒中可以观察到核-环结构［图 6.13 (a)］。根据 EDS 分析［图 6.13 (d)］，两者之间的差异是由烧结过程中 Mo 和 Si 溶解在 ZrB_2 中的量不同造成的。深灰色的芯部只含有 Zr、B 和 Si，而灰色的边缘则含有大量的 Si 和一些 Mo。过渡金属硅化物固溶体形成的液相促进了 ZrB_2 晶粒的生长。在初始混合物中具有不同初始过渡金属和硅含量的几种体系中，也证实了 ZrB_2 板晶沿 a、b 轴的优先生长方向。

有趣的是，只在织构化 ZrB_2-$MoSi_2$ 复合材料的 SS 表面发现了核-环结构，而在非织构化 ZrB_2-$MoSi_2$ 复合材料中没有发现。此外，如图 6.13 (c) 所示，无核-环结构的 ZrB_2 晶粒尺寸小于织构化后的 1.4μm。这说明在织构化样品中，Mo 和 Si 在 ZrB_2 晶体结构中的溶解沿 a、b 轴方向优先发生，从而进一步增强了 ZrB_2 板状晶粒的外延生长。

6.3.2 力学性能

ZrB_2 和 ZrB_2-$MoSi_2$ 的力学性能总结如表 6.3 所示。图 6.14 显示了对织构化材料两个方向的抗弯强度测量的示意。为了方便比较，还在表 6.3 中给出了织构化和非织构化 ZrB_2 和 ZrB_2-$MoSi_2$ 的性能。由表 6.3 可知，非织构化试

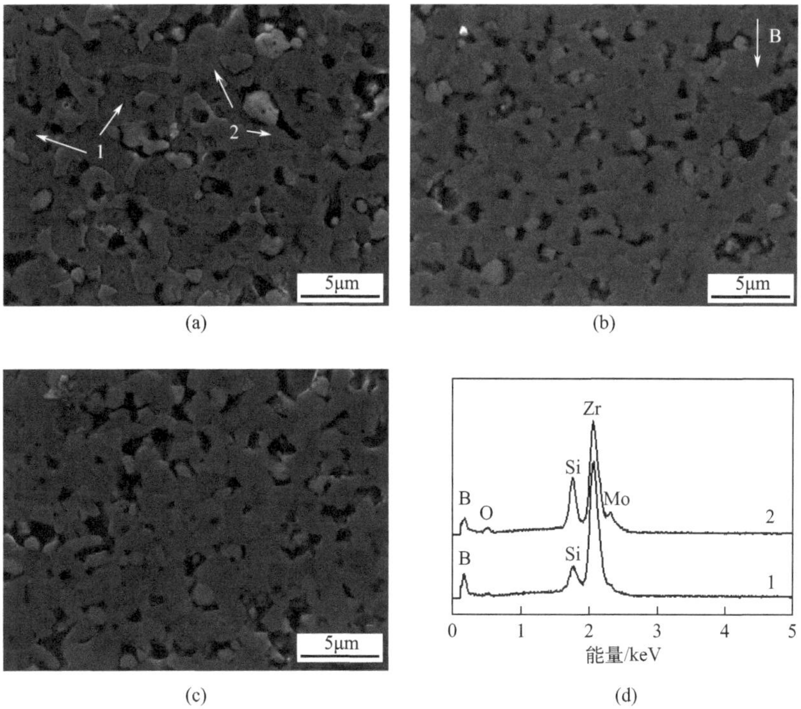

图 6.13　ZrB_2-$MoSi_2$ 试样表面扫描电镜图像

（a）织构化顶表面（TS）；（b）织构化侧表面（SS）；（c）非织构化顶表面；

（d）（a）中编号区域的能量色散光谱

样的弹性模量、硬度和抗弯强度（不包括 ZrB_2-$MoSi_2$ 复合材料的抗弯强度）位于织构化试样不同方向的数值之间。对于这两种材料，垂直于 c 轴方向的平面比平行于 c 轴方向的平面具有更高的硬度和更低的杨氏模量。硬度和杨氏模量的低各向异性是由于 ZrB_2 单晶相对较低的各向异性。当试样的断裂面与 c 轴方向平行时，试样的抗弯强度测量值高于与 c 轴方向垂直时。

表 6.3　织构化和非织构化 ZrB_2、ZrB_2-$MoSi_2$ 陶瓷的力学性能

项目	ZrB_2			ZrB_2-$MoSi_2$		
	非织构化	织构化		非织构化	织构化	
		c 轴方向	a、b 轴方向		c 轴方向	a、b 轴方向
维氏硬度/GPa	14.5±0.7	15.7±0.4	13.8±0.2	15.5±0.4	16.4±0.4	15.6±0.2
杨氏模量/GPa	435.8	422.1	456.7	414.7	405.1	418.3
抗弯强度/MPa	536.2±15.0	631.4±20.1	531.8±33.2	576.3±54.4	557.5±59.7	315.4±62.1

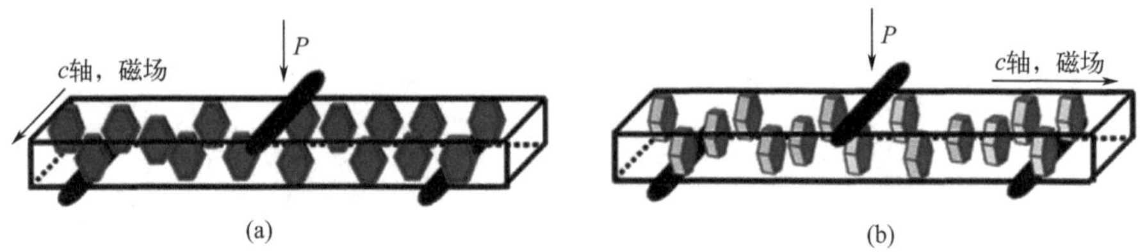

图 6.14 试样抗弯强度测量示意图

（a）断裂面垂直于 c 轴方向或强磁场方向；（b）断裂面平行于 c 轴方向或强磁场方向

对于非织构化的 ZrB_2 和 ZrB_2-$MoSi_2$ 陶瓷，ZrB_2-$MoSi_2$ 陶瓷表现出更高的强度和更小的粒径。这一观察结果与 Fahrenholtz 等从 ZrB_2 基陶瓷的所有已发表的抗弯强度值中得出的结论一致[10]。然而，对于织构化样品，ZrB_2 的杨氏模量和抗弯强度在两个方向上都远高于 ZrB_2-$MoSi_2$，尽管前者的晶粒尺寸（约 2μm）小于后者（约 6μm）。与热锻变形 ZrB_2-$MoSi_2$ 复合材料的强度（c 轴方向为 871～103MPa，a、b 轴方向为 723～109MPa）相比，相应的数值要低得多。由于 $MoSi_2$ 在热锻过程中没有对齐，而是在强磁场中高度取向，因此认为 $MoSi_2$ 的取向对复合材料的抗弯强度产生了负面影响，这可能是由于 $MoSi_2$ 在室温下的脆性所致。

6.3.3 氧化性能

图 6.15 为 ZrB_2 试样在 1500℃空气条件下暴露 30min 后抛光后的 TS 表面横截面图像。由于 ZrB_2 晶粒高度取向，相邻 TS 表面侧的氧化层对应沿 c 轴方向形成氧化层，而 SS 表面侧的氧化锆对应垂直于 c 轴方向的氧化行为。众所周知，ZrB_2 会根据反应（6-5）氧化：

$$ZrB_2(s) + 2.5O_2(g) = ZrO_2(s) + B_2O_3(l) \tag{6-5}$$

在 1100℃以下，B_2O_3 作为液体的存在被认为是氧气传输的有效屏障，而在 1100℃以上，B_2O_3(l) 开始明显汽化，从而降低了它的保护作用。在 1400℃以上，B_2O_3(l) 的蒸发速率大于生成速率，形成无保护作用的多孔 ZrO_2 层。由图 6.15 可以看出，在 1500℃时，平行于磁场的 ZrB_2 陶瓷的 c 轴方向氧化较少，未氧化的基体表面形成了约 100μm 的多孔 ZrO_2 层。与此相反，垂直于 c 轴方向形成的氧化层具有较厚的 ZrO_2 表面层（约 200μm）和较大的孔隙。

从织构化块体 ZrB_2 材料的各向异性氧化行为来看，预期 ZrB_2 材料的抗氧化性能具有各向异性，且 c 轴方向的抗氧化性能优于垂直于 c 轴方向的抗氧化性能。然而，到目前为止，还没有关于 ZrB_2 单晶在不同取向下的抗氧化性的数据报道。基于 ZrB_2 由六角形紧密排列的 Zr 原子和石墨状 B 原子交替平面组

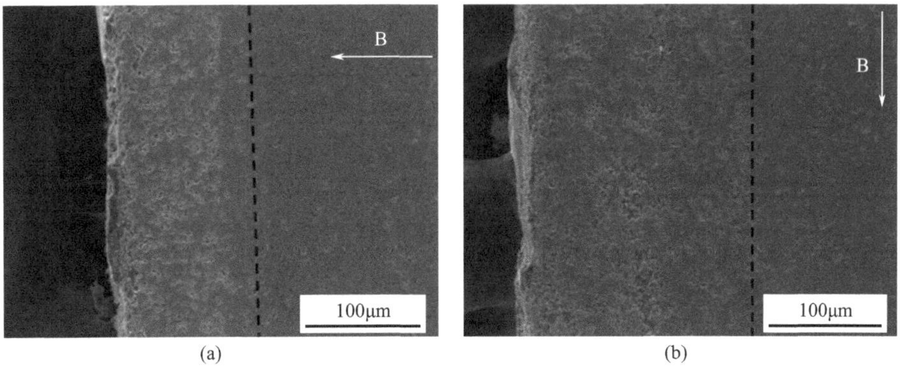

图 6.15　ZrB_2 试样在 1500℃停滞空气中暴露 30min 后抛光后的 TS 表面扫描电镜图像

(a) 氧化方向沿 c 轴方向；(b) 氧化方向垂直于 c 轴方向

成的晶体结构，假设 ZrB_2 在 c 轴方向上的氧化可以形成致密的 ZrO_2 层和连续的 B_2O_3 层，其作为材料表面的氧扩散屏障比 a、b 轴方向更有效。

图 6.16 显示了 ZrB_2-$MoSi_2$ 材料在 1500℃氧化 30min 后并抛光的 TS 表面的横截面。与纯 ZrB_2 上的多孔 ZrO_2 相比，ZrB_2-$MoSi_2$ 在相同条件下的氧化（在空气中以 10℃/min 加热至 1500℃，保持 30min）在 SS 和 TS 表面上都产生了层状表面垢。如反应（6-6），$MoSi_2$ 氧化后，外层为富 SiO_2 玻璃层[30-31]：

$$MoSi_2(s) + 4.5O_2(g) = MoO_3(s) + 2SiO_3(l) \tag{6-6}$$

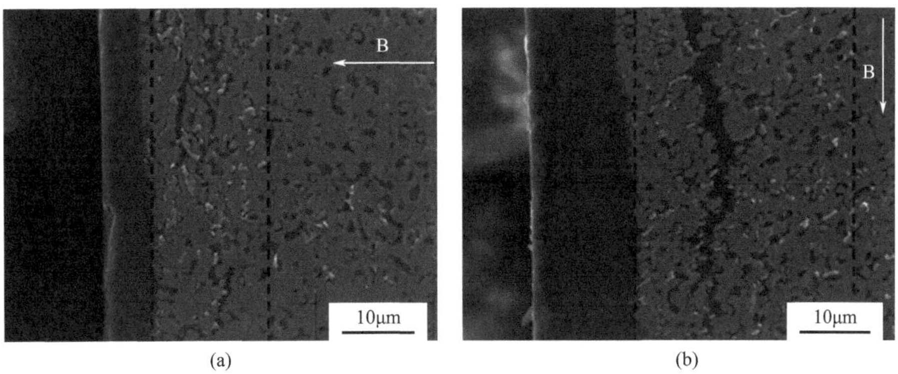

图 6.16　ZrB_2-$MoSi_2$ 试样在 1500℃停滞空气中暴露 30min 后，抛光表面的扫描电镜图像

(a) 氧化方向沿 c 轴方向；(b) 氧化方向垂直于 c 轴方向

MoO_3 具有很高的蒸气压，在 500～800℃之间易挥发，在 801℃时熔化。挥发性较低的 SiO_2 留在材料表面，起到防止氧化的作用。在 SiO_2 外层和未受

影响的 ZrB_2-$MoSi_2$ 基体之间是一个“贫硅层”，其中 $MoSi_2$ 被部分氧化，而 ZrB_2 未受影响。从图 6.15（b）可以看出，该层多孔且不均匀，孔隙中填充了 SiO_2 液相。在高温氧化的 ZrB_2-SiC 复合材料中，在外层富 SiO_2 层下也发现了类似的多孔“SiC 耗尽层”[32-34]。在 1500℃ 氧化的 ZrB_2-SiC 中，由于在 SiO_2 外层以下氧活性极低，SiC 将根据以下反应（6-7）发生活性氧化，并产生 SiO（g）和 CO（g）两种气相：

$$SiC(s)+O_2(g)=\!=\!=SiO(g)+CO(g) \tag{6-7}$$

对于 ZrB_2-$MoSi_2$ 复合材料，$MoSi_2$ 的活性氧化也发生在外层保护层 SiO_2 下。图 6.17（a）显示了贫 Si 层的 SEM 图像，其中包含未受影响的 ZrB_2 相（灰色）和 $MoSi_2$ 活性氧化的固体产物（白色）。图 6.17（b）的 EDS 结果表明，白色相由 Mo、Si、B 和 O 组成，而 Pt 的峰值是由于样品表面的电导率低而溅射的 Pt 表面层。Mo 的峰比 Si 的峰强得多，而在 $MoSi_2$ 相中则相反。根据 Sciti 的报道[30]，在 Si 的选择性氧化过程中，$MoSi_2$ 中的 Si 被耗尽，根据反应（6-8），Mo 与 ZrB_2 的硼反应形成 MoB。然而，根据反应（6-7），$MoSi_2$ 的另一个活性氧化反应也有可能发生[35]，表明图 6.17（a）中所示的白色相更有可能是低硅化物 Mo_5Si_3。这一解释也得到了 Mo_5Si_3 表面层的支持，在真空热处理过程中，在 $MoSi_2$ 表面观察到 Mo_5Si_3 表面层，与先前的研究结果一致[36]。

$$ZrB_2(s)+2MoSi_2(s)+5O_2(g)=\!=\!=ZrO_2(s)+2MoB(s)+4SiO_2(s) \tag{6-8}$$

$$5MoSi_2(s)+7O_2(g)=\!=\!=Mo_5Si_3(s)+7SiO_2(l) \tag{6-9}$$

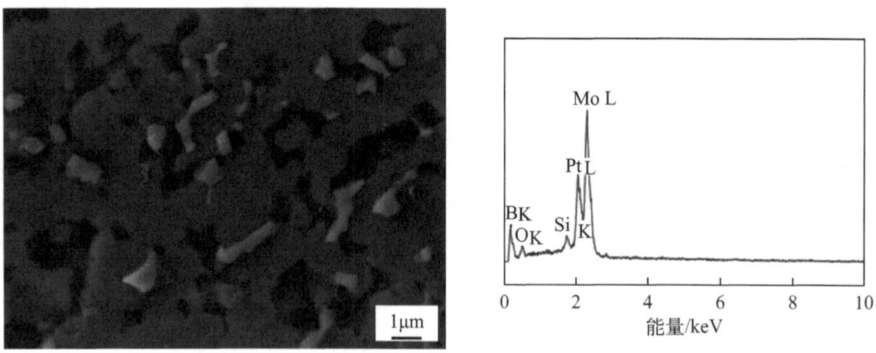

(a) (b)

图 6.17 （a）贫硅层的扫描电镜图像；（b）（a）中白色相的 EDS 谱

氧化层厚度（包括外层 SiO_2 层和贫硅层）是评价材料抗氧化性能的有效

参数。由于两层分别由材料的被动氧化和主动氧化形成，两层越厚，表明材料被氧化的程度越差。从图 6.17 中可以看出，在 a、b 轴方向（约 5μm 和约 15μm）形成的最外层富 SiO_2 玻璃层和贫 Si 玻璃层都明显比 c 轴方向（约 10μm 和约 25μm）薄，表明平行于磁场方向的 c 轴方向抗氧化性更好。与 ZrB_2 类似，$MoSi_2$ 的晶体结构也是沿 c 轴方向由 Mo 层和 Si 层交替组成，c 轴方向的高取向 $MoSi_2$ 被认为增加了不同方向氧化行为的各向异性程度。

6.4 小结

① 通过在强磁场条件下进行注浆成型，并分别在 1900℃和 1700℃条件下进行 SPS 烧结，制备具有高度织构化结构的 ZrB_2 和 ZrB_2-$MoSi_2$ 陶瓷。片状 ZrB_2 晶粒的 c 轴方向与磁场方向平行，晶粒沿 a、b 轴优先生长。$MoSi_2$ 与 ZrB_2 在同一方向上的取向增强了 ZrB_2 的取向程度，Lotgering 取向因子 f（00l）由 0.94 提高到 1.00。$MoSi_2$ 的加入使 ZrB_2 晶粒的宽度和厚度分别从约 6.2 和约 3.9μm 降低到约 2.1 和约 0.8μm，长宽比从 1.5 提高到 2.6。力学性能测量显示，c 轴方向的维氏硬度较高，但杨氏模量较低。$MoSi_2$ 的取向降低了织构化 ZrB_2- $MoSi_2$ 复合材料的强度。断口平行于 c 轴方向的 ZrB_2 陶瓷抗弯强度最高，为（631.4±20.1）MPa。TS 表面的最外层氧化层较 SS 表面薄，表明 ZrB_2 基材料在 c 轴方向上具有更好的抗氧化性。

② 在强磁场和无强磁场条件下，通过 SPS 分别制备高度织构化 ZrB_2 和非织构化 ZrB_2 陶瓷。烧结样品的显微结构为晶界清晰的等轴 ZrB_2 晶粒，BN 片状晶粒和基体晶粒间隔离三相点处有少量的玻璃相。晶粒较粗的 ZrB_2 陶瓷在 1650℃以下几乎不具有塑性变形，但良好的抗塑性变形性能并不一定与抗弯强度的提高有关。优异的高温强度与细小的 ZrB_2 晶粒尺寸、纯 ZrB_2/ZrB_2 界面处的强结合抑制裂纹沿晶界扩展以及塑性变形过程中较大的能量吸收过程增加了断裂所需的强度有关。织构化 ZrB_2 陶瓷在室温和高温下的各向异性抗弯强度与晶粒方向和 ZrB_2 单晶滑移面不同有关。

· 参考文献 ·

[1] Upadhya K, Yang J M, Hoffman W P. Materials for ultrahigh temperature structural applications [J]. American Ceramic Society Bulletin, 1997, 76(12): 51-56.

[2] Kalish D, Clougher E V, Kreder K. Strength fracture mode and thermal stress resistance of HfB_2 and ZrB_2 [J]. Journal of the American Ceramic Society, 1969, 52(1): 30-37.

[3] Bellosi A, Monteverde F D, Sciti D. Fast densification of ultra-high-temperature ceramics by spark plasma sintering[J]. International Journal of Applied Ceramic Technology, 2006, 3(1): 32-40.

[4] Hu P, Wang Z. Flexural strength and fracture behavior of ZrB_2-SiC ultra-high temperature ceramic composites at 1800℃[J]. Journal of the European Ceramic Society, 2010, 30(4): 1021-1026.

[5] Zou J, Zhang G J, Hu C F, et al. Strong ZrB_2-SiC-WC ceramics at 1600℃[J]. Journal of the American Ceramic Society, 2012, 95(3): 874-878.

[6] Zou J, Zhang G J, Hu C F, et al. High-temperature bending strength, internal friction and stiffness of ZrB_2-20 vol% SiC ceramics[J]. Journal of the European Ceramic Society, 2012, 32(10); 2519-2527.

[7] Zou J, Zhang G J, Zhang H, et al. Improving high temperature properties of hot pressed ZrB_2-20 vol% SiC ceramic using high purity powders[J]. Ceramics International, 2013, 39(1): 871-876.

[8] Neuman E W, Hilmas G E, Fahrenholtz W G. Strength of zirconium diboride to 2300℃[J]. Journal of the American Ceramic Society, 2013, 96(1): 47-50.

[9] Chamberlain A L, Fahrenholtz W G, Hilmas G E, et al. High-strength zirconium diboride-based ceramics[J]. Journal of the American Ceramic Society, 2004, 87(6): 1170-1172.

[10] Fahrenholtz W G, Hilmas G E, Talmy I G, et al. Refractory diborides of zirconium and hafnium[J]. Journal of the American Ceramic Society, 2007, 90(5): 1347-1364.

[11] Zhang G J, Deng Z Y, Kondo N, et al. Reactive hot pressing of ZrB_2-SiC composites[J]. Journal of the American Ceramic Society, 2000, 83(9): 2330-2332.

[12] Monteverde F. Progress in the fabrication of ultra-high-temperature ceramics: "In situ" synthesis, microstructure and properties of a reactive hot-pressed HfB_2-SiC composite[J]. Composites Science and Technology, 2005, 65(11-12): 1869-1879.

[13] Chamberlain A L, Fahrenholtz W G, Hilmas G E. Low-temperature densification of zirconium diboride ceramics by reactive hot pressing[J]. Journal of the American Ceramic Society, 2006, 89(12): 3638-3645.

[14] Wu W W, Zhang G J, Kan Y M, et al. Reactive hot pressing of ZrB_2-SiC-ZrC ultra high-temperature ceramics at 1800℃[J]. Journal of the American Ceramic Society, 2006, 89(9): 2967-2969.

[15] Wu W W, Zhang G J, Kan Y M, et al. Reactive hot pressing of ZrB_2-SiC-ZrC composites at 1600℃[J]. Journal of the American Ceramic Society, 2008, 91(8): 2501-2508.

[16] Wu W W, Zhang G J, Kan Y M, et al. Synthesis and microstructural features of ZrB_2-SiC-based composites by reactive spark plasma sintering and reactive hot pressing[J]. Scripta Materialia, 2007, 57(4): 317-320.

[17] Wu W W, Zhang G J, Kan Y M, et al. ZrB_2-$MoSi_2$ composites toughened by elongated ZrB_2 grains via reactive hot pressing[J]. Scripta Materialia, 2009, 61(3): 316-319.

[18] Zimmermann J W, Hilmas G E, Fahrenholtz W G, et al. Fabrication and properties of reactively hot pressed ZrB_2-SiC ceramics[J]. Journal of the European Ceramic Society, 2007, 27(7): 2729-2736.

[19] Ni D W, Zhang G J, Kan Y M, et al. Highly textured ZrB_2-based ultrahigh temperature ceramics via strong magnetic field alignment[J]. Scripta Materialia, 2009, 60(8): 615-618.

[20] Liu H T, Zou J, Ni D W, et al. Textured and platelet-reinforced ZrB_2-based ultra-high-temperature ceramics[J]. Scripta Materialia, 2011, 65(1): 37-40.

[21] Wu W W, Sakka Y, Suzuki T S, et al. Microstructure and anisotropic properties of textured ZrB_2 and ZrB_2-$MoSi_2$ ceramics prepared by strong magnetic field alignment[J]. International Journal of Applied Ceramic Technology, 2013, 11(2): 218-227.

[22] Fahrenholtz W G, Hilmas G E, Zhang S C, et al. Pressureless sintering of zirconium diboride: Particle size and additive effects[J]. Journal of the American Ceramic Society, 2008, 91(5): 1398-1404.

[23] Grasso S, Sakka Y, Maizza G. Electric current activated/assisted sintering(ECAS): A review of patents 1906-2008[J]. Science and Technology of Advanced Materials, 2009, 10(5): 053001.

[24] Wu W W, Xiao W L, Estili M, et al. Microstructure and mechanical properties of ZrB_2-SiC-BN composites fabricated by reactive hot pressing and reactive spark plasma sintering[J]. Scripta Materialia, 2013, 68(11): 889-892.

[25] Wu W W, Sakka Y, Estili M, et al. Microstructure and high-temperature strength of textured and non-textured ZrB_2 ceramics[J]. Science and Technology of Advanced Materials, 2014, 15(1): 014202.

[26] Gillies D C, Lewis D. Bond strength in diborides of some group Ⅳ and Ⅴ metals[J]. Journal of the Less-Common Metals, 1968, 16(2): 162-167.

[27] Otani S, Korsukova M M, Mitsuhashi T. Floating zone growth and high-temperature hardness of NbB_2 and TaB_2 single crystals[J]. Journal of Crystal Growth, 1998, 194(3-4): 430-433.

[28] Evans A G, Rana A. High-temperature failure mechanisms in ceramics[J]. Acta Metallurgica, 1980, 28(2): 129-141.

[29] Haggerty J S, Lee D W. Plastic deformation of ZrB_2 single crystals[J]. Journal of the American Ceramic Society, 1971, 54(11): 572-576.

[30] Sciti D, Brach M, Bellosi A. Oxidation behavior of a pressureless sintered ZrB_2-$MoSi_2$ ceramic composite[J]. Journal of Materials Research, 2005, 20(4): 922-930.

[31] Sciti D, Brach M, Bellosi A. Long-term oxidation behavior and mechanical strength degradation of a pressurelessly sintered ZrB_2-$MoSi_2$ ceramic[J]. Scripta Materialia, 2005, 53(11): 1297-1302.

[32] Opeka M M, Talmy I G, Zaykoski J A. Oxidation-based materials selection for 2000℃ plus hypersonic aerosurfaces: Theoretical considerations and historical experience[J]. Journal of Materials Science, 2004, 39(19): 5887-5904.

[33] Opila E, Levine S, Lorincz J. Oxidation of ZrB_2- and HfB_2-based ultra-high temperature ceramics: Effect of Ta additions[J]. Journal of Materials Science, 2004, 39(19): 5969-5977.

[34] Fahrenholtz W G. Thermodynamic analysis of ZrB_2-SiC oxidation: Formation of a SiC-depleted region[J]. Journal of the American Ceramic Society, 2007, 90(1): 143-148.

[35] Wirkus C D, Wilder D R. High-temperature oxidation of molybdenum disilicide[J]. Journal of the American Ceramic Society, 1966, 49(4): 173-177.

[36] Cherniack G B, Elliot A G. High-temperature behavior of $MoSi_2$ and Mo_5Si_3[J]. Journal of the American Ceramic Society, 1964, 47(3): 136-141.

第7章

TiO_2基巨介电材料及其应用

7.1 引言

随着电子信息技术的不断进步以及微电子产业的迅速发展，对微型、一体化的电子元件提出了更高的要求[1-5]。电容器在这一方面有重要应用，如调谐、滤波、储能等，人们将电容器广泛应用于滤波器、谐振器、传感器等，同时，电容器也在复杂的电子线路构架中起重要作用。由于电子元器件的重要作用以及现有的制造技术无法满足器件微型化的要求，进一步提高材料的介电常数成为一种更加可行的方法[5]。

近年来，随着研究人员的不断探索，大量具有较高介电常数的介电材料被研究和开发。以 $BaTiO_3$ 为代表的铁电体是其中的一种[6-7]，它具有较高的介电常数，但其介电常数受温度影响剧烈，且部分铁电体中还存在铅等元素，不利于环境保护。$CaCu_3Ti_4O_{12}$（CCTO）等类钙钛矿型材料在保持高介电常数的同时具有良好的温度稳定性，但其高介电损耗不能满足实际应用。现代电子与信息技术的飞速发展要求介电材料具有更高的相对介电常数（>1000）、更低的介电损耗（$\tan\delta<0.05$）以及良好的频率和温度稳定性。由于人们对器件的低功耗和高集成需求越来越迫切，研究出具有高介电常数、低介电损耗、高频率稳定性和温度稳定性的介电材料成为当前亟待解决的问题[8-10]。

7.2 巨介电材料简介

7.2.1 电介质极化

电介质以在外加电场下的极化形式来记录、传输或存储电信号。电介质的电阻率普遍非常高，如果从导电性的角度定义电介质，那么电介质就是绝缘体。在电介质中，离子、分子或者原子的正负电荷以离子键或者共价键这两种方式存在，此时离子、分子或者原子被束缚，在外加电场的影响下，在微观尺度上，载流子的迁移使正负电荷发生相对位移，这时载流子不能自由移动，造成了正负电荷中心的不一致，并进一步在电介质中诱发了感应偶极矩，这就是电介质的极化现象[11]。这种材料被称为电介质，部分在外加电场下能够产生极化但电阻率不高的材料也属于电介质。

电介质极化的形成需要一定的响应时间。按照介电材料在外加电场作用下的反应，将电介质极化划分为以下三种类型：①如果外加电场周期比极化形成的时间缓慢时，极化作用可以得到充分的响应，此时无需考虑极化作用的响应过程。②如果外加电场的周期相对于极化形成的时间非常快，极化响应不充分，没有发生极化现象。③如果外加电场的周期和极化所确立的时间近似，此时极化响应受到外加电场的强烈影响，从而产生介电弛豫。所以，即使是同样的介电材料，当外加电场的频率不同时，其极化特性也会发生改变。在介电材料中，可以有多种极化机理同时存在，按照所施加的电场的频率来划分，可将不同的极化机制作为主要机制[11-14]。

如图 7.1 所示，按照极化的响应时间快慢来排序，可以将极化分成以下四种：电子位移极化、离子位移极化、偶极子取向极化和空间电荷极化等。

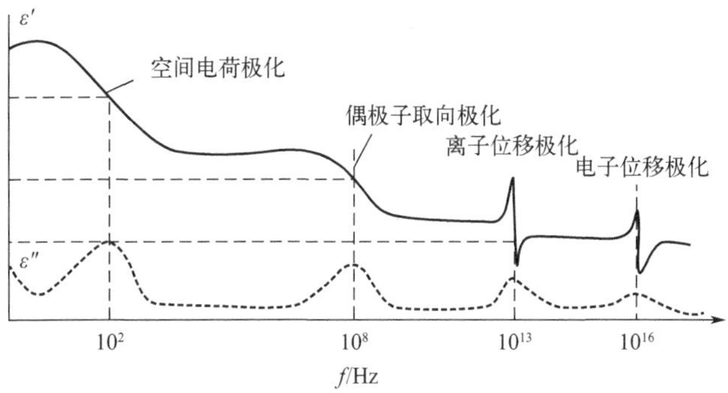

图 7.1　不同极化机制材料的介电性能随频率的变化

① 电子位移极化：这种极化会发生在任何电介质材料中，电介质中各种粒子的电子云会在外电场的作用下发生偏移，电子云的位移导致正负电荷中心不一致，从而诱发形成感应偶极矩，形成电子位移极化，其具有非常高的灵敏度。其响应时间在 $10^{-16}\sim10^{-14}$s，相当于电子绕核运动的周期，如此快的响应速度表明即使外加电场的频率接近于光的频率，电子的位移极化仍有足够的

时间进行响应。这种极化过程不依赖于温度，也不会产生任何的能量损耗。

② 离子位移极化：出现在玻璃、离子晶体等无机电介质中。在外加电场的影响下，正离子沿着电场方向移动，负离子沿着电场相反方向移动，正、负离子的位置发生相对位移，离子与其初始位置的偏移造成了电荷不平衡，从而产生感应偶极矩，这种现象就是离子位移极化，也可以认为是外加电场使得离子间的距离被拉长。其响应时间为 10^{-13}～10^{-12} s，与离子自振周期相近。这一极化过程对温度有一定的依赖性，而且能耗很少。

③ 偶极子取向极化：当施加外电场时，偶极子受电场转矩的影响，其排列方式由热运动作用下的无规则排列变成沿电场的方向偏转，从而使偶极子在宏观上呈现出有序排列，这时偶极子向外呈现出极性，形成了偶极子取向极化，其响应时间约为 10^{-8}～10^{-3} s。由于外加电场使偶极子取向，而高温使偶极子做无规则热运动，所以取向过程的建立是在温度和电场的共同作用下平衡的过程，这个过程消耗能量。

④ 空间电荷极化：空间电荷极化又称为界面极化，它出现在非均质的介质材料中，如晶体材料的晶界、夹层、气泡处等。在外加电场作用下，由于载流子的迁移，在材料的缺陷区域会聚集载流子，电荷在电介质材料中分配不均匀，从而产生极化现象。这类缺陷可以是点缺陷，也可以是线缺陷、面缺陷等，比如杂质、位错、畴界等。空间电荷极化的形成是一个耗时较久的过程，有的甚至需要几小时。其对介电性能的影响主要表现在直流低频下，它对温度有显著的依赖性，随着温度的提高，带电粒子将得到更高的能量，从而脱离束缚向电场方向运动，同时也会中和空间电荷，使其极化度减小。

在特定的电介质材料中，不同的极化机制响应频段不同，多种极化机制可以同时存在，其中起主导作用的极化机制会随着外电场频率、温度等因素发生改变。在外加电场频率由高到低的过程中，电介质材料中可能会发生滞后效应，这是因为极化响应慢的极化跟不上频率的响应，这会导致介电常数的降低和介电损耗峰的出现。

7.2.2 介电常数和介电损耗

介电常数是一种能够用来表征介电材料极化特性和蓄电性能的宏观物理参量。介电常数是这样确定的：

$$\boldsymbol{D}=\varepsilon_0\varepsilon_r\boldsymbol{E}=\varepsilon\boldsymbol{E} \tag{7-1}$$

式中，$\boldsymbol{D}$ 为电位移矢量，C/m^2；$\boldsymbol{E}$ 为电场强度，V/m；ε 为电介质的介电常数，F/m；ε_0 为真空介电常数，8.854×10^{-12}F/m；ε_r 为相对介电常数。介电常数是表征电介质极化特性最重要的物理量之一。高的介电常数代表更强的束缚电荷的能力和更好的绝缘性，这可以促进电子器件的微型化与集成化。我们希望得到具有良好温度稳定性和频率稳定性的材料，所以探索介电常数随温度的变化和介电常数随频率的变化是必要的。

在恒定的电场下，介电材料的介电常数是不变的。而在交变电场发生弛豫极化的情况下，可以用复介电常数 ε^* 来表示电介质材料中对外电场总的介电响应，用公式可表示为：

$$\varepsilon^* = \varepsilon' - i\varepsilon'' \tag{7-2}$$

式中，ε' 为复介电常数的实部；ε'' 为复介电常数的虚部。复介电常数的实部和虚部均表现出与频率相关的特性。电介质中的偶极子在电场作用下会发生取向，取向过程中偶极子相互碰撞会产生能量耗散，用虚部 ε''来表示能量的耗散。

通常用介电损耗角正切 $\tan\delta$ 来表示介电损耗，计算公式如下：

$$\tan\delta = \frac{\varepsilon''}{\varepsilon'} \tag{7-3}$$

在交流电场作用下，介电损耗一般被用来描述介质能量的损耗，其产生的主要因素有极化损耗、电导损耗和谐振损耗。它们的定义如下：带电粒子或空位的跳跃或迁移会产生一种弱电流，电流具有热效应，从而造成一部分电能的损失，这就是电导损耗；极化过程中，带电粒子需要克服热运动达到稳态，这个过程中能量的损耗称为极化损耗；谐振损耗是由于在绝缘材料中不同的微粒与外部电场的频率发生谐振而引起的损耗。降低介电材料的介电损耗可以有效改进电子元器件的发热问题，具有实际的应用价值，这也是电介质材料研究者的重要研究方向之一。

7.2.3 介电弛豫

在外加电场的作用下，体系进入到一个不平衡的状态，在一定的时间内，体系从不平衡到平衡的过程所需要的时间叫作弛豫时间。介电弛豫的实质是微观粒子在极化时发生能量交换和能量损失，其宏观规律取决于粒子间的相互作用。在这些理论中，德拜弛豫和 Maxwell-Wagner 弛豫是最常用的两种理论。

（1）德拜弛豫

介质的极化会有一个过程，这个过程被称作弛豫，完成这个过程的时间被称为弛豫时间。随着频率的提高，某些极化响应无法及时进行，从而产生迟滞，这种现象被称作介电弛豫。在此过程中，由于材料的迟滞效应，材料的局部极化不会对材料的整体极化产生影响，从而引起材料的电容系数降低，而由于迟滞效应，材料的介电损耗增大，两者之间的关系可以用德拜弛豫方程来表述，其表达式为：

$$\varepsilon^*(\omega)=\varepsilon_\infty+\frac{\varepsilon_s-\varepsilon_\infty}{1+i\omega\tau} \tag{7-4}$$

$$\varepsilon'=\varepsilon_\infty+\frac{\varepsilon_s-\varepsilon_\infty}{1+(\omega\tau)^2} \tag{7-5}$$

$$\varepsilon''=\frac{1}{\omega C_0(R_1+R_2)}+\frac{(\varepsilon_s-\varepsilon_\infty)\omega\tau}{1+(\omega\tau)^2} \tag{7-6}$$

$$\tan\delta=\frac{(\varepsilon_s-\varepsilon_\infty)\omega\tau}{\varepsilon_s+\varepsilon_\infty(\omega\tau)^2} \tag{7-7}$$

式中，ε_s 为静态介电常数；ε_∞ 为光频介电常数。

德拜弛豫是一个理想的理论，只能用于描述某些各向同性的物质，但实际中大部分物质都具有多重弛豫，因此它的弛豫过程比较复杂，我们必须修改德拜方程，其计算表达式为：

$$\varepsilon^*(\omega)=\varepsilon_\infty+\frac{\varepsilon_s-\varepsilon_\infty}{1+(i\omega\tau)^\alpha} \tag{7-8}$$

式中，α 为修正参数，$\alpha(0<\alpha<1)$ 越大越接近德拜弛豫。

在研究过程中，把介质的虚部-实部图表示为一个与频率有关的函数，即所谓的科尔-科尔图。从图 7.2（a）中可以看出，在只有一个弛豫时间的情况下，德拜公式可以用半圆形来表达。在一些特殊的情况下，科尔-科尔图的确是一个半圆形。然而，在很多介质中，这些曲线不再是半圆形，而是扁平的或非对称的[14]。

（2）Maxwell-Wagner 弛豫

在非均质材料中，因材料的介电和导电性能存在差异，在外加电压作用下，材料将产生一种随频率变化的介电响应，尤其是在低频段，材料中将出现电荷聚集现象，即 Maxwell-Wagner 极化。该极化现象通常存在于两种情况，一种是介观层次，一种是宏观层次。前者出现在电介质内部边界层上，后者出现在样品-电极界面上。这两个模型的介电常数的实部值与德拜弛豫方程基本一致。然而，在介电常数的计算中，介电常数的虚部存在着一些差异。在高频下，两者的虚部值基本一致。而在低频下两者产生明显差异，Maxwell-Wagner 弛豫的介电常数比德拜弛豫要高得多，同时介电损耗也远远高于德拜弛豫。如图 7.2（b）所示，Maxwell-Wagner 复阻抗的科尔-科尔图由两个半圆组成，小半圆代表着高频区域的本征介电响应，大半圆则代表低频区域的界面阻抗层的介电响应。德拜弛豫仅存在一个半圆形，因而可将两种弛豫模式区别开来。

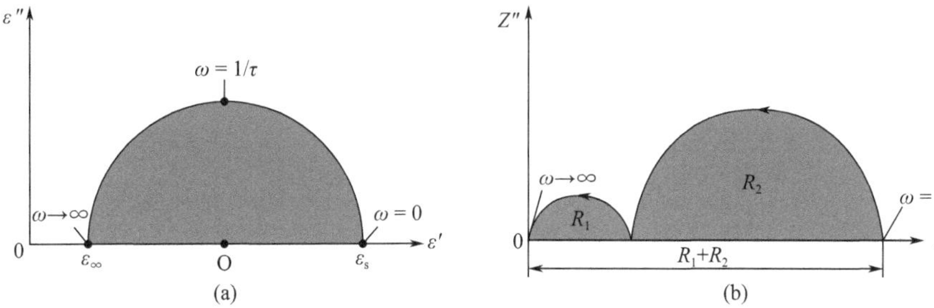

图 7.2　(a) 德拜弛豫方程的科尔-科尔图；(b) Maxwell-Wagner 弛豫方程的科尔-科尔图

7.2.4　巨介电材料的种类

电介质材料的极化性能和介电常数有关，介电常数越高，极化能力越强。材料的介电常数高于 1000 时，这种材料被称为巨介电材料。高的介电常数代表相同体积下可以得到更高的电容，对器件的微型化和集成化具有重要意义，随着电子信息技术的快速发展，也对巨介电材料提出了更高的要求。高性能的巨介电材料不仅需要有高的介电常数、低的介电损耗，还需要有良好的频率及温度稳定性等。为了实现这些目标，研究者对多种巨介电材料进行探索，下面介绍其中几种关注度较高的材料。

7.2.4.1　$BaTiO_3$ 基材料

$BaTiO_3$ 的晶体结构是典型的钙钛矿结构，由 Thurnauer 在 1941 年首次发现，在其居里温度附近存在一个异常高的相对介电常数（约 10^4）[15]。在不同的温度下，$BaTiO_3$ 呈现出不同的晶体结构：高于居里温度（T_c）时为立方结构，低于 T_c 时为四方结构。这使 $BaTiO_3$ 的巨介电性能受温度影响强烈，当温度低于 T_c 时介电常数急剧下降。可以通过掺杂来改善 $BaTiO_3$ 的介电性能，研究者通过在 $BaTiO_3$ 中掺入 $CaTiO_3$ 成功将其 T_c 降至室温；Yao 等研究了 Nb_2O_5 掺杂对 $BaTiO_3$ 陶瓷的影响[16]，结果表明，Nb_2O_5 的掺杂可以改善材料的介电性能，提高材料介电常数的温度稳定性，研究者认为其原因是 Nb 元素在晶界及晶粒中的不均匀分布降低了 $BaTiO_3$ 自发极化；Wang 等研究了 $BaTiO_3$ 颗粒尺寸和介电性能的关系[17]，发现颗粒尺寸与烧结物的晶粒尺寸基本呈线性关系，而粉体的颗粒尺寸越小，其介电特性越好；Yang 等在保持低介电损耗的前提下，制备出具有核-壳结构的 $BaTiO_3$ 陶瓷[18]，从而获得了具有高介电常数和高储能密度的材料。以上几种处理方式对 $BaTiO_3$ 基陶瓷的介电性能都有不同程度的改善。

7.2.4.2 $CaCu_3Ti_4O_{12}$ 基材料

$CaCu_3Ti_4O_{12}$ 为体心立方钙钛矿结构，其巨介电特性于 2000 年被 Subramanian 发现[19]。$CaCu_3Ti_4O_{12}$ 的介电常数高达 10^4，它不仅具有高的介电常数，并且介电常数不随温度的改变发生显著的变化，具有良好的温度稳定性。$CaCu_3Ti_4O_{12}$ 材料在较宽的频率和温度范围内介电常数不会发生明显的改变，这引起了科研工作者的研究兴趣。但是当温度降低到 100K 以下后，$CaCu_3Ti_4O_{12}$ 的介电常数急剧降低，伴随着介电损耗的急剧增加[20-21]，这个温度下高的介电损耗限制了 $CaCu_3Ti_4O_{12}$ 材料在电子元器件领域的实际应用，虽然通过元素掺杂的方式可以降低一定的损耗，但还是不能达到应用水平[22]。

研究者对 $CaCu_3Ti_4O_{12}$ 材料的巨介电起源进行研究和分析，普遍认为 $CaCu_3Ti_4O_{12}$ 的巨介电特性来源于 Maxwell-Wagner 效应：这是由材料的非均匀介质中电导率不一致引起的，当施加交流电场时，不同介质的界面上会出现表面电荷的积聚，这个过程类似于德拜弛豫现象。还有研究者认为 $CaCu_3Ti_4O_{12}$ 的巨介电特性来源于 IBLC 和 SBLC 效应：Sincliar 通过分析 $CaCu_3Ti_4O_{12}$ 的阻抗谱发现，$CaCu_3Ti_4O_{12}$ 材料内部存在大量绝缘晶界和半导体晶粒[23]，晶界的电阻远远高于晶粒的电阻，在外加电场条件下，这种结构会形成许多小的电容，串联在一起得到巨介电性能，这一模型被称为内部阻挡层模型。Prakash 等发现 $CaCu_3Ti_4O_{12}$ 的介电性能和其厚度有关[24]，厚度越薄，介电常数越高，损耗越低，他们将这种现象归因于表面效应。在 $CaCu_3Ti_4O_{12}$ 单晶中也发现了巨介电现象，随着孪晶结构[25]的发现，这种现象得到合理解释，研究者认为孪晶晶界也会产生类界面效应，从而引起巨介电现象。这些效应可以归因于由异质结构引起的非本征机制。另外，研究者提出了 $CaCu_3Ti_4O_{12}$ 的巨介电性能也可能是本征机制和非本征机制同时作用的结果[26]。

7.2.4.3 共掺杂 TiO_2 巨介电陶瓷

TiO_2 是一种非常典型的线性电介质材料。在自然界中，它的晶体结构主要有三种：金红石型、锐钛矿型和板钛矿型。其中最为稳定的是金红石型。其 Ti^{4+} 的配位数为 6，半径约为 0.074nm。尽管它的储量丰富，并且在单一氧化物中，金红石 TiO_2 的介电常数最高（约 200），但仍然无法满足实际应用[27]。因此科研人员致力于提高金红石 TiO_2 的介电常数。

在 2013 年，澳大利亚国立大学的刘芸等通过传统的固相法，制备出 In^{3+} 和 Nb^{5+} 共掺杂的金红石 TiO_2 陶瓷。该介电陶瓷具有非常好的介电性能。在温度 80～450K、频率 20Hz～2MHz 的范围内，其相对介电常数可以达到 4×

10^4，同时介电损耗可以保持低于 0.05，如图 7.3 所示。优异的温度与频率稳定性引起了众多研究者的兴趣，探索相关的共掺杂材料以及探究背后的机理成为科研圈的热点[28]。

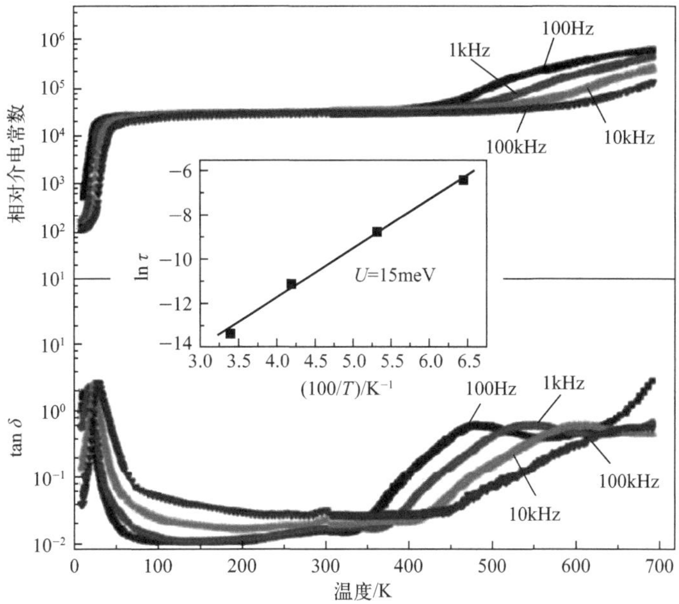

图 7.3　In^{3+} 与 Nb^{5+} 共掺杂金红石 TiO_2 陶瓷介电温谱[28]

刘芸等提出一种名为电子钉扎缺陷偶极子（EPDDs）的机理来解释 In^{3+} 和 Nb^{5+} 共掺杂金红石 TiO_2 陶瓷巨介电的来源。他们认为 In^{3+} 作为受主掺杂，会生成氧空位，而 Nb^{5+} 作为施主掺杂提供电子，促使部分 Ti^{4+} 得到一个电子被还原成 Ti^{3+}。用以下方程表示为：

$$In_2O_3+2TiO_2 \longrightarrow 2In'_{Ti}+V_O^{\cdot\cdot}+3O_O \tag{7-9}$$

$$Nb_2O_5+2TiO_2 \longrightarrow 2Ti'_{Ti}+2Nb_{Ti}^{\cdot}+8O_O+\frac{1}{2}O_2\uparrow \tag{7-10}$$

$$Ti^{4+}+e' \longrightarrow Ti^{3+} \tag{7-11}$$

因此，在 In^{3+} 和 Nb^{5+} 共掺杂金红石 TiO_2 陶瓷中就存在着三角配位的 $In_2^{3+}V_O^{\cdot\cdot}Ti^{3+}$ 与八面体配位的 $Nb_2^{5+}Ti^{3+}A_{Ti}$（$A=Ti^{3+}$、In^{3+}、Ti^{4+}）的缺陷团簇，如图 7.4 所示。这些团簇会耦合在一起，形成巨缺陷偶极子。这些缺陷偶极子会将电子局域化，从而对介电常数作出巨大贡献。同时，由于电子被钉扎在缺陷里，只能在局域运动，因此损耗也非常低。

随后，刘芸课题组也做了其他种类的共掺杂金红石 TiO_2 陶瓷。他们发现

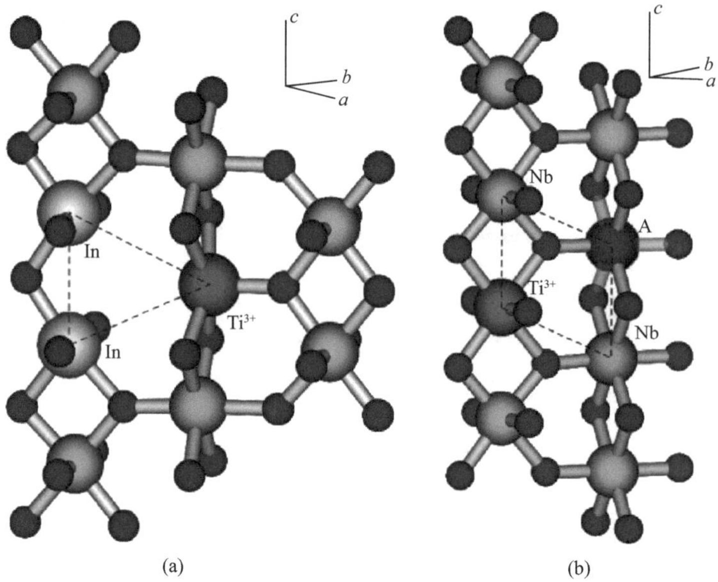

图 7.4 In^{3+} 与 Nb^{5+} 共掺杂金红石 TiO_2 陶瓷中三角结构$In_2^{3+}V_O^{\cdot\cdot}Ti^{3+}$与菱形结构 $Nb_2^{5+}Ti^{3+}A_{Ti}$（A＝Ti^{3+}、In^{3+}、Ti^{4+}）耦合的巨缺陷偶极子结构示意图[28]

Al^{3+} 与 Nb^{5+} 共掺杂金红石 TiO_2 陶瓷的样品厚度会影响巨介电性能，并且指出 Ti^{3+} 浓度梯度层的出现会导致表面自由电子较少，而内部自由电子较多。这种表面区域会阻止内部自由电子的进一步扩散。他们将 Al^{3+} 与 Nb^{5+} 共掺杂金红石 TiO_2 陶瓷巨介电响应归结为 SBLC 效应[29]。而在 Ga^{3+} 与 Nb^{5+} 共掺杂金红石 TiO_2 陶瓷中，他们发现既不会像 In^{3+} 和 Nb^{5+} 共掺杂的金红石 TiO_2 陶瓷那样形成能将电子固定的缺陷团簇，也不像 Al^{3+} 与 Nb^{5+} 共掺杂金红石 TiO_2 陶瓷产生 Ti^{3+} 浓度梯度分布。他们认为 Ga^{3+} 与 Nb^{5+} 共掺杂金红石 TiO_2 陶瓷巨介电的来源是由于在低温下的类极化子弛豫以及在高温下的 SBLC 效应。综合以上对不同元素掺杂的结果分析，他们认为受体离子的不同大小，导致了不同的局部化学环境。这实际上是决定电子钉扎缺陷偶极子团簇是否能形成的重要因素。由于 Al^{3+}、Ga^{3+} 的离子半径较小，因此无法产生 EPDDs[30]。

也有很多科研人员做了其他施主-受主共掺杂的金红石 TiO_2 陶瓷，并对其巨介电性能进行了分析[31-35]。四川大学的吴家刚等[36]制备了大量三价元素（Bi^{3+}、Fe^{3+}、Ga^{3+}、Ho^{3+}、La^{3+}、Gd^{3+}、Dy^{3+}、Y^{3+}、Yb^{3+}、Sm^{3+}、In^{3+}、Al^{3+}、Sc^{3+}）和五价元素（Nb^{5+}、Ta^{5+}、Sb^{5+}）共掺杂陶瓷，以及二

价元素（Ba^{2+}、Ca^{2+}、Zn^{2+}、Mg^{2+}）与 Nb^{5+} 共掺杂陶瓷，他们发现所有的陶瓷均具有巨介电性能。西南科技大学的魏贤华等[37-38]制备了 Er^{3+} 与 Nb^{5+}、Mg^{2+} 与 Nb^{5+} 的陶瓷，也获得了巨介电性能，并且可以用 EPDDs 进行解释。

然而也有其他课题组对 In^{3+} 和 Nb^{5+} 共掺杂的金红石 TiO_2 陶瓷中电子钉扎缺陷偶极子（EPDDs）机理产生了质疑。西安交通大学李景雷等[39-40]认为 In^{3+} 和 Nb^{5+} 共掺杂的金红石 TiO_2 陶瓷中的巨介电现象的来源应该是 IBLC 效应。IBLC 效应是由 Sincliar 等[41-42]提出用来解释 CCTO 中材料巨介电性能来源的机理。他们发现 CCTO 内部是由半导的晶粒和绝缘的晶界组成的，晶粒和晶界电阻的巨大差异会导致当施加外界电场时，大量电荷会在晶界处聚集。因此在 CCTO 中，无数晶界和晶粒形成了许多电容器。这些电容器通过串并联的方式连接在一起，形成了巨大的电容。而李景雷等通过阻抗谱和对 I-V 曲线的分析，证明了陶瓷是由半导化的晶粒和绝缘晶界组成，认为这与 CCTO 相似，因此可以用 IBLC 效应进行解释。

山东大学张家良课题组[43]通过退火处理，认为 In^{3+} 和 Nb^{5+} 共掺杂的金红石 TiO_2 的介电常数在低频范围内可以归因于电极与样品的非欧姆电极接触。1MHz 以上的介电弛豫可归因于 IBLC 效应。哈尔滨工业大学宋永利等[44]发现在 In^{3+} 和 Nb^{5+} 共掺杂的金红石 TiO_2 单晶陶瓷中，230K 以下便没有巨介电性能，而在多晶陶瓷中，50K 以上就有巨介电性能，因此他们认为用 IBLC 效应来解释 TiO_2 陶瓷的巨介电行为更为合理。

赵小刚等[45]制备了 In^{3+} 和 Nb^{5+} 共掺杂的金红石 TiO_2 陶瓷，陶瓷的介电常数可以在 30～300K 温度范围和 20Hz～1MHz 范围内保持 10^3 以上，并维持较小的损耗（$\tan\delta<0.05$）。并且通过分析发现，至少有三种极化机制。第一种是在温度低于 50K 时，出现的局域化电子极化。第二种是极化子的跳跃极化，通常在高于 50K 低于 200K 时出现。第三种是缺陷团簇会集聚于界面，形成界面极化。宋月婵等[46]制备了 La^{3+} 与 Nb^{5+} 共掺杂金红石 TiO_2 陶瓷，经研究发现退火处理可以让陶瓷样品的巨介电常数截止频率由 1MHz 提高到 100MHz。退火 30min 后的样品在 0.5Hz～10MHz 的频率范围内具有高的相对介电常数（1×10^4）和低的介电损耗（$\tan\delta<0.1$）。并且发现有三种极化机制对 La^{3+} 与 Nb^{5+} 共掺杂金红石 TiO_2 陶瓷的巨介电行为产生贡献。这三种机制分别为 EPDDs 极化、极化子跃迁和界面极化。并且 EPDDs 极化的巨介电行为的贡献最大，可以发现当频率达到 100MHz 时，陶瓷的巨介电行为基本是由 EPDDs 极化引起的。

也有科研人员在纯金红石 TiO_2 陶瓷中发现有巨介电性能。安徽大学汪春昌等[47]发现纯金红石 TiO_2 陶瓷在高温烧结及缺氧环境中，样品中氧空位的存

在会导致部分 Ti^{4+} 转变为 Ti^{3+}。Ti^{4+} 和 Ti^{3+} 之间的电子跳跃会引起极化子弛豫，对介电行为产生贡献。

7.3 掺杂调控 TiO_2 基巨介电陶瓷性能

自从 2013 年刘芸等报道了 In^{3+} 和 Nb^{5+} 共掺杂金红石 TiO_2 陶瓷，发现在陶瓷中存在着三角配位的 $In_2^{3+}V_O^{\cdot\cdot}Ti^{3+}$ 与八面体配位的 $Nb_2^{5+}Ti^{3+}A_{Ti}$（A＝Ti^{3+}、In^{3+}、Ti^{4+}）的缺陷团簇。这些团簇会耦合在一起，形成巨缺陷偶极子，将电子局域化，从而对介电常数作出巨大贡献。同时，由于电子被钉扎在缺陷里，只能在局域运动，因此损耗也非常低。此后大量不同金属元素共掺杂金红石 TiO_2 陶瓷不断被制备出来。其中就有通过设计引入第二相修饰晶界、增加晶界绝缘性、提高介电性能等相关工作。

同时，在光催化领域中科研人员为了提高 TiO_2 基材料的光催化性能，经常会用到的方法也是离子掺杂。离子掺杂是指将金属或非金属离子掺杂进 TiO_2 晶格，在掺杂过程中，电子结构会发生重新调整，促进缺陷的形成并让晶体结构产生变化。从而使 TiO_2 的能带结构发生变化，降低光生电子和空穴对的复合率，提高 TiO_2 的光催化性能。其中离子掺杂按照掺杂元素种类的不同，可以分为金属离子掺杂和非金属离子掺杂。金属掺杂中有过渡金属（Cr、Co、Ni）离子掺杂和稀土金属（Gd、Ce、La）离子掺杂等。非金属离子掺杂有 C、N、S、B、F、P 等。

其中在众多非金属元素中，N 掺杂 TiO_2 的研究最多。Reza 等[48]在比较不同的阴离子（包括 C、N、F、P 或 S）掺杂进入锐钛矿 TiO_2 晶格后的密度态后，认为 N 在所有的非金属掺杂元素中是最合适的。Marques 等[49]采用溶胶-凝胶法，以尿素为氮源，成功制备了具有较高比表面积和光催化活性的氮掺杂 TiO_2 纳米粒子。Bakar 等[50]以氨水为氮源，用水热法成功制备出 N 掺杂 TiO_2 纳米棒。他们发现与原始样品相比，N 掺杂引起能带边缘明显的红移并降低了带隙能，增加了可见光的吸收。

研究表明，N 掺杂进入 TiO_2 晶格的形式有两种，分别为取代位掺杂和间隙掺杂。取代位掺杂的 N 是以 Ti—N—Ti 键的形式存在，其 N 1s 结合能的峰通常位于 396～398eV。而间隙掺杂中，N 是以 Ti—O—N 或是 Ti—N—O 键的形式存在，其 N 1s 结合能的峰通常位于 399～406eV[51-52]。不同位置的 N 掺杂会改变 TiO_2 的禁带宽度，从而对 TiO_2 的光催化性能产生影响。Asahi 等[53]通过研究 N 掺杂进入锐钛矿 TiO_2，认为 N 的取代位掺杂会让禁带宽度变窄，增强对可见光的吸收。然而 Finazzi 等[51]在对 N 掺杂锐钛矿 TiO_2 的研究中指出，N 原子更倾向于占据间隙位置。并且不管是间隙位还是取代位，都会在氧化物的带隙中产生局域态，导致吸收边缩短，禁带宽度变宽。此外，Pacchioni 等[54]指出由于不同的结构和密度，取代位 N 掺杂对锐钛矿 TiO_2 和金红石 TiO_2 光催化性能的影响是相反的，N 掺杂锐钛矿 TiO_2 会导致吸收边红移，带宽变窄；而 N 掺杂金红石 TiO_2 会导致吸收边蓝移，带宽变宽。Diwald 等[55]对取代位 N 掺杂金红石 TiO_2 单晶的研究也表明，与未掺杂晶体相比，掺杂后吸收边会发生蓝移，禁带变宽。总之，不同位置的 N 掺杂以及不同的晶体结构都会产生不同的效果，还需要做进一步的研究。

也有相关研究工作围绕 B 掺杂 TiO_2 展开。Oksuz 等[56]的研究表明，B 掺杂可以将锐钛矿 TiO_2 的光谱响应扩展到可见光区，提高其光催化性能。Chai 等[57]用溶胶-凝胶法制备出 B 掺杂锐钛矿型 TiO_2 纳米粒子。结果表明，所有 B 掺杂的 TiO_2 纳米材料均表现出比纯 TiO_2 样品更高的光催化活性。而对 B 掺杂 TiO_2 的相关研究表明，B 掺杂进 TiO_2 晶格后可以进入间隙位置形成 Ti—O—B 键，其 B 1s 结合能的峰通常位于 191.5～192.0eV[58]；也可以进入取代位置，形成 Ti—B 键或者 Ti—B—O 键[59]，其 B 1s 结合能的峰通常位于 192.8～194.0eV，但在高温作用下一般都会进入较为稳定的间隙位置[58]。Yang 等[60]的研究结果表明，取代位 B 掺杂会导致锐钛矿 TiO_2 和金红石 TiO_2 吸收边红移，带宽变窄；而间隙位 B 掺杂会导致锐钛矿 TiO_2 和金红石 TiO_2 吸收边蓝移，带宽变宽。Geng 等[61]利用密度泛函理论（DFT）计算也表明，取代位 B 掺杂锐钛矿 TiO_2 可导致吸收边红移，带宽变窄，而间隙位 B 掺杂会引起带宽变宽。

此外，也有研究者考虑将 B 和 N 共掺杂，探究其对 TiO_2 光催化性能的影响。Liu 等[62]采用两步水热法合成不同掺 B 量的介孔 TiO_2，然后在氨气气氛下掺杂 N。结果表明，B 和 N 共掺杂有利于提高光催化性能。他们认为 N 和 B 共掺杂会在 TiO_2 表面附近形成新的 O-Ti-B-N 结构，这种结构会促进载流子的分离和转移，有利于电子的跃迁。

金属离子和非金属离子共同掺杂也是光催化领域研究的热点。刘芸等[63]通过利用共掺杂在氧化物中制造缺陷团簇的思想，成功地将 N^{3-} 与 Nb^{5+} 共掺进入锐钛矿 TiO_2，形成 N^{3-}-Nb^{5+} 的缺陷对。这会大大减小带宽，从而增强可见光的吸收，提高光催化性能。而在 TiO_2 基巨介电材料的研究中，掺杂元素均为金属元素，而对非金属元素掺杂鲜有研究。因此在对 TiO_2 基材料的研究中，也可以考虑用非金属离子掺杂，探究其对介电性能的影响。

7.3.1 BN的引入对金红石 TiO_2 陶瓷介电性能的调控

将绝缘二维材料六方氮化硼（h-BN）引入金红石型 TiO_2 陶瓷以及 ANTO（$Al_{0.15}Nb_{0.15}Ti_{0.7}O_2$）陶瓷中，用以提高晶界电阻。BN 是一种具有宽禁带（5.2～5.9eV）的二维绝缘材料。氮化硼是一种可靠的绝缘体，常被用作层状材料的衬底和栅极绝缘层，以提高载流子迁移率，并且由于 BN 具有层状结构，因此介电击穿存在很强的各向异性[64]。Hattori 等[65]的研究表明，垂直和平行于 c 轴方向（记为 $E_{BD}\perp c$ 和 $E_{BD}/\!/c$）的击穿场强分别为 3MV/cm 和 12MV/cm，而且 $E_{BD}/\!/c$ 随着厚度的增加会减小，这是因为较厚的氮化硼薄片中存在更多的缺陷。当 BN 厚度约为 3nm 时，其 E_{BD} 可达 20MV/cm，而当 BN 厚度大于 20nm 时，其 E_{BD} 仅为 12MV/cm。因此如果将呈薄片状的氮化硼纳米片（BNNS）成功引入金红石型 TiO_2 陶瓷，并在晶界处富集，那么理论上就会极大提高晶界电阻，提高陶瓷的介电性能。此外，由于 N 和 B 原子体积小且活性强，高温烧结过程有利于 N 和 B 向金红石型 TiO_2 晶格中扩散。长期以来，这些非金属原子是有效的阴离子掺杂剂，可以影响材料的电子传输性能。因此，可以对 N、B 的掺杂对金红石型 TiO_2 陶瓷和 ANTO 陶瓷介电性能的影响进行深入研究。

相比于传统的球磨法，絮凝法可以有效地保证 BNNS 的片状特性不被破坏[66-67]。如图 7.5 所示，将横向粒径在 1～10μm、厚度在 50nm 以上的六方氮化硼（h-BN）粉体超声振荡剥离得到剥离氮化硼纳米片（BNNS）悬浊液[68]，离心（12000r/min，保持 15min）后静置 72h 得到实验中所需的 BNNS 悬浮液。通过称量干燥悬浮后的粉体，可以计算出悬浮液中 BNNS 的浓度约为 20mg/L。

接下来将含有 BNNS 的悬浮液按照相应的比例倒入 TiO_2 悬浮液中，并在搅拌过程中加入适量稀盐酸，以保证液体的 pH 维持在 4～5 之间。由于 BNNS 水解后的硼（B）边缘具有垂直的链羟基，因此 BNNS 表面会产生负电荷。对于 TiO_2 粒子，表面的两性羟基在酸性 pH 区域会产生正电荷。因此 pH 在 4～5 的条件下，带负电荷的 BNNS 与带正电荷的 TiO_2 粒子之间的吸引力可使 TiO_2/BNNS 在数分钟内沉降。几小时后，带有 BNNS 的 TiO_2 粒子会完全沉淀下去，上清液会变得完全透明。将上清液倒掉，并将沉淀物干燥后得到复合粉体。这种絮凝法可以在不需要化学方法、表面活性剂或有机溶剂的情况下防止 BNNS 在干燥过程中的重新团聚，并保证 BNNS 在金红石型 TiO_2 粉末中的均匀分散。为方便起见，所有样品均标记为 TiO_2-xBNNS，$x=0$，0.2，0.4，0.6，0.7，1.0。其中，x 为加入基体粉中 BNNS 的质量比。（当 $x=0.2$

时，表示 BNNS 和基体粉的质量比为 0.2%，为方便起见，样品命名时省略百分号)。将粉末压制成直径为 10mm、厚度约为 1.5mm 的圆柱型坯体，经冷等静压（压强 300MPa，保压时间 5min）后，样品放在管式炉中在氮气气氛下（流速 160mL/min）进行烧结，烧结温度为 1623K，保温时间为 10h，升降温速率均为 3K/min，待炉体冷却到室温得到致密样品。

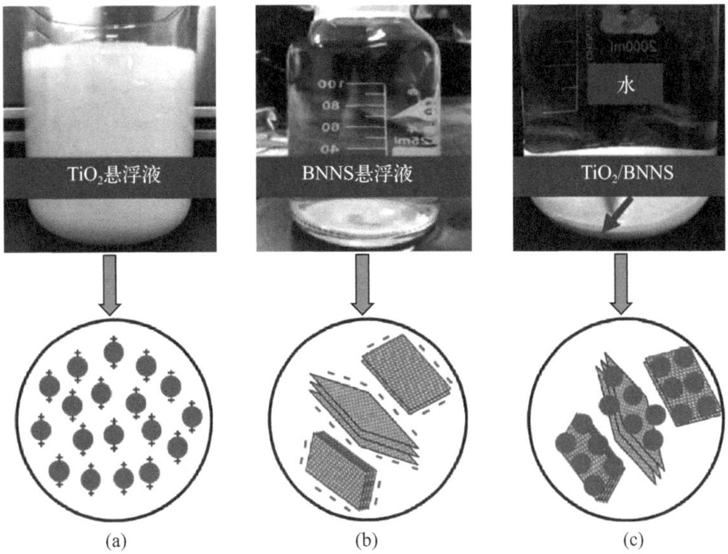

图 7.5　絮凝过程示意图

(a) TiO_2 悬浮液；(b) BNNS 悬浮液；(c) 通过絮凝法得到的 TiO_2/ BNNS 沉淀物

图 7.6 是 TiO_2-BNNS 陶瓷在室温下的介电频谱。当 BNNS 的引入量为 0.2 %（质量分数）和 0.4%（质量分数）时，样品的介电常数和损耗并没有明显的变化。当引入量增加到 0.7%（质量分数）时，介电性能有了较为明显的提升。而当 BNNS 的引入量为 1.0%（质量分数）时，介电性能又会有所下降。因此 BNNS 的引入量非常关键，这会极大地影响陶瓷的介电性能。

从图中可以看到纯金红石 TiO_2 陶瓷在频率大于 100kHz 时，介电常数会迅速下降。而 TiO_2-0.7BNNS 的介电常数可以一直保持较高的数值，直到频率达到 10MHz。当频率为 10MHz 时，TiO_2-0.7BNNS 的介电常数为 897，是纯金红石 TiO_2 在此频率下介电常数的 4.5 倍，损耗为 0.17，仅为纯金红石 TiO_2 的介电损耗的 0.3 倍。在 1kHz～10MHz 的频率范围内，TiO_2-0.7BNNS 的介电损耗也均低于纯金红石 TiO_2，这说明当 BNNS 的引入量为 0.7%（质量分数）时，会有效地提高介电常数在高频的稳定性，并且会有效地降低介电

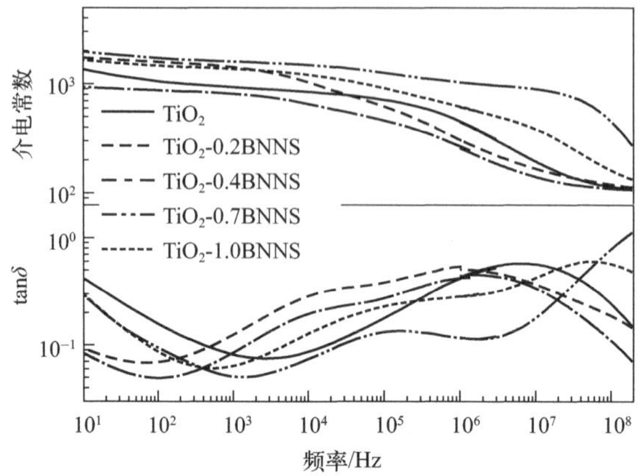

图 7.6　TiO_2-BNNS 陶瓷在室温下的介电频谱

损耗。TiO_2-0.7BNNS 在 10MHz 还能保持良好的介电性能，并维持较小的损耗，这无疑有很高的价值，值得做进一步探究。

为了进一步探究 TiO_2-0.7BNNS 的介电特性，我们对 TiO_2 及 TiO_2-0.7BNNS 进行了介电温谱以及在不同温度下的介电频谱分析。从图 7.7 中（a）和（b）可以看到，纯金红石 TiO_2 在温度低于 300K 时，在 1Hz～1MHz 的频率范围内的相对介电常数均小于 1000，介电常数的温度稳定性较差。然而，TiO_2-0.7BNNS 即使在 150K，在 1Hz～1MHz 的频率范围内的介电常数均大于 1000。在图 7.7（d）中可以看到，当温度只有 143K、频率为 3MHz 时，TiO_2-0.7BNNS 的相对介电常数依然大于 1000。这些都充分说明了 TiO_2-0.7BNNS 具有非常好的介电频率稳定性和温度稳定性，并且可以推测在更低的温度下，应该还有弛豫峰的存在，不然无法解释 TiO_2-0.7BNNS 的介电常数截止频率可以提升至 10MHz 的现象。

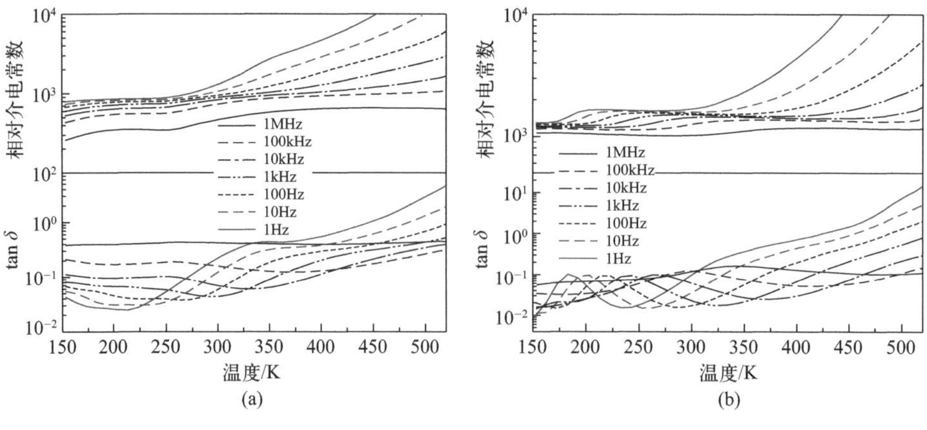

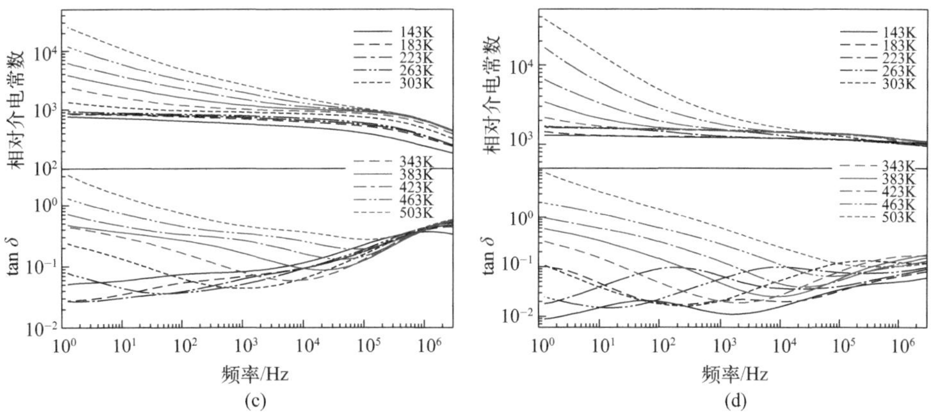

图 7.7　TiO_2-BNNS 陶瓷的介电温谱（150～550K）及 TiO_2-BNNS 陶瓷在不同温度下的介电频谱（1～3MHz）

(a) TiO_2；(b) TiO_2-0.7 BNNS；(c) TiO_2；(d) TiO_2-0.7 BNNS

为了进一步探究引入 BNNS 后提高纯金红石 TiO_2 陶瓷介电常数截止频率背后的机理，对 TiO_2-0.7BNNS 和 TiO_2 测试了温度范围在 8～300K 的介电性能，并系统研究了它们在低温下的介电弛豫差异。图 7.8（a）显示，随着频率的增加，纯 TiO_2 陶瓷在 20～200K 之间只有一个弛豫峰，且均随着温度的升高向高频移动，表现出热激活特性。在频率为 1kHz 时，相对介电常数从 134 增加到 628。这种现象与汪春昌等报道的金红石型 TiO_2 的弛豫类似[47]。这种弛豫的活化能可以用 Arrhenius 定律计算：

$$\tau = \tau_0 \exp\left(-\frac{E_a}{k_B T}\right) \tag{7-12}$$

式中，τ 为弛豫时间；τ_0 为常数；k_B 为玻尔兹曼常数；E_a 为弛豫过程所需的活化能；T 为热力学温度。经过计算可以得到活化能为 67meV。这与之前报道的在 Ti^{4+} 和 Ti^{3+} 之间由于电子跃迁引起的极化子弛豫（50～80meV）的活化能一致[69]。

与纯金红石 TiO_2 不同，TiO_2-0.7BNNS 陶瓷有三个明显的弛豫峰，分别为 R1、R2 和 R3［图 7.8（b）］，且 3 种弛豫峰均随着温度的升高向高频移动，表现出热激活特性。R2 弛豫发生在 30～200K 的温度范围内，用 Arrhenius 拟合计算的活化能为 75meV，这与纯金红石 TiO_2 的弛豫峰相似，说明其为极化子弛豫。因此，增加的两个弛豫峰 R1 和 R3 应该与将 BNNS 引入金红石 TiO_2 密切相关。在温度高于 200K 时，计算的活化能为 386meV，这种较大的数值表明 R3 弛豫峰可以归因于 Maxwell-Wagner 极化[70]。这种界面极化响应主要

影响纯金红石 TiO_2 在 1MHz 以下的巨介电行为，这表明 IBLC 效应对含 BNNS 的样品在高频下的介电常数提高中并不是主要机制。因此，R1 弛豫峰是引起在温度低于 30K 时发生介电常数跃迁式增加现象的原因。经过计算可以得到 R1 的活化能为 15meV。这一数值非常小，与其他施主-受主共掺杂金红石 TiO_2 材料的活化能一致。这表明 TiO_2-0.7BNNS 样品中存在电子冻结的激活弛豫过程。经过计算得到的弛豫时间 τ 为 7.66×10^{-11}s，这表明 R1 弛豫峰是导致介电常数一直保持在 10MHz 的主要机制[46,71]。

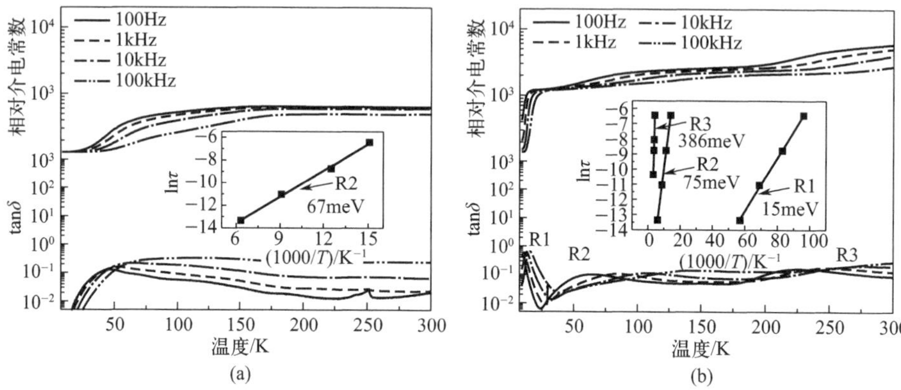

图 7.8 TiO_2-BNNS 陶瓷的介电温谱（8～300K）

（内插图是 TiO_2 和 TiO_2-0.7BNNS 的 Arrhenius 拟合图）

(a) TiO_2；(b) TiO_2-0.7 BNNS

为了进一步探究 BNNS 的引入对金红石 TiO_2 陶瓷的介电性能和弛豫行为产生强烈影响的原因，对 TiO_2-BNNS 陶瓷进行了相结构的表征来确定是否有第二相的形成。图 7.9 为 TiO_2-BNNS 陶瓷的 XRD 图。从图中可以看到，所有样品的图谱与标准金红石卡片图谱对比后，各个组分的晶面衍射峰均与卡片对齐，并未出现其他类型的衍射峰。说明 TiO_2-BNNS 陶瓷均为金红石型 TiO_2 相（PDF＃21-1276），并没有第二相的存在。因此，BNNS 很有可能在烧结过程中与 TiO_2 发生反应，需要做进一步的分析。

图 7.10 为 TiO_2-BNNS 陶瓷在引入不同量 BNNS 的扫描电镜图。从图中可以看到随着 BNNS 引入量的增加，晶粒的尺寸先增大再减小，但都大于纯金红石 TiO_2。说明 BNNS 的引入可以活化晶界，促进烧结过程中晶粒的生长。用粒径统计软件可以得到平均晶粒尺寸分别为：TiO_2（4.5±1.6）μm；TiO_2-0.2BNNS（4.6±1.6）μm；TiO_2-0.4BNNS（6.1±2.6）μm；TiO_2-0.7BNNS（5.0±1.7）μm；TiO_2-1.0BNNS（5.0±2.3）μm。其中，TiO_2-0.4BNNS 的

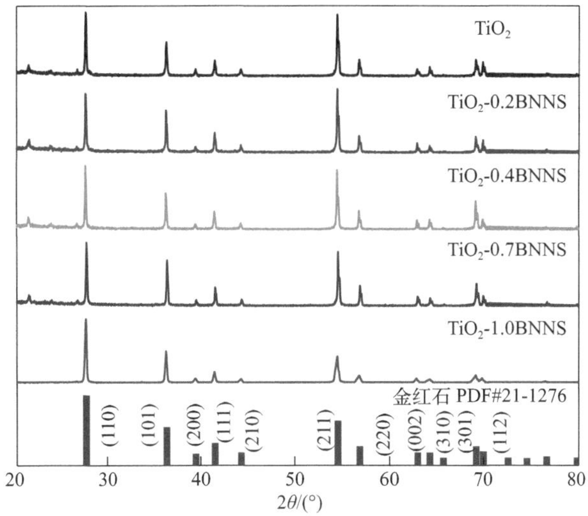

图 7.9　TiO_2-BNNS 陶瓷的 XRD 图谱

晶粒尺寸最大，说明 BNNS 的引入量为 0.4%（质量分数）时最有利于晶粒的生长。

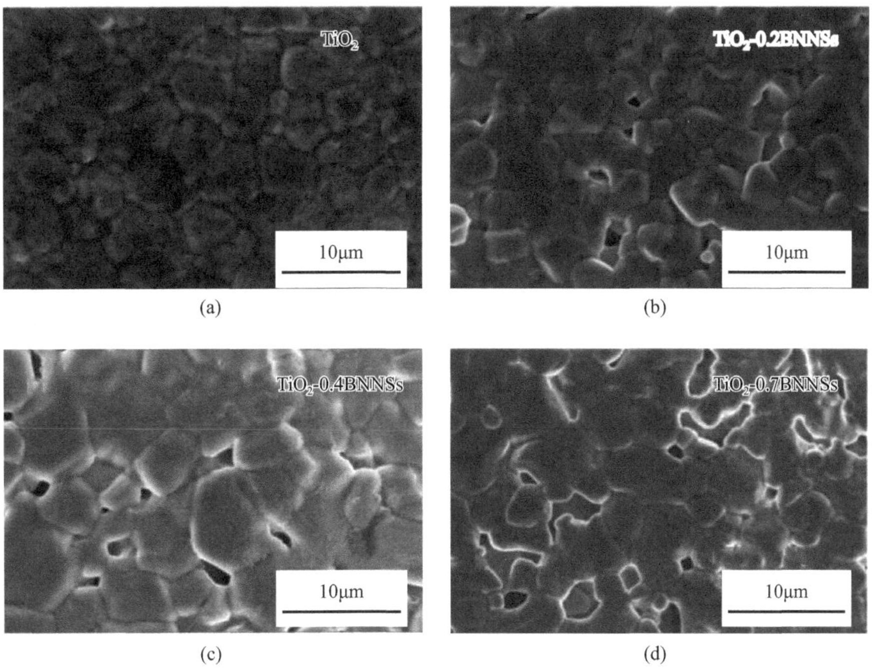

(a)　(b)　(c)　(d)

图 7.10

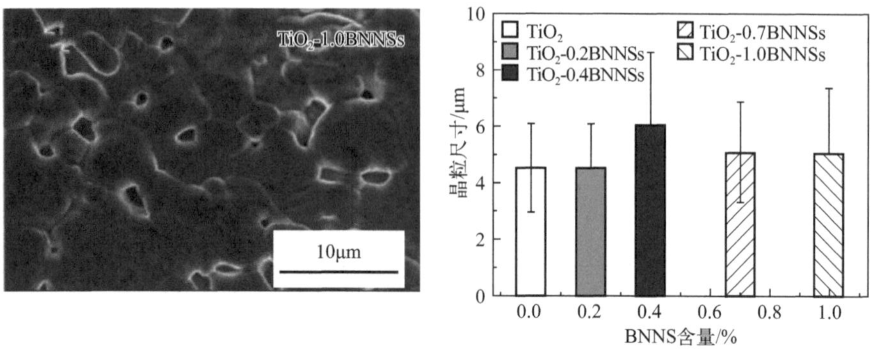

(e) (f)

图 7.10 TiO_2-BNNS 陶瓷的扫描电镜图以及样品的粒径统计

(a) TiO_2；(b) TiO_2-0.2BNNS；(c) TiO_2-0.4BNNS；

(d) TiO_2-0.7BNNS；(e) TiO_2-1.0BNNS；(f) TiO_2-BNNS 及样品的粒径统计

为了进一步探究在金红石型 TiO_2 陶瓷中引入 BNNS 的作用，我们对 TiO_2-0.7BNNS 陶瓷进行了扫描透射分析，见图 7.11。在晶界处［图 7.11 (b)］和晶粒内部［图 7.11 (c)］均未观察到第二相，这与 XRD 中得到的结果一致。在图 7.11 (b) 和 (c) 中可以看到，有序清晰的两组间距分别为 0.33nm 和 0.25nm 的晶格条纹，分别对应金红石 TiO_2 的 $(\bar{1}10)$ 和 $(10\bar{1})$ 晶面。图 7.11 (d) 快速傅里叶变换图中的条纹表明晶格存在一定的扭曲。这种结构的扭曲会影响 TiO_2 的电子输运性能。EDX 面扫描分析［图 7.11 (e) ～ (h)］显示了元素（Ti、O 和 N）在晶界和晶粒中均匀分布，这表明 N 成功掺杂进 TiO_2 晶格。此外，由于检测条件有限，在 EDX 中无法检测到 B。原因是 B 和 O 在 TiO_2 基体中发生了反应，生成了 B_2O_2 和 B_2O_3 等产物。在 1173K 以上的温度，由于 B_2O_2 和 B_2O_3 等产物具有较大的蒸气压，因此在该温度以上会发生汽化，被炉中流动的氮气除去[72-73]。此外，TiO_2 和 N 在烧结过程中比较稳定，很难发生反应，因此 N 会被保留在 TiO_2 晶格中。

N 原子在 TiO_2 晶格中可以占据间隙位置或取代位置，不同位置对材料性能影响较大。在光催化剂领域中，N 掺杂 TiO_2 一直是研究热点，但是研究中大部分的 N 掺杂 TiO_2 粉体为纳米级，并且是在低温（通常在 1000K 以下）下加工[51, 74-77]。前述研究在 1623K 高温烧结的金红石型 TiO_2 中出现 N 的掺杂，因此非常有必要研究 N 原子在 TiO_2 晶格中的位置。这会有助于弄清 N 掺杂对金红石 TiO_2 介电性能的影响。通过 XPS 表征，可以确定 N 和 Ti 在 TiO_2-BNNS 陶瓷中的化学价态演化，分析 N 所处位置和对介电行为的作用。

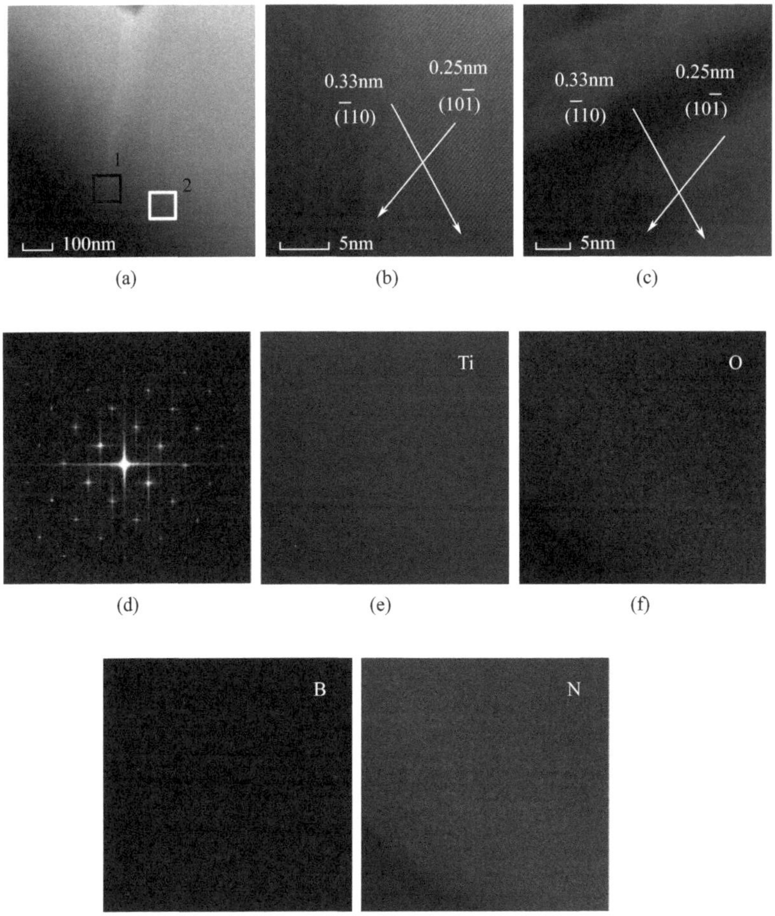

(a)　(b)　(c)　(d)　(e)　(f)　(g)　(h)

图 7.11　对 TiO_2-0.7BNNS 陶瓷的扫描透射分析

（a）TiO_2-0.7BNNS 陶瓷的扫描透射电子显微镜（STEM）图像；

（b）（a）中黑色矩形 1 的 STEM 图像；（c）（a）中白色矩形 2 的 STEM 图像；

（d）（a）中白色矩形 2 的快速傅里叶变换图；

（e）～（h）（a）中元素 Ti、O、B、N 的元素面扫描图

图 7.12 所示为 TiO_2、TiO_2-0.2BNNS 和 TiO_2-0.7BNNS 陶瓷的 XPS 结果。由于陶瓷在烧结过程中一直通 N_2 气氛，因此非常有必要对纯金红石型 TiO_2 中是否有 N 元素做出判断。从图 7.12（a）中可以看到，纯金红石型 TiO_2 中并没有 N 元素，因此在高温烧结过程中，N_2 气氛并不能将 N 引入晶格中。同时，在图 7.12（b）中可以看到，在纯金红石型 TiO_2 中有 Ti^{3+}。Ti^{3+} 和 Ti^{4+} 的共存也证实了缺氧环境可以在纯 TiO_2 中诱导氧空位，导致过剩

电子的产生。在图 7.12（c）中没有看到 B 峰，这与 EDX 的结果相一致，说明 B 和 O 在 TiO_2 基体中发生了反应，生成了 B_2O_2 和 B_2O_3 等产物，在 1173K 以上的温度发生汽化，被炉中流动的氮气除去。

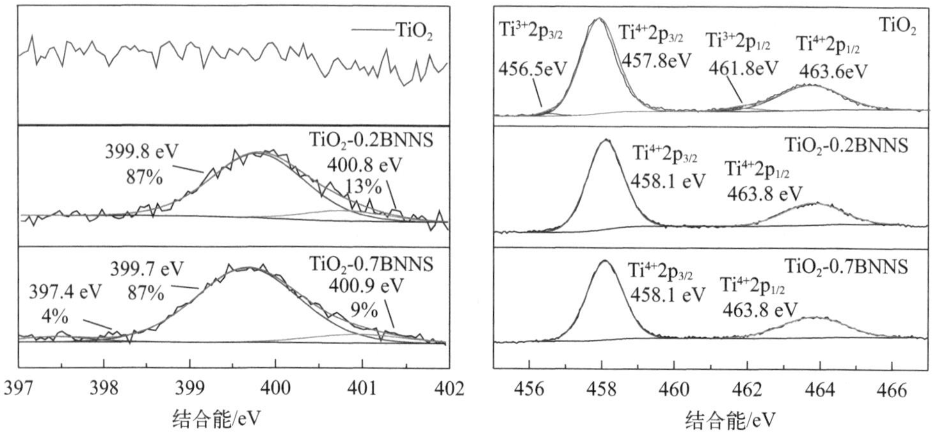

(a)　　(b)

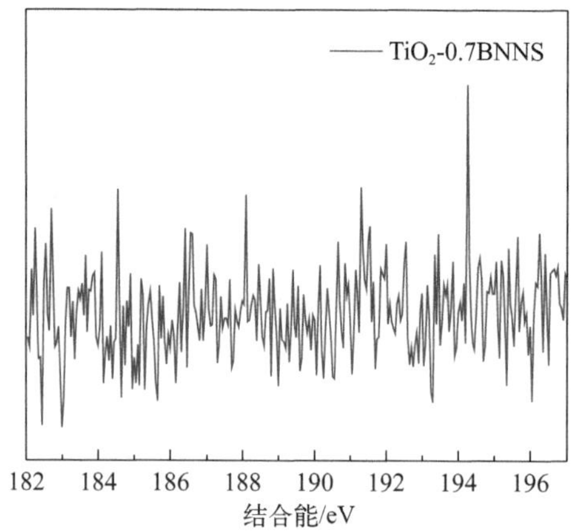

(c)

图 7.12　TiO_2、TiO_2-0.2BNNS 和 TiO_2-0.7BNNS 的元素价态

（a）N 1s；（b）Ti 2p；（c）B

从图 7.12（a）中可以看到当引入少量 BNNS 后，可以在 TiO_2-0.2BNNS 中观察到结合能分别为 399.8eV 和 400.8eV 的两个 N 1s 峰。这种形式的 N 极有可能位于间隙位置，即 N 原子与一个或最多三个晶格中的 O 原子结合在一起。在 399.8eV 处的主峰（87%）是由 $N(N_i)$ 原子与相邻的 O 原子结合形成 NO 类化合物，因为这种形式的 NO 化合物在所有的 NO_x 类化合物中能量最

小[51,77-79]。杨等的理论研究表明，N_i—O 键是共价键，键长为 1.352Å（未掺杂金红石的键长为 1.949Å 和 1.980Å），这会导致相邻结构产生较大的畸变[80]。这种晶格畸变与我们使用 STEM 进行观测的结果一致。从图 7.12（b）中可以看出，含 BNNS 的 TiO_2 陶瓷中没有发现 Ti^{3+} 的价态，表明 Ti^{4+} 向 Ti^{3+} 的转化被显著抑制，这是由于共价的 N_i—O 键能够强烈地将电子局域化，控制在局域范围中，从而抑制不同价态之间的电子跃迁。

当 BNNS 引入量增加到 0.7%（质量分数）时，可以在图 7.12（a）看到，除了 399.7eV 的主峰外，还出现了峰值大小为 397.4eV 的另一个峰。该峰具有较低的结合能并且含量较低，为 4%。这是由于在金红石型 TiO_2 中 N 取代 O（N_O）引起的[16,78]。在该模型中，N 原子与相邻的 Ti 原子在共有电子云中形成三个配位键。由于 N（3.04）的电负性小于 O（3.44），因此在取代位置的 N_O 会减弱 TiO_2-0.7BNNS 样品的电子局域化能力，同时也会导致 Ti—N 键长（1.977Å 和 1.991Å）相比于未掺杂金红石 TiO_2（1.949Å 和 1.980Å）更大。然而，键长的轻微增加并不会导致明显的结构变化。

因此，正是由于 N 成功掺杂进入 TiO_2 晶格中，并形成了 N_i—O 共价键，可以将电子局域化，从而对 TiO_2 的介电性能产生了极大的影响。在 BNNS 引入量较少时，N_i—O 将电子局域化，抑制 Ti^{4+} 向 Ti^{3+} 的转化。当 BNNS 引入量达到 0.7%（质量分数）时，部分 N 取代 O（N_O），N_i 和 N_O 在 TiO_2 晶格中共同形成了 Ti-N_i-O-N_O 的缺陷偶极子团簇，这会让电子在 Ti-N_i-O-N_O 的缺陷偶极子团簇中迁移，并导致 TiO_2-0.7BNNS 产生 R1 弛豫峰，这也是提升 TiO_2-0.7BNNS 介电常数截止频率至 10MHz 的原因。

TiO_2-BNNS 陶瓷的阻抗特性。图 7.13（a）是 TiO_2-BNNS 陶瓷的阻抗谱。从图中的高频和低频可以观察到两个半圆弧，表明该阻抗谱可以用两个串联的 *RC* 元件组成的等效电路来描述。其中，$R_{gb}>R_g$，$C_{gb}>C_g$，R_g 和 R_{gb} 分别为晶粒和晶界电阻，C_g 和 C_{gb} 分别为晶粒和晶界电容。图 7.13（a）的阻抗谱图显示了晶粒、晶界电阻与 BNNS 掺杂量之间的复杂关系。可以看到当引入少量 BNNS 时，TiO_2-0.2BNNS 的晶粒电阻提高了两个数量级，并且晶界电阻也高出一个数量级。这主要是 N_i 掺杂引起的电子局域化导致的。但是随着 BNNS 含量进一步增加，取代位 N_O 掺杂会提高电子的迁移率，电子会在 Ti-N_i-O-N_O 的缺陷偶极子团簇中迁移，从而导致 R_g 和 R_{gb} 值下降。从表 7.1 中可以看到，TiO_2-0.2BNNS 的晶粒电阻约为纯金红石 TiO_2 的 68 倍，晶界电阻约为纯金红石 TiO_2 的 22 倍，而 TiO_2-0.7BNNS 的晶粒、晶界电阻和纯金红石 TiO_2 在同一数量级，这充分说明不同 N 掺杂量的 BNNS 会对金红石 TiO_2 的晶粒、晶界电阻产生重要影响。

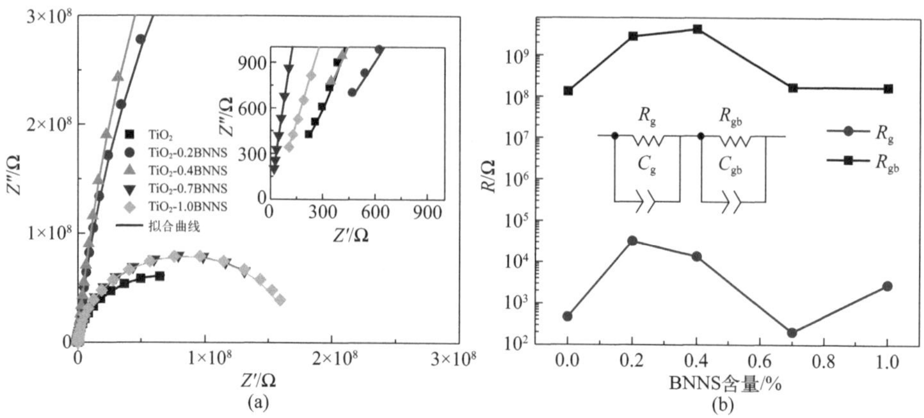

图 7.13 TiO_2-BNNS 陶瓷的阻抗谱及晶粒、晶界电阻拟合结果

(a) 中的内插图为高频数据的放大图；(b) 中的插图是等效电路图，R_g 和 C_g 代表来自半导体晶粒的贡献，R_{gb} 和 C_{gb} 代表来自晶界的贡献

表 7.1 TiO_2-BNNS 陶瓷的晶粒、晶界电阻拟合结果

样品	R_g/Ω	R_{gb}/Ω
TiO_2	4.7×10^2	1.3×10^8
TiO_2-0.2BNNS	3.2×10^4	2.8×10^9
TiO_2-0.4BNNS	1.3×10^4	4.3×10^9
TiO_2-0.7BNNS	2.0×10^2	1.7×10^8
TiO_2-1.0BNNS	2.8×10^3	1.6×10^8

7.3.2 BN 的引入对 Al^{3+} 与 Nb^{5+} 共掺杂金红石 TiO_2 陶瓷介电性能的调控

澳大利亚国立大学的刘芸等发现 Al^{3+} 与 Nb^{5+} 共掺杂金红石 TiO_2 陶瓷的样品厚度会影响巨介电性能，并且指出 Ti^{3+} 浓度梯度层的出现导致了表面自由电子较少，而内部自由电子较多。这样的表面区域会阻止内部自由电子的进一步扩散。他们将 Al^{3+} 与 Nb^{5+} 共掺杂金红石 TiO_2 陶瓷巨介电响应归结为 SBLC 效应[29]。宋永利以及泰国 Tuichai 等通过研究证实了 Al^{3+} 与 Nb^{5+} 共掺杂金红石 TiO_2 陶瓷的巨介电性能与 IBLC 效应有关[81-82]，而这两种效应均为界面极化。因此如果可以提高 Al^{3+} 与 Nb^{5+} 共掺杂金红石 TiO_2 陶瓷的界面效应，理论上就可以优化 Al^{3+} 与 Nb^{5+} 共掺杂金红石 TiO_2 陶瓷的巨介电性能。

TiO_2-BNNS 陶瓷表征结果表明，氮化硼纳米片（BNNS）并没有成功地在陶瓷的晶界处富集。B 和 O 在氧化物基体中产生了反应，生成了 B_2O_2 和 B_2O_3 等产物，在 1173K 以上的温度发生汽化，被炉中流动的氮气除去。而 N 成功进入了 TiO_2 晶格，并让 TiO_2-0.7BNNS 的介电常数截止频率提升至 10MHz。而在 Al^{3+} 与 Nb^{5+} 共掺杂金红石 TiO_2 中，介电常数只能在低频下保持 10^4 数量级，当频率超过 100kHz 时，介电常数会迅速下降[29, 83-85]。因此，如果 N 掺杂进入 TiO_2 晶格，可以提高 Al^{3+} 与 Nb^{5+} 共掺杂金红石 TiO_2 巨介电常数的截止频率，将更具有应用价值。

图 7.14 是 ANTO-BNNS 陶瓷在室温下的介电频谱。从图中可以看到，ANTO 的介电常数大于 10^4，当频率超过 100kHz 时，随着频率的增加，介电常数迅速下降，并伴有 $\tan\delta$ 峰。这一结果与之前其他课题组报道的 Al^{3+} 与 Nb^{5+} 共掺杂金红石 TiO_2 陶瓷的结果一致[29, 83-85]。在 ANTO 基体中引入 0.2%～0.7%（质量分数）的 BNNS 时，在 100kHz 以下并没有显著提高或降低介电常数和 $\tan\delta$，但是它将巨介电常数截止频率从约 100kHz 提高至 100MHz，$\tan\delta$ 的极小值从约 1kHz 移动至 1MHz。其中，ANTO-0.6BNNS 样品的介电性能最好，在 1MHz 下的介电常数为 1.3×10^4，$\tan\delta$ 为 0.04。因此，BNNS 的引入可以有效地提高介电常数在高频下的稳定性，相比于 TiO_2-0.7BNNS 陶瓷在 10MHz 维持高介电常数，ANTO-0.6BNNS 可以在 100MHz 维持巨介电性能。因此，非常有必要探究这一现象背后的机理。

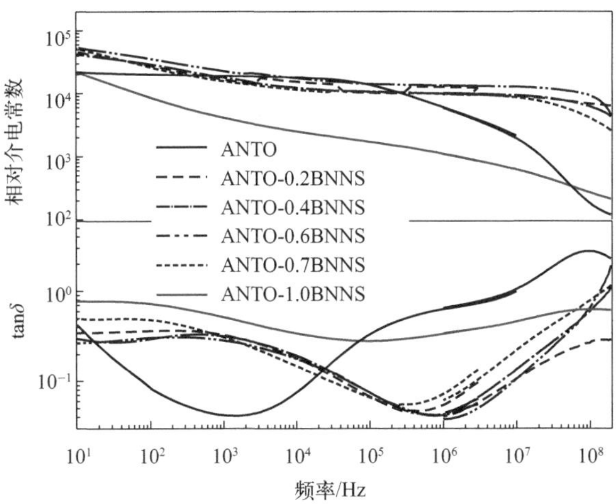

图 7.14　ANTO-BNNS 陶瓷在室温下的介电频谱

虽然在 ANTO-BNNS 陶瓷中 ANTO-0.6BNNS 的性能相对最好，但是为

了便于与 TiO_2-BNNS 比较，还选取 ANTO-0.7BNNS 作为温谱测试研究的对象。从图 7.15（a）中可以观察到，ANTO-0.7BNNS 在 150K，从 1Hz～1MHz 的频率范围内的介电常数均在 10^4 数量级。在图 7.15（b）中可以看到，当温度只有 143K，频率高达 3MHz 时，TiO_2-0.7BNNS 的介电常数也可以保持在 10^4 附近。这与 TiO_2-0.7BNNS 表现类似，说明 TiO_2-0.7BNNS 具有非常好的介电频率稳定性和温度稳定性，并且可以推测与 TiO_2-0.7BNNS 一样在低温下有一个弛豫峰，正因为这个弛豫峰的存在，ANTO-0.7BNNS 可以在 100MHz 这样的高频下维持巨介电性能。

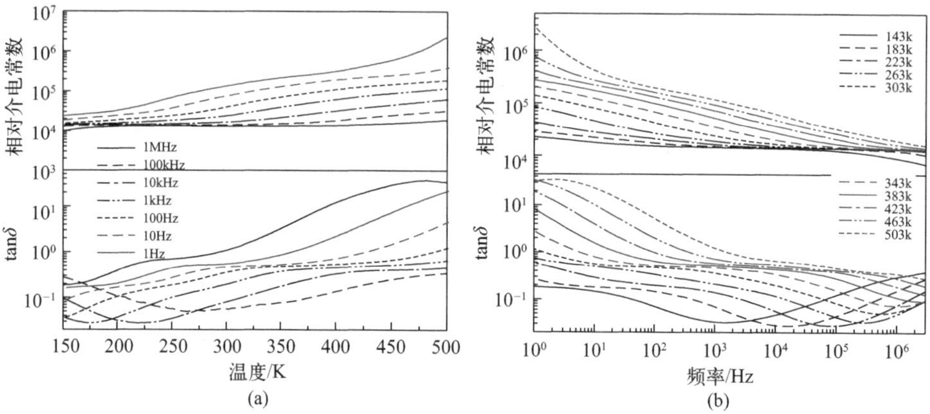

图 7.15　(a) ANTO-0.7BNNS 陶瓷的介电温谱（150～550K）；
(b) ANTO-0.7BNNS 陶瓷在不同温度下的介电频谱（1～3MHz）

为了进一步探究引入 BNNS 后，ANTO-0.7BNNS 陶瓷在 100MHz 下维持巨介电性能的机理，测试 ANTO-0.7BNNS 在 8～300K 的介电性能（图 7.16），并系统研究其在低温下的介电弛豫。与 TiO_2-0.7BNNS 相比，ANTO-0.7BNNS 陶瓷的弛豫行为更为复杂。在 8～300K 的温度范围内只观测到了两个介电弛豫峰，且弛豫峰均随着温度的升高向高频移动，表现出热激活特性。与界面效应相关的 R3 弛豫峰被移到温度高于 300K 的位置，在目前的测量中无法完全观察到。相反，另两个弛豫峰 R1 和 R2 出现在 150K 以下。这两个峰不能用单一的 Arrhenius 定律拟合，但是可以用 Mott-VRH 关系来进行拟合[86-87]。

$$\tau=\tau_0\exp-\left[(T_0/T)^{1/4}\right] \tag{7-13}$$

$$E_a(T)=0.25k_B T_0^{1/4}T^{3/4} \tag{7-14}$$

式中，τ 为弛豫时间；τ_0 为常数；k_B 为玻尔兹曼常数；E_a 为弛豫过程所需的活化能；T 为热力学温度。计算得到 R1 弛豫峰和 R2 弛豫峰的活化能分别为 $0.00123T^{3/4}$ 和 $0.00201T^{3/4}$。R1 弛豫峰在 $T=30$K 时的活化能为 16meV，R2 弛豫峰在 $T=120$K 时的活化能为 73meV。这些数值与 TiO_2-0.7BNNS 中观测到的 R1 弛豫峰和 R2 弛豫峰的活化能数值接近。用 Mott-VRH 关系拟合的活化能一般归因于极化子跃迁[86, 88]。与 TiO_2-0.7BNNS 类似，在温度低于 50K 时介电常数会呈现跃迁式增加，而这应该归因于 R1 弛豫峰的贡献。因此，R1 弛豫峰是 ANTO-0.7BNNS 的巨介电常数截止频率提升至 100MHz 的主要机制。在 ANTO-0.7BNNS 中，将 BNNS 引入到 ANTO 基体中会形成复杂缺陷偶极子团簇，导致出现了与 TiO_2-0.7BNNS 不同的极化子跃迁机制。

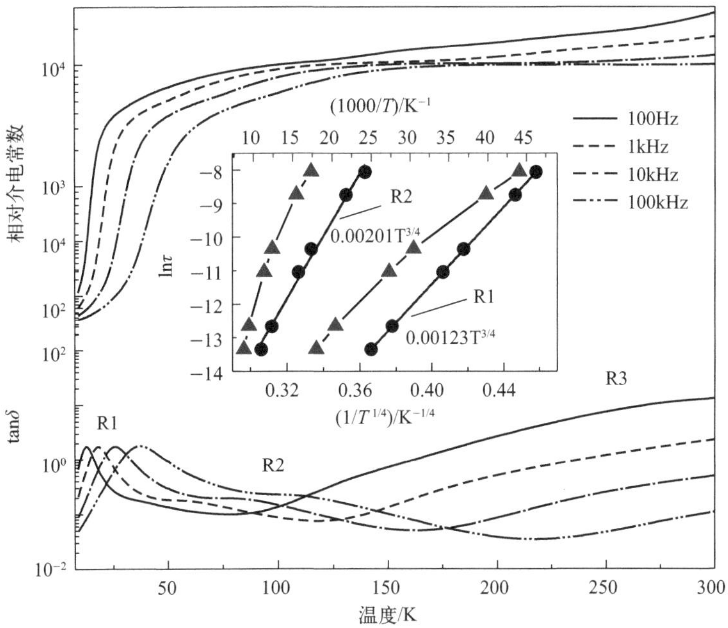

图 7.16　ANTO-0.7BNNS 陶瓷的介电温谱（8～300K）

（内插图为 ANTO-0.7BNNS 的 Mott-VRH-type 拟合图）

图 7.17 为 ANTO-BNNS 陶瓷的 XRD 图。从图中可以看到，所有样品的图谱与标准金红石卡片图谱对比后，各个组分的晶面衍射峰全部与卡片对齐，并未出现其他类型的衍射峰。说明 ANTO-BNNS 陶瓷均为金红石型 TiO_2 相（PDF＃21-1276），并没有第二相的存在。这与 TiO_2-BNNS 陶瓷一致，推测 N 进入 TiO_2 晶格，B 和 O 发生了反应。

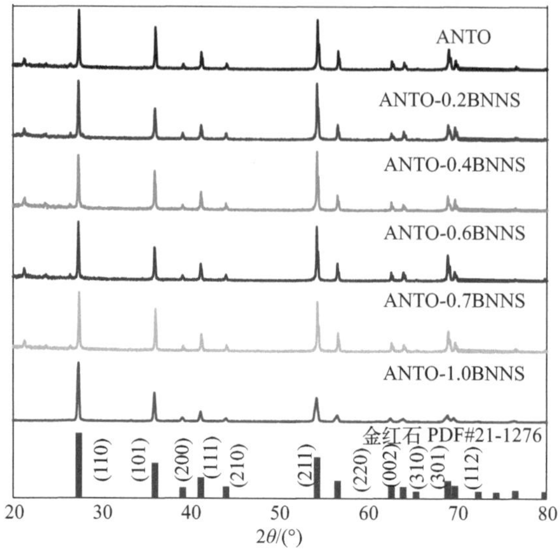

图 7.17　ANTO-BNNS 陶瓷的 XRD 图谱

图 7.18 为 TiO_2-BNNS 样品的扫描电镜图。与 TiO_2-BNNS 陶瓷相比，ANTO-BNNS 中的晶粒大多呈细长的棒状，这与未添加 BNNS 的 ANTO 陶瓷中的晶粒相似。这是由于掺杂离子，尤其是 Al^{3+} 的固溶体能促进晶粒的各向异性生长。用粒径统计软件可以得到 ANTO 的棒状晶粒长度为（1.3±0.3）μm，宽度为（0.5±0.1）μm。而 ANTO-0.7BNNS 的棒状晶粒长度和宽度分别为（2.4±0.7）μm 和（0.8±0.2）μm。ANTO-0.7BNNS 的晶粒尺寸大于相同烧结条件下 ANTO 陶瓷的晶粒尺寸。说明 BNNS 的引入可以激活晶界，促进晶粒生长。从 XRD 和 SEM 的表征均未发现样品中存在二次相，这与 TiO_2-BNNS 陶瓷的结果一致。

图 7.18　TiO_2-BNNS 样品的扫描电镜图

（a）ANTO；（b）ANTO-0.7BNNS

图 7.19 所示为 ANTO-0.7BNNS 的 XPS 结果。从图 7.19（a）中可以看到，结合能为 399.5eV 的 N 1s 峰。通过对 TiO_2-0.7BNNS 的分析可知，N 成功掺杂进入 TiO_2 晶格中，并进入间隙位置。但是与 TiO_2-0.7BNNS 不同的是，在图 7.19（b）中可以看到，ANTO-0.7BNNS 同时具有 Ti^{3+} 和 Ti^{4+} 的价态，这是由于 Nb^{5+} 诱导产生的过剩电子导致了 Ti^{4+} 向 Ti^{3+} 的转化。从图 7.19（c）中可以看到在 ANTO-0.7BNNS 中也没有检测到 B，这与 TiO_2-0.7BNNS 的结果相一致，说明 B 和 O 在氧化物基体中发生了反应，生成了 B_2O_2 和 B_2O_3 等产物，在 1173K 以上的温度发生汽化，被炉中流动的氮气除去。由于 N_i—O 键在晶格中以共价键结合，电子会被紧密地束缚在 Ti^{4+}、Ti^{3+}、Nb^{5+}、Al^{3+}

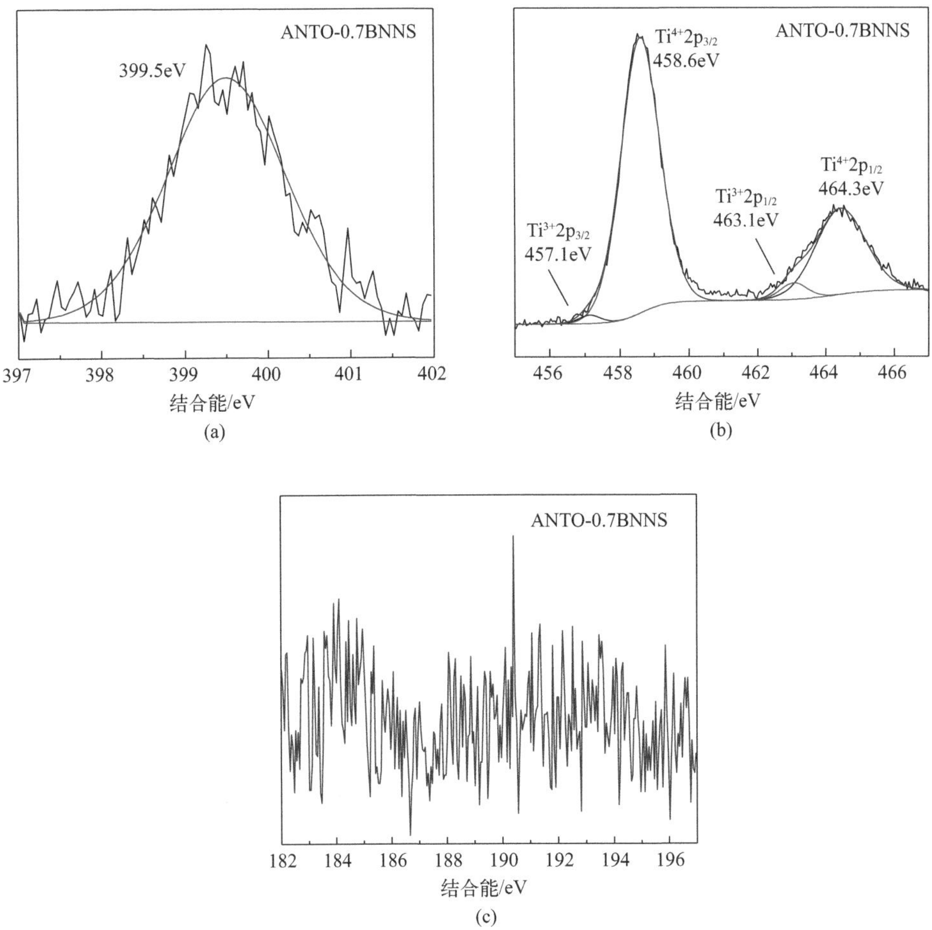

图 7.19　ANTO-0.7BNNS 的元素价态

(a) N 1s；(b) Ti 2 p；(c) B

和 N_i—O 之间形成的一系列缺陷偶极子团簇中。这就是 ANTO-0.7BNNS 中观测到的 R1 弛豫极化子跃迁机制的原因。因此，ANTO-0.7BNNS 的巨介电性能可以提升至 100MHz 主要就是捕获电子在缺陷偶极子团簇这个小区域范围内的迁移导致的。

图 7.20 是 ANTO-BNNS 陶瓷的阻抗谱。从图中的高频和低频可以观察到两个半圆弧，表明该阻抗谱可以用两个串联的 RC 元件组成的等效电路来描述。其中，$R_{gb}>R_g$ 且 $C_{gb}>C_g$，R_g 和 R_{gb} 分别为晶粒和晶界电阻，C_g 和 C_{gb} 分别为晶粒和晶界电容。图 7.20（a）的阻抗谱图显示了晶粒、晶界电阻与 BNNS 引入量之间的复杂关系。可以看到当引入少量 BNNS（0.2%）时，ANTO-0.2BNNS 的晶粒电阻提高了两个数量级，并且晶界电阻也要高出一个数量级。这与 TiO_2-0.2BNNS 表现类似，主要是由于 N_i 掺杂引起的电子局域化导致的。但是当 BNNS 含量进一步增加，取代位的 N_O 掺杂会提高电子的迁移率，电子会在 Ti^{4+}、Ti^{3+}、Nb^{5+}、Al^{3+} 和 N_i—O 之间形成的一系列缺陷偶极子团簇中迁移，从而导致具有最佳介电性能的 ANTO-0.6BNNS 的 R_g 和 R_{gb} 值下降。从表 7.2 中可以直观地看到，不同 BNNS 掺杂量对陶瓷晶粒、晶界电阻的影响。ANTO-0.2BNNS 的晶粒电阻约为 ANTO 的 616 倍，晶界电阻约为 ANTO 的 14 倍，说明不同 N 掺杂量的 BNNS 会对金红石 TiO_2 的晶粒、晶界电阻产生不同的影响。由于 ANTO 中有 Nb^{5+} 诱导产生的过剩电子以及 Al^{3+} 的存在，因此不管是 ANTO 陶瓷还是掺杂 BNNS 的 ANTO 陶瓷，晶界电阻均低于 TiO_2-BNNS 陶瓷。然而对于晶粒电阻的差异，还需要做进一步研究。

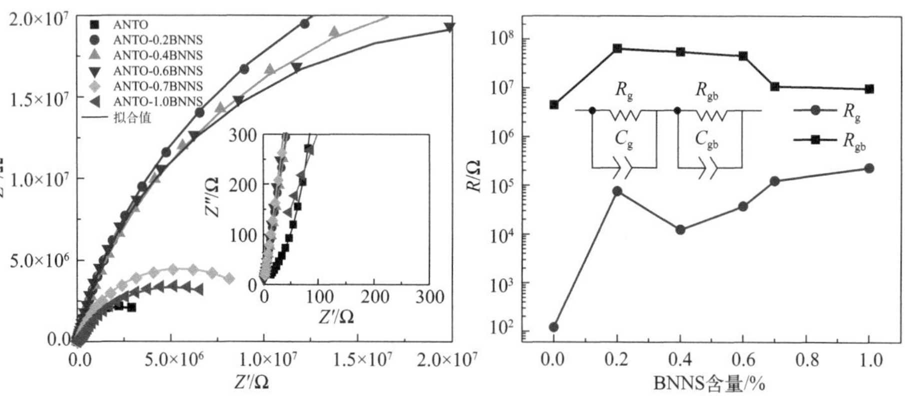

图 7.20 ANTO-BNNS 陶瓷的阻抗谱及晶粒、晶界电阻拟合结果

（a）中的内插图为高频数据的放大图；（b）中的插图是等效电路图，R_g 和 C_g 代表来自半导体晶粒的贡献，R_{gb} 和 C_{gb} 代表来自晶界的贡献

表 7.2　ANTO-BNNS 陶瓷的晶粒、晶界电阻拟合结果

样品	R_g/Ω	R_{gb}/Ω
ANTO	1.2×10^2	4.4×10^6
ANTO-0.2BNNS	7.4×10^4	6.3×10^7
ANTO-0.4BNNS	1.2×10^4	5.4×10^7
ANTO-0.6BNNS	3.7×10^4	4.5×10^7
ANTO-0.7BNNS	1.2×10^5	1.1×10^7
ANTO-1.0BNNS	2.3×10^5	9.7×10^6

为了更好地探究 ANTO-BNNS 陶瓷中电子的迁移特性，对 ANTO-BNNS 的电导率与频率之间的关系做了进一步的研究。

从图 7.21 可以看出，当测试频率低于 100kHz 时，含 BNNS 样品的电导率高于 ANTO，说明电子可以在更大的空间尺度上迁移。这意味着在低频范围内电子可以在能量较小的状态中跃迁，这会带来一定的损耗。从 ANTO-BNNS 的介电频谱中也可以看到，含 BNNS 的样品在频率低于 100kHz 时，介电损耗均大于 ANTO。当测试频率高于 100kHz 时，含 BNNS 样品的电导率低于 ANTO。这一结果表明，N_i—O 键拥有比较强大的电子束缚能力，可以捕获电子。因此减弱了高频下电子自发跃迁带来的损耗，这导致了在频率高于 100kHz 时，含 BNNS 的样品的介电损耗均小于 ANTO。

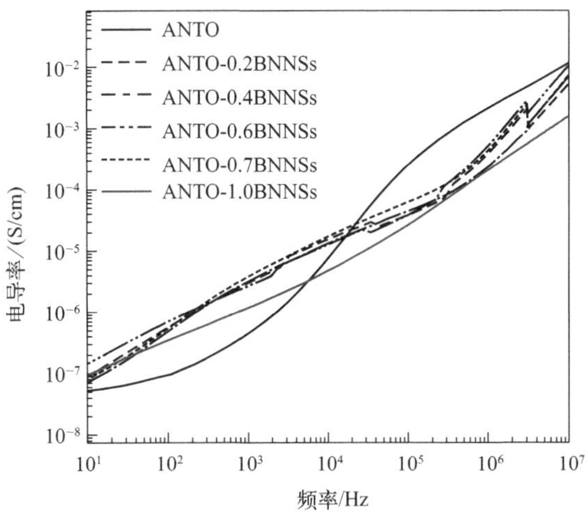

图 7.21　电导率实部随频率的变化图

7.3.3 TiO_2-BN 和 TiO_2-NH_4Cl 陶瓷的微观结构与介电性能

相比于絮凝法，传统球磨法的制备工艺较为简单，如果通过球磨法工艺制备 TiO_2-BN 陶瓷和 TiO_2-NH_4Cl 陶瓷依然可以提高陶瓷介电常数的截止频率，无疑将更具有应用价值。同样除了 BN 外，NH_4Cl 也是一种常见的含 N 化合物。因此也可以将 NH_4Cl 引入金红石 TiO_2 中，探究是否可以成功引入 N 以及对其介电性能会产生怎样的影响。此外，NH_4Cl 中还有 Cl 元素，Cl 的存在也有可能会对金红石 TiO_2 的介电性能产生一定的影响。这都是值得探究的课题。

图 7.22 是 TiO_2-BN 陶瓷和 TiO_2-NH_4Cl 陶瓷在室温下的介电频谱。从图 7.22（a）中可以发现只要引入 BN，陶瓷的介电常数就可以提升一个量级。当 BN 的引入量（质量分数）为 0.1%时，巨介电性能只能维持在 1MHz。而高组分的添加量都可以有效提高介电常数的截止频率。其中 TiO_2-1.0BN 在频率为 100MHz 时，相对介电常数可以保持在 5000 附近，有效地提高了巨介电常数的截止频率，并且在频率段为 500kHz～1MHz 范围中，$\tan\delta$ 始终小于 0.1。相比于絮凝法制备的陶瓷，球磨法的介电性能表现更为优异。从图 7.22（b）中可以看到，NH_4Cl 的引入并没有明显改善 TiO_2 陶瓷的介电性能，没有出现介电常数量级上的增加以及在高频段的稳定性现象。当 NH_4Cl 的添加量（质量分数）为 1.0%时，样品的介电常数在 100kHz 下有了数倍的提升，然而在更高的频率段，介电常数规律与纯金红石 TiO_2 陶瓷类似，开始出现明显的下降，无法提高介电常数的截止频率。因此针对 TiO_2-BN 陶瓷和 TiO_2-NH_4Cl 陶瓷介电行为的差异有必要做更进一步的研究。

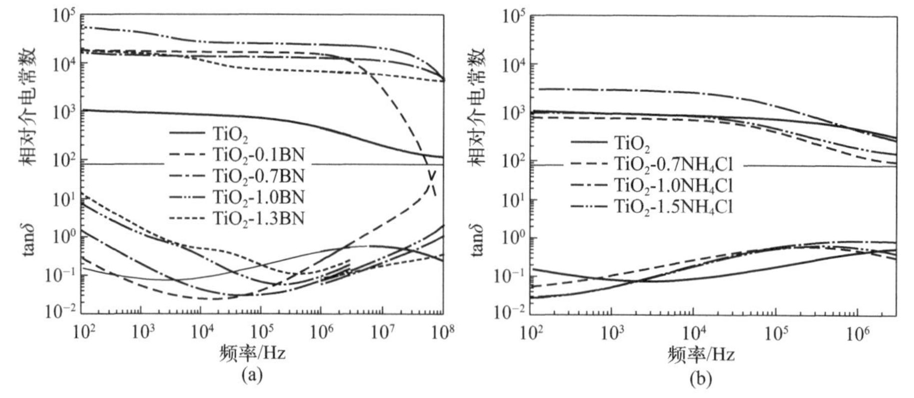

图 7.22　TiO_2-BN 和 TiO_2-NH_4Cl 陶瓷在室温下的介电频谱

（a）TiO_2-BN；（b）TiO_2-NH_4Cl

为了进一步探究 TiO_2-1.0BN 陶瓷和 TiO_2-1.0NH_4Cl 陶瓷的介电性能温度稳定性和背后的弛豫机制，对 TiO_2-1.0BN 和 TiO_2-1.0NH_4Cl 测试了在不同温度下的介电频谱。从图 7.23（a）中可以看到，TiO_2-1.0BN 在 1MHz 的频率下以及 153～513K 的温度范围内的介电常数均大于 10^4，说明 TiO_2-1.0BN 的温度稳定性较好。从图中可以看到一个明显的弛豫峰，为了方便与前文进行比较，将该峰命名为 R2。可以看到该弛豫峰随着温度的升高向高频移动，表现出热激活特性。经过计算可以得到活化能为 110meV。这略大于之前报道的在 Ti^{4+} 和 Ti^{3+} 之间的电子跳跃引起的极化子弛豫（50～80meV）的活化能。背后的原因还需要进一步探究。由于测试条件有限，R1 弛豫峰需要在更高的频率下才能观测，因此未能得出 R1 弛豫峰活化能的具体数值。但很显然 TiO_2-1.0BN 应该与 TiO_2-0.7BNNS 以及 ANTO-0.7BNNS 类似，存在一个 R1 弛豫峰，该峰有效地提高了巨介电常数截止频率，使 TiO_2-1.0BN 在频率为 100MHz 时，介电常数可以保持在 5000 附近。

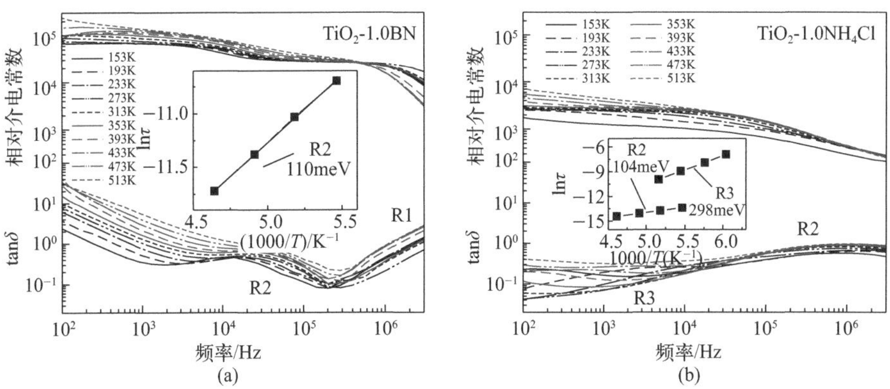

图 7.23　TiO_2-1.0BN 和 TiO_2-1.0NH_4Cl 陶瓷在不同温度下的介电频谱（100～3MHz）

（a）TiO_2-1.0BN；（b）TiO_2-1.0NH_4Cl（内插图是 Arrhenius 拟合图）

相比之下，从图 7.23（b）中可以发现 TiO_2-1.0NH_4Cl 的介电性能较差。与在室温下测试的介电性能表现一致，在频率大于 100kHz 时，介电常数便开始下降。从图中可以看到两个弛豫峰，为了方便与前文进行比较，将其命名为 R2 和 R3。可以看到这两个弛豫峰随着温度的升高向高频移动，表现出热激活特性。与 TiO_2-1.0BN 类似，这两个弛豫峰的活化能可以用 Arrhenius 公式计算。经过计算可以得到 R2 和 R3 弛豫峰的活化能分别为 104meV 和 298meV。R2 活化能的数值与 TiO_2-1.0BN 中 R2 数值接近，略大于之前报道的在 Ti^{4+} 和 Ti^{3+} 之间由于电子跃迁引起的极化子弛豫（50～80meV）的活化能。而 R3

的活化能数值较大，表明 R3 的弛豫峰可以归因于 Maxwell-Wagner 极化。这种界面极化响应主要影响纯金红石 TiO_2 在 1MHz 以下的巨介电行为，因此 TiO_2-1.0NH_4Cl 的介电常数在低频下相比于纯金红石 TiO_2 有所提升的原因可以归因于 R3 弛豫峰的存在。

为了进一步探究 TiO_2-BN 和 TiO_2-NH_4Cl 陶瓷是否有第二相的存在以及在微观结构上是否有变化，做了 XRD、SEM 以及 STEM 表征。从图 7.24 可以看到，将所有样品的图谱与标准金红石卡片图谱对比后，各个组分的晶面衍射峰全部与卡片对齐，并未出现其他类型的衍射峰。说明 TiO_2-BN 和 TiO_2-NH_4Cl 陶瓷均为金红石型 TiO_2 相（PDF＃21-1276），并没有第二相的存在。但是在图 7.24（a）中可以看到，在 BN 含量较高的陶瓷中，TiO_2-BN 的主峰（110）向低角度有一定的移动，表明陶瓷的晶格存在一定的扩张。在表 7.3 中可以看到 TiO_2-1.0BN 陶瓷的晶胞参数最大，表明晶格扩张较多，说明有大量离子进入了 TiO_2 晶格。而图 7.24（b）中的 TiO_2-NH_4Cl 样品并没有这种现象，主峰（110）的位置没有发生偏移，其他衍射峰的强度也与标准金红石卡片一致。

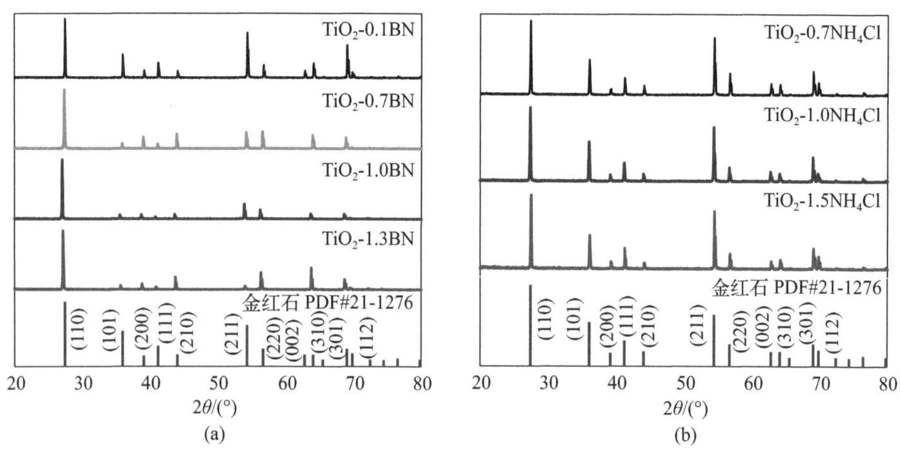

图 7.24 TiO_2-BN 和 TiO_2-NH_4Cl 陶瓷的 XRD 图谱

（a）TiO_2-BN；（b）TiO_2-NH_4Cl

表 7.3 TiO_2-BN 陶瓷的晶粒参数和晶胞体积

样品	a/Å	b/Å	c/Å	V/Å^3
TiO_2	4.593（3）	4.593（3）	2.959（2）	62.434（4）
TiO_2-0.1BN	4.592（6）	4.592（6）	2.960（0）	62.434（0）

续表

样品	a/Å	b/Å	c/Å	V/Å^3
TiO_2-0.7BN	4.601（7）	4.601（7）	2.968（5）	62.858（4）
TiO_2-1.0BN	4.620（7）	4.620（7）	2.969（4）	63.400（8）
TiO_2-1.3BN	4.613（7）	4.613（7）	2.969（9）	63.216（8）

图 7.25 是 TiO_2-1.0BN 和 TiO_2-1.0NH_4Cl 陶瓷的扫描电镜图。从图中可以看到，TiO_2-1.0BN 的晶粒明显比 TiO_2-1.0NH_4Cl 的晶粒更大。用粒径统计软件可以得到平均晶粒尺寸分别为：TiO_2-1.0BN（15.8±5.3）μm；TiO_2-1.0NH_4Cl（5.1±2.3）μm。而纯金红石 TiO_2 陶瓷的晶粒大小为（4.5±1.6）μm。TiO_2-1.0BN 的晶粒尺寸为纯金红石 TiO_2 陶瓷晶粒尺寸的 3 倍，这与絮凝法制备的 TiO_2-BNNS 陶瓷差异较大。说明通过球磨法引入 BN 可以明显地活化晶界，促进烧结过程中晶粒的生长。而 TiO_2-1.0NH_4Cl 陶瓷晶粒略大于纯金红石 TiO_2 陶瓷晶粒，说明引入 NH_4Cl 也可以促进晶粒生长。除了晶粒差异明显外，TiO_2-1.0BN 陶瓷的气孔也较多，而 TiO_2-1.0NH_4Cl 陶瓷非常致密，在 SEM 中并没有看到气孔的存在。这说明 TiO_2-1.0BN 陶瓷的晶粒生长速率太快，气体来不及排出，因此在陶瓷内部形成了很多气孔。

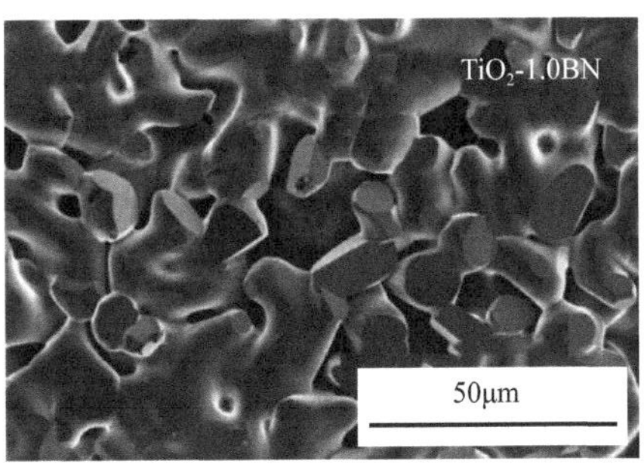

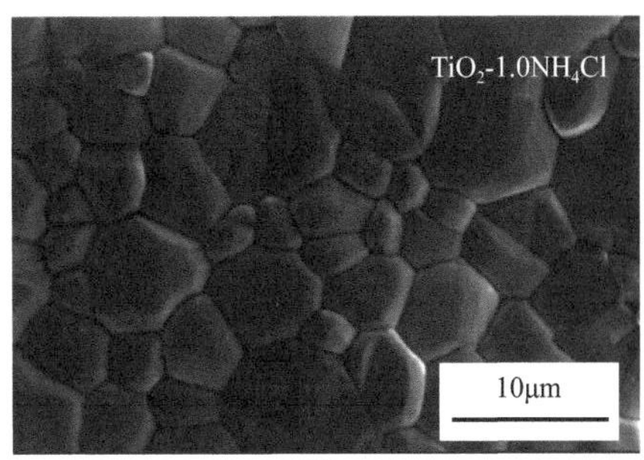

图 7.25　TiO_2-1.0BN 和 TiO_2-1.0NH_4Cl 陶瓷的扫描电镜图

（a）TiO_2-1.0BN；（b）TiO_2-1.0NH_4Cl

为了进一步探究 TiO_2-1.0BN 陶瓷的微观结构，对其进行了扫描透射分析。在晶界处［图 7.26（b）］未观察到第二相，这与 XRD 得到的结果相同。在图 7.26（b）中可以看到有序清晰的两组间距为 0.32nm 和 0.25nm 的晶格条纹，分别对应金红石 TiO_2 的（$\bar{1}10$）和（$10\bar{1}$）晶面。从图 7.26（c）的选区电子衍射（SAED）图案中可以观察到在衍射斑附近出现了弱点，表明晶格结构发生了一定的变化，可能存在由晶体内的缺陷导致的超结构，具体原因还需要做进一步分析。总之，这种结构的扭曲会显著影响 TiO_2 的电子输运性能，因而对 TiO_2-1.0BN 的巨介电行为产生了影响。

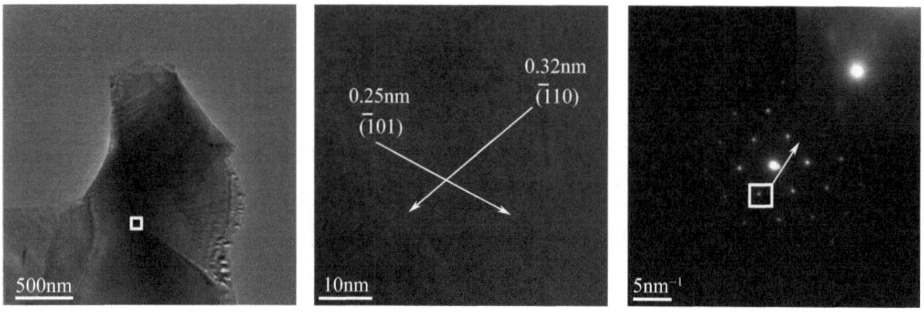

(a) (b) (c)

图 7.26 (a) TiO_2-1.0BN 陶瓷的扫描透射电子显微镜（STEM）图像；(b) (a) 中黑色矩形框的 STEM 图像；(c) 选区电子衍射（SAED）图案，右上角为黑色矩形框的放大图

为了进一步分析 TiO_2-1.0BN 和 TiO_2-1.0NH_4Cl 陶瓷元素的价态，对其做了 XPS 分析（图 7.27）。从图 7.27 (a) 中可以看到，在 TiO_2-1.0BN 中有结合能分别为 399.8eV 和 401.0eV 的两个 N 1s 峰。这两个峰的出现意味着 N 成功掺杂进入 TiO_2 晶格中，并进入间隙位置。由于 N_i—O 键是共价键，键长为 1.352Å（未掺杂金红石的键长为 1.949Å 和 1.980Å），这会导致晶格产生一定的畸变。这与使用 STEM 进行的观测结果一致。并且在图 7.27 (c) 中还可以检测到 B 元素的存在，结合能为 191.7eV，这意味着 B 进入了 TiO_2 晶格中并处于间隙位置，并且会形成 Ti—O—B_i 键[58, 89]。由于 B 的电负性只有 2.04，小于 O (3.44)，因此处于间隙位置的 B_i 会减弱 TiO_2-1.0BN 陶瓷的电子局域化能力。而且在图 7.27 (b) 中发现存在 Ti^{3+}，这意味着存在 Ti^{4+} 向 Ti^{3+} 的转化。Chen 等[90]指出在间隙位置的 B 会将 Ti^{4+} 还原为 Ti^{3+}，这与在图 7.27 (b) 中发现存在 Ti^{3+} 吻合。Liu 等[62]还提出了 N 和 B 共掺杂会在 TiO_2 表面附近形成新的 O-Ti-B-N 结构，这种结构会促进载流子的分离和转移，有利于电子的跃迁。因此，N 和 B 的共掺杂会形成大量的缺陷偶极子团簇，这极大地改变了金红石 TiO_2 陶瓷的性能，使 TiO_2-1.0BN 在频率为 100MHz 时，介电常数依然可以保持在 5000 附近。

从图 7.27 (a) 中可以看出，TiO_2-1.0NH_4Cl 陶瓷的两个 N 1s 峰的结合能分别为 399.6eV 和 397.8eV。前者对应处于间隙位置的 N_i，后者为取代 O

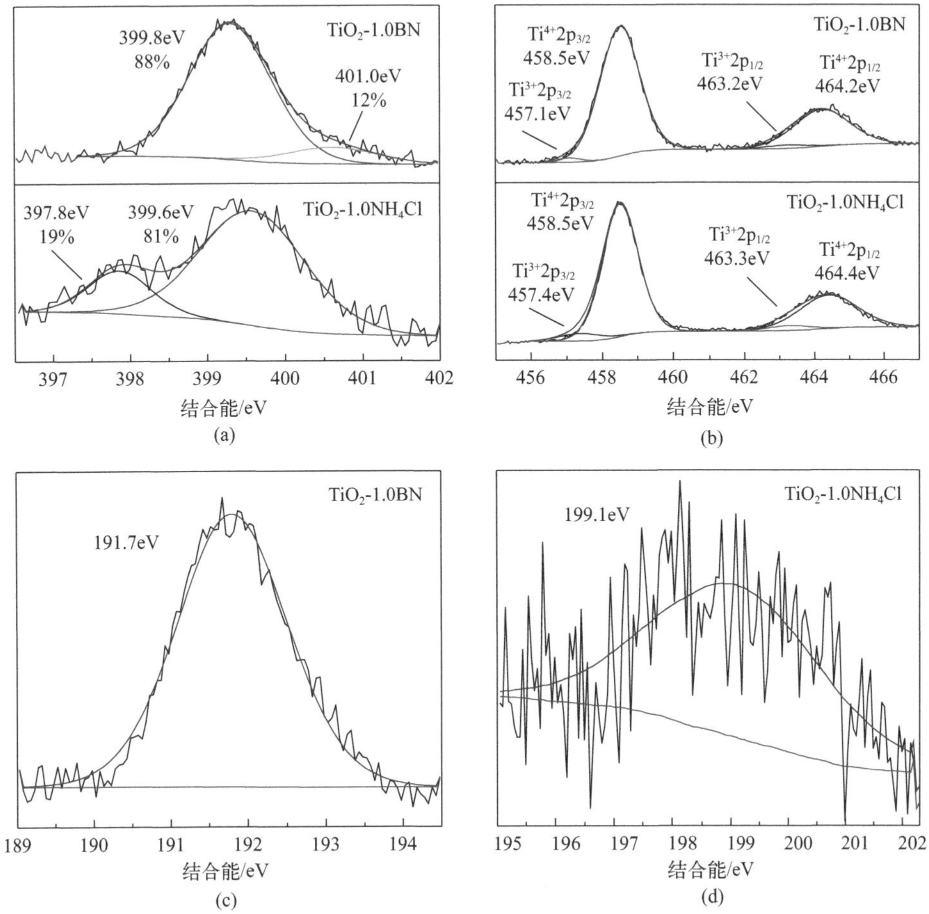

图 7.27　TiO_2-1.0BN 和 TiO_2-1.0NH_4Cl 陶瓷的元素价态

(a) N 1s；(b) Ti 2p；(c) B；(d) Cl

形成取代位 N_O。后者含量为 19%，约为 TiO_2-0.7BNNS 陶瓷中 N 含量的 5 倍。高含量的 N_O 会减弱 TiO_2-1.0NH_4Cl 样品的电子局域化能力，因此无法提高介电常数的截止频率。同样在图 7.27（b）中也发现存在 Ti^{3+}，这意味着存在 Ti^{4+} 向 Ti^{3+} 的转化，也证实了这一点。在图 7.27（d）中还可以检测到少量 Cl 元素，对于 Cl 的作用还需要做进一步的分析。

图 7.28（a）和（c）为 TiO_2-BN 和 TiO_2-NH_4Cl 陶瓷的阻抗谱，其晶粒、晶界电阻拟合结果如表 7.4 所示。在图 7.28（a）和（c）中的高频和低频可以观察到两个半圆弧，表明该阻抗谱可以用两个串联的 RC 元件组成的等效电路来描述。其中，$R_{gb}>R_g$ 且 $C_{gb}>C_g$，R_g 和 R_{gb} 分别为晶粒和晶界电阻，C_g

和 C_{gb} 分别为晶粒和晶界电容。从图 7.28（a）和（c）的阻抗谱图中可以看到 TiO_2-BN 和 TiO_2-NH_4Cl 陶瓷的阻抗性能存在较大的差异。对于 TiO_2-BN 样品，晶粒、晶界电阻都遵循随着 BN 含量增加先下降再上升的规律。其中 TiO_2-1.0BN 样品的晶粒电阻与纯金红石 TiO_2 晶粒电阻在同一数量级。而 TiO_2-1.0BN 样品的晶界电阻只有纯金红石 TiO_2 晶界电阻的 0.006%。这与 TiO_2-BNNS 陶瓷的阻抗特性差异较大。推测由于 N 和 B 共掺杂形成了大量的缺陷偶极子团簇，因而电子会在这些团簇中迁移，导致 R_{gb} 值下降。

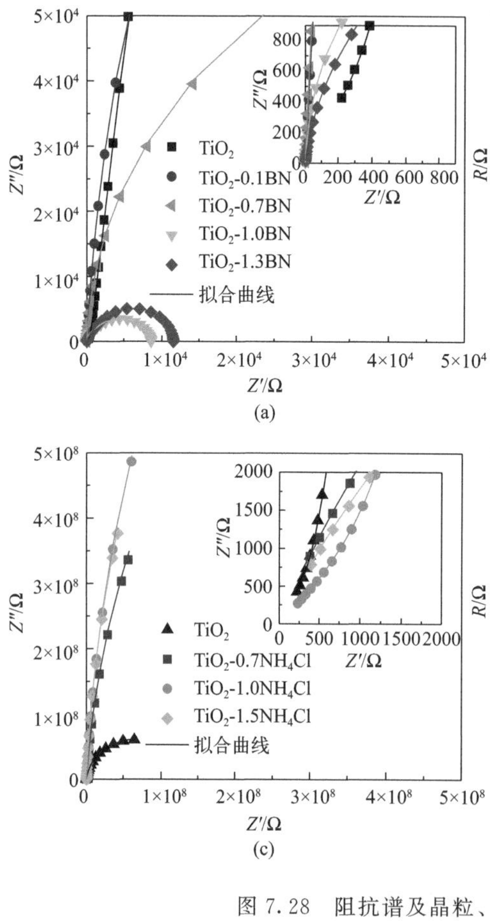

图 7.28 阻抗谱及晶粒、晶界电阻拟合结果

（a），（b）TiO_2-BN 陶瓷；（c），（d）TiO_2-NH_4Cl 陶瓷

而对于 TiO_2-NH_4Cl 陶瓷，可以发现所有引入 NH_4Cl 样品的晶粒、晶界电阻均大于纯金红石 TiO_2 的晶粒、晶界电阻。对于 TiO_2-0.1NH_4Cl 样品，它的晶粒电阻为纯金红石 TiO_2 晶粒电阻的 4.9 倍，晶界电阻为纯金红石 TiO_2

晶界电阻的 48 倍，表明 NH_4Cl 的引入可以提高晶粒、晶界电阻。相比于 TiO_2-BN 陶瓷，TiO_2-NH_4Cl 陶瓷结构较为致密，还有少量 Cl 元素掺杂。这都有可能促进 IBLC 效应，从而导致 TiO_2-0.1NH_4Cl 样品在 100kHz 下的介电常数较高。

表 7.4　TiO_2-BN 和 TiO_2-NH_4Cl 陶瓷的晶粒、晶界电阻拟合结果

样品	R_g/Ω	R_{gb}/Ω
TiO_2	4.7×10^2	1.3×10^8
TiO_2-0.1BN	5.4×10^1	7.9×10^5
TiO_2-0.7BN	3.3×10^1	1.4×10^5
TiO_2-1.0BN	7.8×10^2	7.8×10^3
TiO_2-1.3BN	1.1×10^3	1.0×10^4
TiO_2-0.7NH_4Cl	9.5×10^3	3.3×10^9
TiO_2-1.0NH_4Cl	2.3×10^3	6.2×10^9
TiO_2-1.5NH_4Cl	6.3×10^3	5.0×10^9

7.4　小结

随着信息化时代的发展，如何找到合适的储能材料逐渐成为科学界急需解决的难题。其中电容器这种重要的储能元器件发挥着越来越重要的作用。如何研发出具有良好的频率稳定性和温度稳定性的电容器成为日益重要的课题。本章通过设计絮凝法引入氮化硼纳米片（BNNS）以及球磨法将 BN 引入金红石 TiO_2 陶瓷，探讨不同制备工艺对金红石 TiO_2 陶瓷介电性能的影响。通过介电频谱、介电温谱、X 射线衍射、扫描电镜、XPS 和阻抗谱等手段，系统地研究了 N、B 等非金属元素掺杂金红石 TiO_2 陶瓷对陶瓷介电性能的影响。主要得出以下几点结论。

（1）N 掺杂可以提高金红石 TiO_2 陶瓷的介电常数截止频率至 10MHz

通过对絮凝法制备的 TiO_2-BNNS 陶瓷的研究，发现 TiO_2-0.7BNNS 陶瓷在 10MHz 下还能维持较高的介电常数。其中 TiO_2-0.7BNNS 陶瓷有三个弛豫峰，R1 的活化能为 15meV，表明 R1 是导致高介电常数一直保持在 10MHz 的主要机制。陶瓷均为金红石型 TiO_2 相，并没有第二相的存在。在高温烧结过程中，N成功掺杂进入TiO_2晶格，B和O在氧化物基体中发生反应。当BNNS添加量达到0.7%（质量分数）时，N除了在间隙位置外，一部分N还会取代O（N_O）。N_i和N_O在TiO_2晶格中共同形成了$Ti-N_i-O-N_O$的缺陷偶极子团簇，这会使电子在$Ti-N_i-O-N_O$的缺陷偶极子团簇中迁移，并导致TiO_2-0.7BNNS产生R1弛豫峰，这也是提升TiO_2-0.7BNNS介电常数截止频率至10MHz的原因。

（2）N掺杂可以提高ANTO陶瓷的巨介电常数截止频率到100MHz

通过对絮凝法制备的ANTO-BNNS陶瓷的研究，发现引入0.2%～0.7%（质量分数）的BNNS时，可以将巨介电常数截止频率从约100kHz提高至100MHz，$\tan\delta$的极小值从约1kHz移动至1MHz。ANTO-0.7BNNS有两个弛豫峰，R1弛豫峰是ANTO-0.7BNNS的高介电常数延伸到100MHz的主要机制。陶瓷均为金红石型TiO_2相，并没有第二相的存在。在高温烧结过程中，N成功掺杂进入TiO_2晶格中，并进入间隙位置，B和O在氧化物基体中发生反应。由于N_i—O键在晶格中以共价键结合，电子会被紧密地抑制在Ti^{4+}、Ti^{3+}、Nb^{5+}、Al^{3+}和N_i—O之间形成的一系列缺陷偶极子团簇中。因此，电子在缺陷偶极子团簇这个小区域范围内的迁移，导致ANTO-0.7BNNS的巨介电常数截止频率可以提升至100MHz。

（3）N、B共掺杂可以提高金红石TiO_2陶瓷的巨介电常数截止频率到100MHz

通过对球磨法制备的TiO_2-BN和TiO_2-NH_4Cl陶瓷的研究，发现TiO_2-1.0BN在频率为100MHz时，介电常数可以保持在5000附近，并且在频率段为500kHz～1MHz这个区间范围内，$\tan\delta$一直小于0.1，意味着通过非金属元素的共掺杂实现了巨介电性能，并将巨介电常数截止频率提高至100MHz。而TiO_2-1.0NH_4Cl陶瓷有处于间隙位置的N和取代位置N_O，高含量的N_O会减弱TiO_2-1.0NH_4Cl样品的电子局域化能力，因此无法提高介电常数的截止频率。

· 参考文献 ·

[1] 王俊波．多层陶瓷电容器的技术现状及未来发展趋势[J]．绝缘材料，2008，41(3)：30-35.

[2] 萨法·卡萨普．电子材料与器件原理-下册：应用篇[M]．汪宏，译．西安：西安交通大学出版社，2009.

[3] Homes C C, Vogt T, Shapiro S M, et al. Optical response of high-dielectric-constant perovskite-related oxide[J]. Science, 2001, 293(5530)：673-676.

[4] Krohns S, Lunkenheimer P, Meissner S, et al. The route to resource-efficient novel materials[J]. Nature

Materials, 2011, 10(12): 899-901.

[5] Wang Y, Jie W, Yang C, et al. Colossal permittivity materials as superior dielectrics for diverse applications[J]. Advanced Functional Materials, 2019, 29(27): 1808118.

[6] Vasudevan R, Karthik T, Selvakumar D, et al. Effect of microwave sintering on the structural, optical and electrical properties of $BaTiO_3$ nanoparticles[J]. Journal of Materials Science-Materials in Electronics, 2014, 25(1): 529-537.

[7] Roca R A, Guerrero F, Botero E R, et al. Grain growth kinetics and electrical properties of lanthanum modified lead zirconate titanate(9/65/35) based ferroelectric ceramics[J]. Journal of Applied Physics, 2009, 105(1): 014110.

[8] Homes C C, Vogt T. Colossal permittivity materials: Doping for superior dielectrics[J]. Nature Materials, 2013, 12(9): 782-783.

[9] Lunkenheimer P, Krohns S, Riegg S, et al. Colossal dielectric constants in transition-metal oxides[J]. The European Physical Journal Special Topics, 2010, 180(1): 61-89.

[10] Jow T R, MacDougall F W, Ennis J B, et al. In pulsed power capacitor development and outlook[C]//2015 IEEE Pulsed Power Conference(PPC), 2015:1-7.

[11] 张良莹，姚熹．电介质物理[M]. 西安：西安交通大学出版社，1991.

[12] 萨法·卡萨普．电子材料与器件原理-上册：理论篇[M]. 汪宏，译．西安：西安交通大学出版社，2009.

[13] 殷之文．电介质物理学[M]. 北京：科学出版社，2003.

[14] 李翰如．电介质物理导论[M]. 成都：成都科技大学出版社，1990.

[15] Haertling G H. Ferroelectric ceramics: History and technology[J]. Journal of the American Ceramic Society, 1999, 82(4):797-818.

[16] Yao G, Wang X, Wu Y, et al. Doped 0. $9BaTiO_3$-0. 1($Bi_{0.5}Na_{0.5}$)TiO_3 ceramics with stable dielectric properties at high temperature[J]. Journal of the American Ceramic Society, 2012, 95(2): 614-618.

[17] Wang X H, Chen R Z, Gui Z L, et al. The grain size effect on dielectric properties of $BaTiO_3$ based ceramics[J]. Materials Science and Engineering: B, 2003, 99(1): 199-202.

[18] Yang K, Huang X, Zhu M, et al. Combining RAFT polymerization and thiolene click reaction for core-shell structured polymer @ $BaTiO_3$ nanodielectrics with High dielectric constant, low dielectric loss, and high energy storage capability[J]. ACS Applied Materials & Interfaces, 2014, 6(3): 1812-1822.

[19] Subramanian M A, Sleight A W. $Cu_3Ti_4O_{12}$ and $ACu_3Ru_4O_{12}$ perovskites: High dielectric constants and valence degeneracy[J]. Solid State Sciences, 2002, 4(3): 347-351.

[20] West A R, Adams T B, Morrison F D, et al. Novel high capacitance materials: $BaTiO_3$: La and $CaCu_3Ti_4O_{12}$[J]. Journal of the European Ceramic Society, 2004, 24(6): 1439-1448.

[21] Fiorenza P, Lo Nigro R, Sciuto A, et al. Perovskite $CaCu_3Ti_4O_{12}$ thin films for capacitive applications: From the growth to the nanoscopic imaging of the permittivity[J]. Journal of Applied Physics, 2009, 105(6): 061634.

[22] Boonlakhorn J, Thongbai P. Enhanced non-ohmic properties and giant dielectric response of(Sm+ Zn) co-doped $CaCu_3Ti_4O_{12}$ ceramics[J]. Ceramics International, 2017, 43(15): 12736-12741.

[23] Adams T B, Sinclair D C, West A R. Giant barrier layer capacitance effects in $CaCu_3Ti_4O_{12}$ ceramics[J]. Advanced Materials, 2002, 14: 1321-1323.

[24] Prakash B S, Varma K B R. Influence of sintering conditions and doping on the dielectric relaxation originating from the surface layer effects in $CaCu_3Ti_4O_{12}$ ceramics[J]. Journal of Physics and Chemistry of Solids, 2007, 68(4): 490-502.

[25] Liu J, Duan C G, Mei W N, et al. Dielectric properties and Maxwell-Wagner relaxation of compounds $ACu_3Ti_4O_{12}$(A= Ca,$Bi_{2/3}$,$Y_{2/3}$,$La_{2/3}$)[J]. Journal of Applied Physics, 2005, 98(9): 093703.

[26] Chung S Y, Kim I D, Kang S J L. Strong nonlinear current-voltage behaviour in perovskite-derivative calcium copper titanate[J]. Nature Materials, 2004, 3(11): 774-778.

[27] Parker R. Static dielectric constant of rutile(TiO_2), 1.6-1060K[J]. Physics Review, 1961, 124(6): 1719-1722.

[28] Hu W, Liu Y, Withers R L, et al. Electron-pinned defect-dipoles for high-performance colossal permittivity materials[J]. Nature Materials, 2013, 12(9): 821-826.

[29] Hutchison W, Lan W B, Lau K, et al. Colossal dielectric permittivity in (Nb plus Al) co-doped rutile TiO_2 ceramics: Compositional gradient and local structure[J]. Chemistry of Materials: A Publication of the American Chemistry Society, 2015, 27(14): 4934-4942.

[30] Dong W, Hu W, Berlie A, et al. Colossal dielectric behavior of Ga + Nb co-doped rutile TiO_2[J]. ACS Applied Materials & Interfaces, 2015, 7(45): 25321-25325.

[31] Liu J, Song Y, Wu W, et al. Giant permittivity in $(Nb_{0.5}La_{0.5})_x Ti_{1-x} O_2$ ceramics prepared by slip casting in a strong magnetic field[J]. Journal of the American Ceramic Society, 2023, 106(10): 5922-5932.

[32] Song Y, Liu P, Wu W, et al. High-performance colossal permittivity for textured (Al + Nb) co-doped TiO_2 ceramics sintered in nitrogen atmosphere[J]. Journal of the European Ceramic Society, 2021, 41(7): 4146-4152.

[33] Song Y C, Wu W W, Liu P, et al. Enhanced breakdown strength and dielectric properties of $Bi_{0.0025}Nb_{0.0025}Ti_{0.995}O_2$-$Bi_2Ti_4O_{11}$ ceramics sintered at 1130℃[J]. Ceramics International, 2020, 46(4): 5443-5447.

[34] Yang, M, Zhang Y, Alexander R, et al. Synergistic photocatalytic and photothermal antibacterial activity of(In, Nb)and(Al, Nb)co-doped TiO_2 ceramics [J]. Advanced NanoBiomed Research, 2023, 3(5): 2200129.

[35] Zhou Q, Wu W W, Song Y C, et al. mprovement of the dielectric properties of rutile TiO_2 ceramics at megahertz[J]. Journal of the European Ceramic Society, 2023, 43(4): 1500-1508.

[36] Zhao C, Wu J. Effects of secondary phases on the high-performance colossal permittivity in titanium dioxide ceramics[J]. ACS Applied Materials & Interfaces, 2018, 10(4): 3680-3688.

[37] Tse M Y, Wei X, Hao J. High-performance colossal permittivity materials of(Nb + Er) co-doped TiO_2 for large capacitors and high-energy-density storage devices[J]. Physical Chemistry Chemical Physics, 2016, 18(35): 24270.

[38] Chao Y, Tse M Y, Wei X, et al. Colossal permittivity of(Mg + Nb)co-doped TiO_2 ceramics with low dielectric loss[J]. Journal of Materials Chemistry C, 2017, 5: 5170-5175.

[39] Li J, Li F, Li C, et al. Evidences of grain boundary capacitance effect on the colossal dielectric permittivity in(Nb + In)co-doped TiO_2 ceramics [J]. Scientific Reports, 2015, 5: 8295.

[40] Li J, Li F, Zhuang Y, et al. Microstructure and dielectric properties of(Nb + In) co-doped rutile TiO_2 ceramics[J]. Journal of Applied Physics, 2014, 116(7): 074105.

[41] Ferrarelli M C, Sinclair D C, West A R, et al. Comment on the origin(s) of the giant permittivity effect in $CaCu_3Ti_4O_{12}$ single crystals and ceramics[J]. Journal of Materials Chemistry, 2009, 19: 5916-5919.

[42] Adams T B, Sinclair D C, West A R, Giant barrier layer capacitance effects in $CaCu_3Ti_4O_{12}$ ceramics [J]. Advanced Materials, 2002,14: 1321-1323 .

[43] Wu Y Q, Zhao X, Zhang J. Huge low-frequency dielectric response of(Nb, In)-doped TiO_2 ceramics[J]. Applied Physics Letters, 2015, 20: 503708.

[44] Song Y, Wang X, Sui Y, et al. Origin of colossal dielectric permittivity of rutile $Ti_{0.9}In_{0.05}Nb_{0.05}O_2$: Single crystal and polycrystalline[J]. Scientific Reports, 2016, 6: 21478.

[45] 赵小刚，刘鹏．氧气退火对(In + Nb)共掺杂 TiO_2 陶瓷的介电性能的影响[J]．科学通报，2017，62(25)：10-16.

[46] Song Y, Liu P, Guo B, et al. Giant permittivity up to 100MHz in La and Nb co-doped rutile TiO_2 ceramics [J]. Journal of the American Ceramic Society, 2020, 103(8): 4313-4320.

[47] Wang C, Zhang N, Li Q, et al. Dielectric relaxations in rutile TiO_2[J]. Journal of the American Ceramic Society, 2015, 98(1): 148-153.

[48] Reza Gholipour M, Dinh C T, Beland F, et al. Nanocomposite heterojunctions as sunlight-driven photocatalysts for hydrogen production from water splitting[J]. Nanoscale, 2015, 7(18): 8187-208.

[49] Marques J, Gomes T D, Forte M A, et al. A new route for the synthesis of highly-active N-doped TiO_2 nanoparticles for visible light photocatalysis using urea as nitrogen precursor[J]. Catalysis Today, 2019, 326: 36-45.

[50] Bakar S A, Byzynski G. Ribeiro C. Synergistic effect on the photocatalytic activity of N-doped TiO_2 nanorods synthesised by novel route with exposed (110) facet[J]. Journal of Alloys and Compounds, 2016, 666: 38-49.

[51] Di Valentin C, Finazzi E, Pacchioni G, et al. N-doped TiO_2: Theory and experiment[J]. Chemical Physics, 2007, 339(1-3): 44-56.

[52] Saha N C, Tompkins H G. Titanium nitride oxidation chemistry: An X-ray photoelectron spectroscopy study[J]. Journal of Applied Physics, 1992, 72(7): 3072-3079.

[53] Morikawa T, Asahi R, Ohwaki T, et al. Band-gap narrowing of titanium dioxide by nitrogen doping [J]. Japanese Journal of Applied Physics, 2001, 40: L561-L563.

[54] Di Valentin C, Pacchioni G, Selloni A. Origin of the different photoactivity of N-doped anatase and rutile TiO_2[J]. Physical Review B, 2004, 70(8): 085116.

[55] Diwald O, Thompson T L, Goralski E G, et al. The effect of nitrogen ion implantation on the photoactivity of TiO_2 rutile single crystals[J]. The Journal of Physical Chemistry B, 2004, 108(1): 52-57.

[56] Oksuz K E, Sen S, Sen U. Influence of ZrO_2 addition on the structure and dielectric properties of $BaTiO_3$ ceramics[J]. Acta Physica Polonica A, 2017, 131 (1): 197-199.

[57] Chai Y L, Chang Y S, Teoh L G, et al. Influence of ZrO_2 addition on the structure, thermal stability, and dielectric properties of $ZnTiO_3$ ceramics[J]. Journal of Materials Science, 2008, 43(20): 6771-6776.

[58] Artiglia L, Lazzari D, Agnoli S, et al. Searching for the formation of Ti-B bonds in B-doped TiO_2-rutile [J]. The Journal of Physical Chemistry C, 2013, 117 (25): 13163-13172.

[59] Patel N, Dashora A, Jaiswal R, et al. Experimental and theoretical investigations on the activity and stability of substitutional and iInterstitial boron in TiO_2 photocatalyst[J]. The Journal of Physical Chemistry C, 2015, 119(32): 18581-18590.

[60] Yang K, Dai Y, Huang B. Origin of the photoactivity in boron-doped anatase and rutile TiO_2 calculated from first principles[J]. Physical Review B, 2007, 76(19): 195201.

[61] Geng H, Yin S, Yang X, et al. Geometric and electronic structures of the boron-doped photocatalyst TiO_2[J]. Journal of Physics: Condensed Matter, 2006, 18(1): 87-96.

[62] Liu G, Zhao Y, Sun C, et al. Synergistic effects of B/N doping on the visible-light photocatalytic activity of mesoporous TiO_2[J]. Angewandte Chemie International Edition, 2008, 47(24): 4516-4520.

[63] Sun Q, Cortie D, Zhang S, et al. The formation of defect-pairs for highly efficient visible-light catalysts [J]. Advanced Materials, 2017, 29(11): 1605123.

[64] Hattori Y, Taniguchi T, Watanabe K, et al. Anisotropic dielectric breakdown strength of single crystal hexagonal boron nitride [J]. ACS Appl Mater Interfaces, 2016, 8(41): 27877-27884.

[65] Hattori Y, Taniguchi T, Watanabe K, et al. Layer-by-layer dielectric breakdown of hexagonal boron nitride[J]. ACS Nano, 2015, 9(1): 916-921.

[66] Estili M, Kawasaki A. An approach to mass-producing individually alumina-decorated multi-walled carbon nanotubes with optimized and controlled compositions[J]. Scripta Materialia, 2008, 58(10): 906-909.

[67] Wu W W, Estili M, Zhang G J, et al. Dispersion and structural evolution of multi-walled carbon nanotubes in ZrB_2 matrix[J]. Ceramics International, 2017, 43(13): 10533-10539.

[68] Yi L, Tiffany V, Williams T B, et al. Aqueous dispersions of few-layered and monolayered hexagonal boron nitride nanosheets from sonication-assisted hydrolysis: critical role of water [J]. The Journal of Physical Chemistry C, 2011, 115(6): 2679-2685.

[69] Zhang L, Tang Z J. Polaron relaxation and variable-range-hopping conductivity in the giant-dielectric-constant material $CaCu_3Ti_4O_{12}$[J]. Physical Review B, 2004, 70(17): 174306.

[70] Tong L, Zhang D, Wang H, et al. High-temperature dielectric properties of(Al, Nb) co-doped $SrTiO_3$ ceramics[J]. Materials Letters, 2016, 180: 256-259.

[71] Krohns S, Lunkenheimer P, Kant Ch, et al. Colossal dielectric constant up to gigahertz at room temperature[J]. Applied Physics Letters, 2009, 94: 122903.

[72] Lamoreaux R H, Hildenbrand D L, Brewer L. High-temperature vaporization behavior of oxides Ⅱ. Oxides of Be、Mg、Ca、Sr、Ba、B、Al、Ga、In、Tl、Si、Ge、Sn、Pb、Zn、Cd and Hg[J]. Journal of Physical & Chemical Reference Data, 1987, 16(3): 419-443.

[73] Puszynski J A. Thermochemistry and kinetics[M]. Dordrecht: Springer Netherlands, 1997.

[74] Sun Q, Cortie D, Zhang S, et al. The formation of defect-pairs for highly efficient visible-light catalysts [J]. Advanced Materials, 2017, 29(11): 1605123.

[75] Dozzi M V, Selli E. Doping TiO_2 with p-block elements: Effects on photocatalytic activity[J]. Journal of Photochemistry and Photobiology C, 2013, 14: 13-28.

[76] Diwald O, Thompson T L, Zubkov T, et al. Photochemical activity of nitrogen-doped rutile TiO_2(110) in visible light[J]. The Journal of Physical Chemistry B, 2004, 108(19): 6004-6008.

[77] Di Valentin C, Pacchioni G, Selloni A, et al. Characterization of paramagnetic species in N-doped TiO_2 powders by EPR spectroscopy and DFT calculations [J]. The Journal of Physical Chemistry B, 2005, 109 (23): 11414-11419.

[78] Dozzi M V, Selli E. Doping TiO_2 with p-block elements: Effects on photocatalytic activity[J]. Journal of Photochemistry and Photobiology C: Photochemistry Reviews, 2013, 14: 13-28.

[79] Asahi R, Morikawa T, Irie H, et al. Nitrogen-doped titanium dioxide as visible-light-sensitive photocatalyst: Designs, developments, and prospects [J]. Chemical Reviews, 2014, 114(19): 9824-52.

[80] Yang K, Dai Y, Huang B, et al. Theoretical study of N-doped TiO_2 rutile crystals[J]. Journal of Physical Chemistry B, 2006, 110(47): 24011-24014.

[81] Song Y, Wang X, Zhang X, et al. Colossal dielectric permittivity in (Al + Nb) co-doped rutile SnO_2 ceramics with low loss at room temperature[J]. Applied Physics Letters, 2016, 109(14): 142903.

[82] Danwittayakul S, Srepusharawoot P, Thongbai P, et al. Giant dielectric permittivity and electronic structure in(A^{3+}, Nb^{5+})co-doped TiO_2(A = Al, Ga and In)[J]. Ceramics International, 2017, 43(S1): 265-269.

[83] Li Z, Wu J, Xiao D, et al. Colossal permittivity in titanium dioxide ceramics modified by tantalum and trivalent elements[J]. Acta Materialia, 2016, 103: 243-251.

[84] Liu G, Fan H, Xu J, et al. Colossal permittivity and impedance analysis of niobium and aluminum co-doped TiO_2 ceramics[J]. RSC Advances, 2016, 6 (54): 48708-48714.

[85] Song Y, Wang X, Zhang X, et al. The contribution of doped-Al to the colossal permittivity properties of $Al_xNb_{0.03}Ti_{0.97-x}O_2$ rutile ceramics[J]. Journal of Materials Chemistry C, 2016, 4: 6798-6850.

[86] Mandal S, Pal S, Kundu A K, et al. Direct view at colossal permittivity in donor-acceptor (Nb, In) co-doped rutile TiO_2[J]. Applied Physics Letters, 2016, 109(9): 092906.

[87] Liu L, Ren S, Liu J, et al. Localized polarons and conductive charge carriers: Understanding $CaCu_3Ti_4O_{12}$ over a broad temperature range[J]. Physical Review B, 2019, 99(9): 094110.

[88] Guo B, Peng L, Cui X, et al. Colossal permittivity and dielectric relaxations in $(La_{0.5}Nb_{0.5})_xTi_{1-x}O_2$ ceramics[J]. Journal of Alloys and Compounds, 2018, 768: 368-376.

[89] Orlov I S, Berg A, Garcia R, et al. Effective visible light-activated B-doped and B,N-codoped TiO_2 photocatalysts[J]. Journal of the American Chemical Society, 2007, 129(45): 13790-13791.

[90] Chen D, Yang D, Wang Q, et al. Effects of boron doping on photocatalytic activity and microstructure of titanium dioxide nanoparticles[J]. Industrial & Engineering Chemistry Research, 2006, 45(12): 4110-4116.

第8章 织构化共掺杂TiO_2陶瓷的制备及其各向异性

8.1 引言

随着电子工业的迅速发展，电容器作为一种重要的元器件，其性能日益受到人们的重视，对其要求也越来越高。目前，电容器小型化、高性能化已成为行业发展的主要趋势，而要实现这两个目标，对其各项性能指标，如介电常数、介电损耗、击穿场强和偏压性能等提出了更高的要求，要同时达到这些要求，是一项有难度的挑战[1-5]。2013 年澳大利亚刘芸等对 In^{3+} 与 Nb^{5+} 共掺杂金红石 TiO_2 陶瓷的巨介电性能进行了报道，并提出巨缺陷偶极子“电子钉扎”（EPDDs）机理，此后，科研工作者对其高性能的来源进行了深入的研究。在后续工作中，刘芸等将 Nb^{5+} 与其他离子半径较小的受主元素共掺杂到金红石 TiO_2 陶瓷中，研究发现，离子半径小的受主元素很难形成强耦合的缺陷偶极子，不能实现 EPDDs 机制[6]。同时，四川大学的吴家刚教授等对金红石 TiO_2 进行了多种三、五价元素的共同掺杂，并对其机理进行了深入的研究和分析，发现具有较大离子半径的受主元素掺杂 TiO_2 陶瓷更容易获得低介电损耗[7]。本章选择大离子半径的 La^{3+} 和 Nb^{5+} 共掺杂的金红石 TiO_2 陶瓷为研究对象，在垂直于样品重力方向 12T 的磁场下，采用强磁场定向法制备了 $(La_{0.5}Nb_{0.5})_x Ti_{1-x} O_2$（$x=0\%$、$0.25\%$、$0.5\%$、$1\%$）陶瓷，并在氮气气氛下 1673K 烧结 10h。通过织构这种微观结构控制手段来控制 LNTO 陶瓷内部缺陷团簇、晶粒和晶界，在保持材料原有性能的同时，提高材料在特定方向上的电学性能[8-9]。

8.2 强磁场织构化 $(La_{0.5}Nb_{0.5})_xTi_{1-x}O_2$ 陶瓷的介电性能

将预烧粉和去离子水按照 15∶85 的体积比混合，加入聚亚乙基亚胺（分散剂），分散剂和预烧粉的质量比为 1∶100，在球磨罐中球磨 24h 使其充分混合，制备分散性良好的悬浮液，并在球磨过程中将悬浮液 pH 调节到 6.5 左右。将 9.5mL 的悬浮液置于直径为 20mm 的圆形玻璃管中，玻璃管放置在多孔板上，向其施加不同强度的强磁场，磁场方向与样品重力方向垂直或平行。将得到的块状生坯材料加热至 923K 保温 2h 烧掉残留的分散剂，在 350MPa 下冷等静压 30min 使其致密化。然后将生坯块体材料在氮气气氛下 1673K 烧结 10h，升降温速率为 3K/min，氮气流速为 60mL/min。

磁场方向和样品方向的定义如图 8.1 所示，图 8.1（a）为施加垂直于样品重力方向的磁场示意图，图 8.1（b）为施加平行于样品重力方向的磁场示意图。如图 8.1（c）所示，当施加垂直于样品重力方向的磁场时［图 8.1（a）］，样品 A 定义为平行磁场方向（pa 方向）的样品，样品 B 定义为垂直磁场方向（pe 方向）的样品；当施加平行于样品重力方向的磁场时［图 8.1（b）］，样品 A 定义为垂直磁场方向（pe 方向）的样品，样品 B 定义为平行磁场方向（pa 方向）的样品。

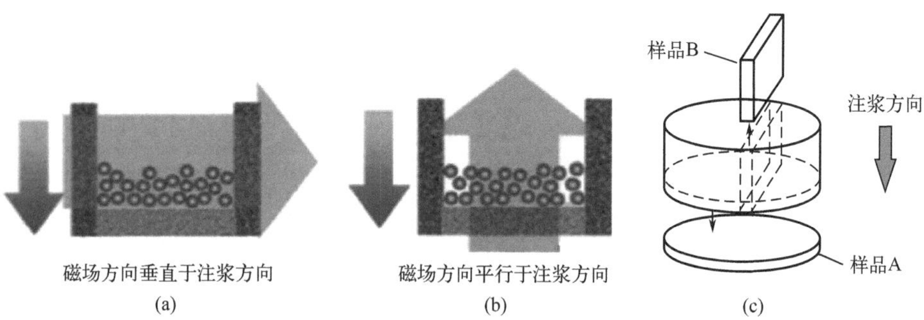

图 8.1 （a）垂直于样品重力方向的磁场；（b）平行于样品重力方向的磁场；（c）样品的方向

$(La_{0.5}Nb_{0.5})_xTi_{1-x}O_2$（$x=0\%$、0.25%、0.5%、1%）陶瓷的 XRD 图谱如图 8.2 所示，在所有 LNTO 陶瓷中均检测到金红石型 TiO_2 相。沿垂直磁场方向（12T-pe）的 LNTO 陶瓷 XRD 图谱如图 8.2（a）所示。当组分 x 从 0%增加到 1%时，（110）峰的强度几乎消失，而（101）、（111）和（002）峰

的强度逐渐增加。图 8.2（b）为 LNTO 陶瓷沿平行磁场方向（12T-pa）的 XRD 图谱。对比垂直磁场方向的 XRD 图谱，(110) 峰强度随掺杂比的增加而逐渐增大，(101) 和 (111) 峰强度则逐渐减小。图 8.2（c）为 0T、12T-pe 和 12T-pa 的 $(La_{0.5}Nb_{0.5})_{0.01}Ti_{0.99}O_2$ 陶瓷的 XRD 图谱。垂直磁场方向的 $(La_{0.5}Nb_{0.5})_{0.01}Ti_{0.99}O_2$ 陶瓷的 (002) 峰强度较无磁场时明显增加。(110) 峰的强度几乎消失 $[(110)_{rutile} \perp (001)_{rutile}]$，(101) 和 (111) 峰的强度增大。在平行磁场方向的 $(La_{0.5}Nb_{0.5})_{0.01}Ti_{0.99}O_2$ 陶瓷的 XRD 图谱中，只有主峰 (110) 的强度是明显的，其他峰均被明显抑制。根据 XRD 谱图，在强磁场下得到了晶粒按特定方向排列的取向陶瓷。晶粒取向度由 Lotgering 因子（LF）表示，取向峰由 (110) 峰计算。当 x 从 0.25%增加到 1%时，$(La_{0.5}Nb_{0.5})_xTi_{1-x}O_2$ 陶瓷的 LF 分别为 0.49、0.65 和 0.88。结果表明，在 12T 强磁场中，随着掺杂量 x 的增加，$(La_{0.5}Nb_{0.5})_xTi_{1-x}O_2$ 陶瓷的织构度逐渐增大。

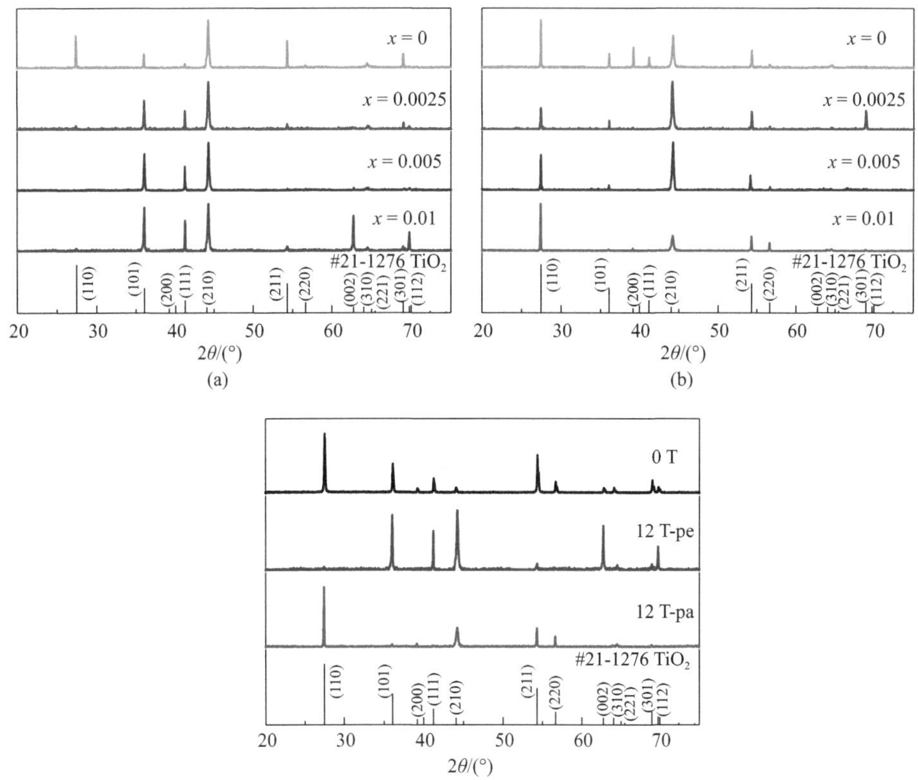

图 8.2　XRD 图谱

(a) 12T-pe 的 $(La_{0.5}Nb_{0.5})_xTi_{1-x}O_2$ 陶瓷；(b) 12T-pa 的 $(La_{0.5}Nb_{0.5})_xTi_{1-x}O_2$ 陶瓷；(c) 0T、12T-pe 和 12T-pa 的 $(La_{0.5}Nb_{0.5})_{0.01}Ti_{0.99}O_2$ 陶瓷

图 8.3 为抛光和腐蚀后的（$La_{0.5}Nb_{0.5}$）$_x$ $Ti_{1-x}O_2$（x=0.25%、0.5%、1%）陶瓷的 SEM 图像和 EDS 能谱图。图 8.3（a）～（c）为（$La_{0.5}Nb_{0.5}$）$_x$ $Ti_{1-x}O_2$ 陶瓷沿平行磁场方向的 SEM 图像。观察到拉长的晶粒沿平行于磁场的方向整齐地排列在表面上。然而，随着组分 x 从 0.25%增加到 1%，平均晶粒尺寸减小，这与其他非织构化的 TiO_2 基巨介电材料相反。当 x=0.25%、0.5%和 1%时，（$La_{0.5}Nb_{0.5}$）$_x$ $Ti_{1-x}O_2$ 陶瓷平均晶粒长度分别为 52.44μm、35.09μm 和 31.42μm，平均晶粒宽度分别为 25.75μm、16.73μm 和 14.37μm。图 8.3（d）～（f）为（$La_{0.5}Nb_{0.5}$）$_x$ $Ti_{1-x}O_2$ 陶瓷沿垂直于磁场方向的扫描电镜图像。观察到所有（$La_{0.5}Nb_{0.5}$）$_x$ $Ti_{1-x}O_2$ 陶瓷样品具有等轴晶粒，其平均晶粒尺寸分别为 36.38μm、18.51μm 和 15.88μm。SEM 图像为强磁场为（$La_{0.5}Nb_{0.5}$）$_x$ $Ti_{1-x}O_2$ 陶瓷微观结构的影响提供了直接证据。平行磁场方向上的晶粒宽度与垂直磁场方向上的平均晶粒尺寸相似，表明晶粒沿磁场方向生长。随着 x 的增加，孔隙和第二相逐渐增多，陶瓷晶粒尺寸逐渐减小，织构度增强。这一结果与以往报道的共掺杂 TiO_2 陶瓷的晶粒尺寸随着掺杂量的增加而增大正好相反，这可能与外加磁场诱导的晶粒取向有关。在图 8.3（a）～（f）所示的织构

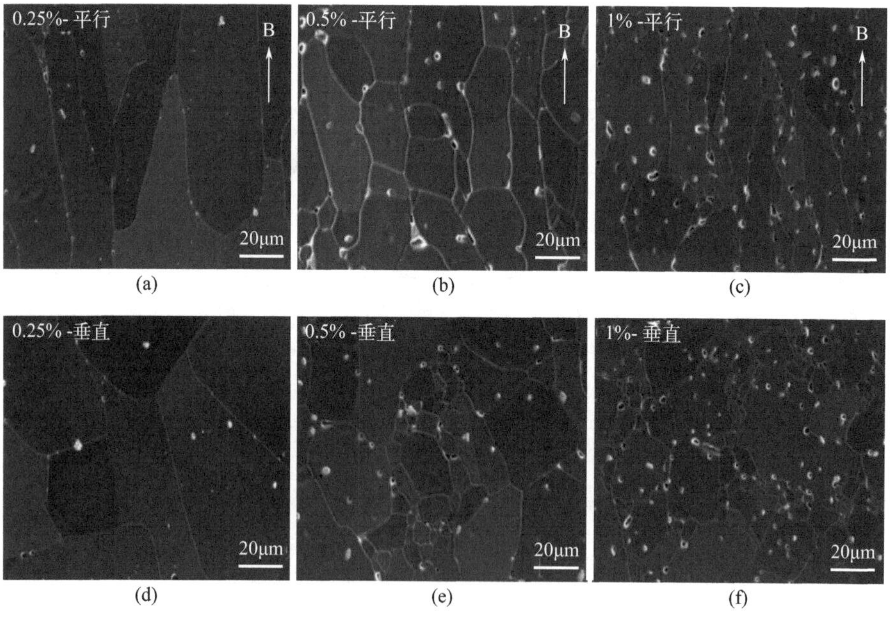

图 8.3（$La_{0.5}Nb_{0.5}$）$_x$ $Ti_{1-x}O_2$ 陶瓷的扫描电镜图像

（a）x=0.25%（12T-pa）；（b）x=0.5%（12T-pa）；（c）x=1%（12T-pa）；（d）x=0.25%（12T-pe）；（e）x=0.5%（12T-pe）；（f）x=1%（12T-pe）

化 $(La_{0.5}Nb_{0.5})_xTi_{1-x}O_2$ 陶瓷的所有 SEM 图像中都可以看到一些嵌在晶粒中的微小白色颗粒，根据 EDS（图 8.4）点扫结果，确定这些颗粒为富 La 第二相。随着掺杂量 x 的增加，发现织构化陶瓷微观结构中存在更多的孔隙和第二相，这些孔隙和第二相可能会阻碍晶粒的生长，使得织构化陶瓷的晶粒尺寸随着掺杂量的增加而减小。

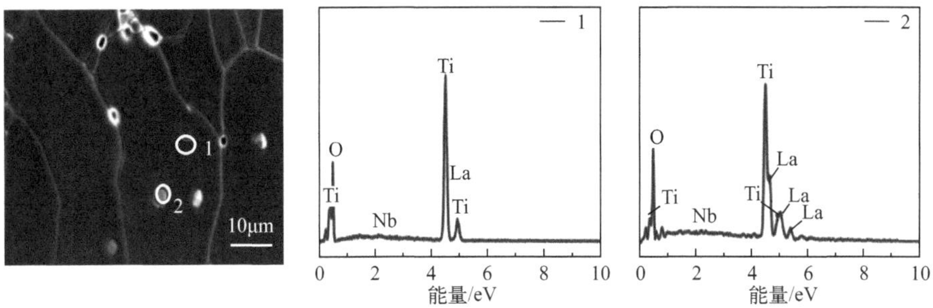

(a)　(b)　(c)

图 8.4　$(La_{0.5}Nb_{0.5})_{0.01}Ti_{0.99}O_2$ 陶瓷的 EDS 点扫

(a) 样品表面；(b) 区域 1；(c) 区域 2

图 8.5 (a) ～ (c) 分别显示了 0T、12T-pe 和 12T-pa 的 $(La_{0.5}Nb_{0.5})_xTi_{1-x}O_2$ (x=0.25%，0.5%，1%) 陶瓷在室温下的介电性能随频率的变化。所有的 LNTO 陶瓷都具有巨介电常数，且介电常数随组分 x 的增大而增大。与 0T 的样品相比，织构化陶瓷具有更低的介电损耗。在 12T-pa 的样品中，介电损耗最低。$(La_{0.5}Nb_{0.5})_{0.01}Ti_{0.99}O_2$ 陶瓷介电性能随频率的变化如图 8.5 (d) 所示。0T 的 $(La_{0.5}Nb_{0.5})_{0.01}Ti_{0.99}O_2$ 陶瓷的介电常数和介电损耗最高，12T-pa 陶瓷的介电常数和介电损耗均最低。12T-pa 的 $(La_{0.5}Nb_{0.5})_{0.01}Ti_{0.99}O_2$ 陶瓷在 10^4 Hz 时保持巨介电常数 $\varepsilon_r \approx 1.6\times10^4$，同时具有超低的介电损耗 $\tan\delta \approx 0.0038$。结果表明，织构化是提高 LNTO 陶瓷介电性能的有效手段。

用介电常数的温度系数 η 可以表征陶瓷介电性能的温度稳定性：

$$\eta=(\varepsilon_T-\varepsilon_{25})/\varepsilon_{25} \tag{8-1}$$

式中，ε_T 为任意温度 T 下的介电常数；ε_{25} 为 25℃温度下的介电常数。目前，大多数陶瓷电容器的电子元件为 X7R（218～398K，$\eta\leqslant\pm15\%$）。电子元件 X9R 在 218～473K 范围内要求 $\eta\leqslant\pm15\%$。图 8.6 为 $(La_{0.5}Nb_{0.5})_{0.01}Ti_{0.99}O_2$ 陶瓷在 1kHz 下 153～473K 温度范围内平行磁场方向温度系数的变化情况。可见，$(La_{0.5}Nb_{0.5})_{0.01}Ti_{0.99}O_2$ 陶瓷表现出了惊人的介电温度稳定性，$\eta\leqslant\pm7.1\%$ 的值足以满足 X9R 电容器在 218～473K 之间的需求。平行磁场方向的

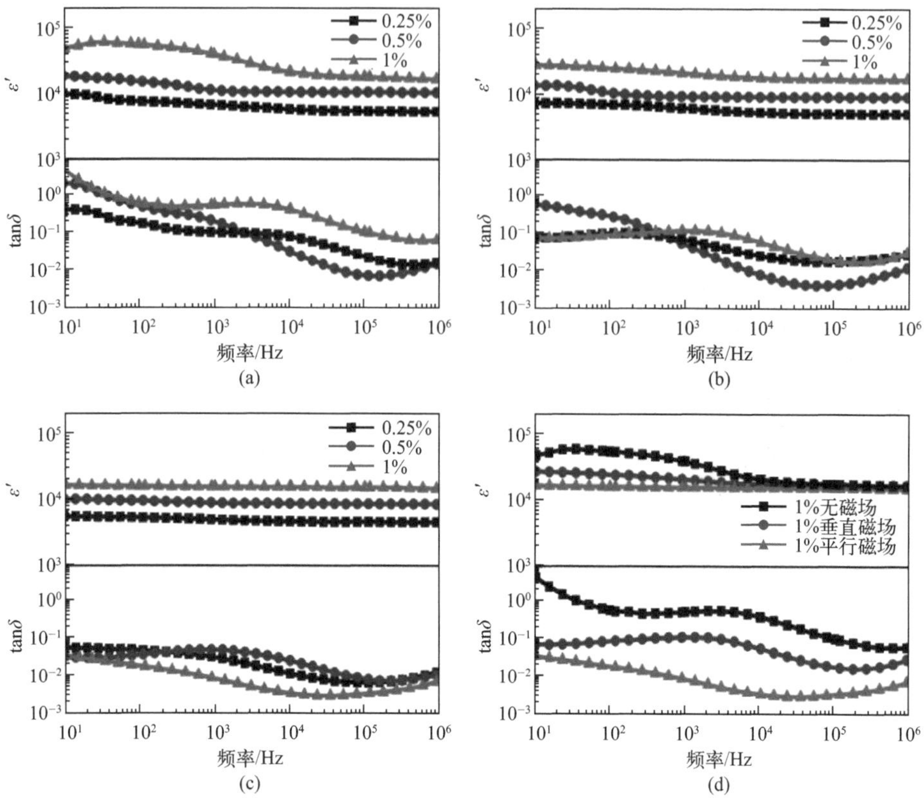

图 8.5 室温下的介电性能随频率变化

(a) 0T 的 $(La_{0.5}Nb_{0.5})_xTi_{1-x}O_2$ 陶瓷；(b) 12T-pe 的 $(La_{0.5}Nb_{0.5})_xTi_{1-x}O_2$ 陶瓷；(c) 12T-pa 的 $(La_{0.5}Nb_{0.5})_xTi_{1-x}O_2$ 陶瓷；(d) 0T、12T-pe 和 12T-pa 的 $(La_{0.5}Nb_{0.5})_{0.01}Ti_{0.99}O_2$ 陶瓷

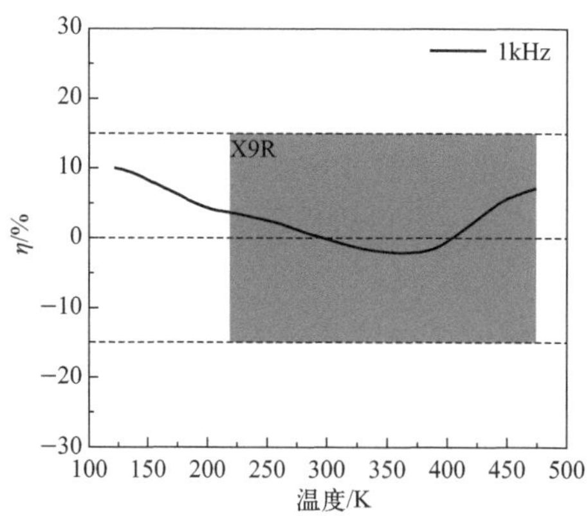

图 8.6 12T-pa$(La_{0.5}Nb_{0.5})_{0.01}Ti_{0.99}O_2$ 陶瓷在 153～473K、1kHz 时介电常数的温度系数变化

$(La_{0.5}Nb_{0.5})_{0.01}Ti_{0.99}O_2$ 陶瓷能在更宽的温度范围内保持稳定的介电性能，是一种高性能的巨介电陶瓷。

图 8.7 (a) ～ (c) 分别显示了 0T、12T-pe 和 12T-pa 的 $(La_{0.5}Nb_{0.5})_{0.01}Ti_{0.99}O_2$ 陶瓷在 10～300K 温度范围内介电性能随温度的变化。在 30～300K 宽的温度范围内，观察到 $(La_{0.5}Nb_{0.5})_{0.01}Ti_{0.99}O_2$ 陶瓷均表现出高于 10^4 的介电常数，织构化陶瓷表现出较好的温度稳定性。相比之下，$(La_{0.5}Nb_{0.5})_{0.01}Ti_{0.99}O_2$ 陶瓷在 0T 时的介电损耗最高 ($\tan\delta>0.1$)，而织构化 $(La_{0.5}Nb_{0.5})_{0.01}Ti_{0.99}O_2$ 陶瓷的 $\tan\delta$ 显著降低。在 30～275K 温度范围内，12T-pa 的 $(La_{0.5}Nb_{0.5})_{0.01}Ti_{0.99}O_2$ 陶瓷的最低介电损耗角正切为 0.0029，最大不超过 0.032。可以看到三个介电弛豫峰 R1 (10～30K)，R2 (30～200K) 和 R3 (200～300K)。随着频率的增加，介电弛豫峰向更高的温度移动，表明为热激活行为。R1 的活化能可以通过 Arrhenius 关系计算：

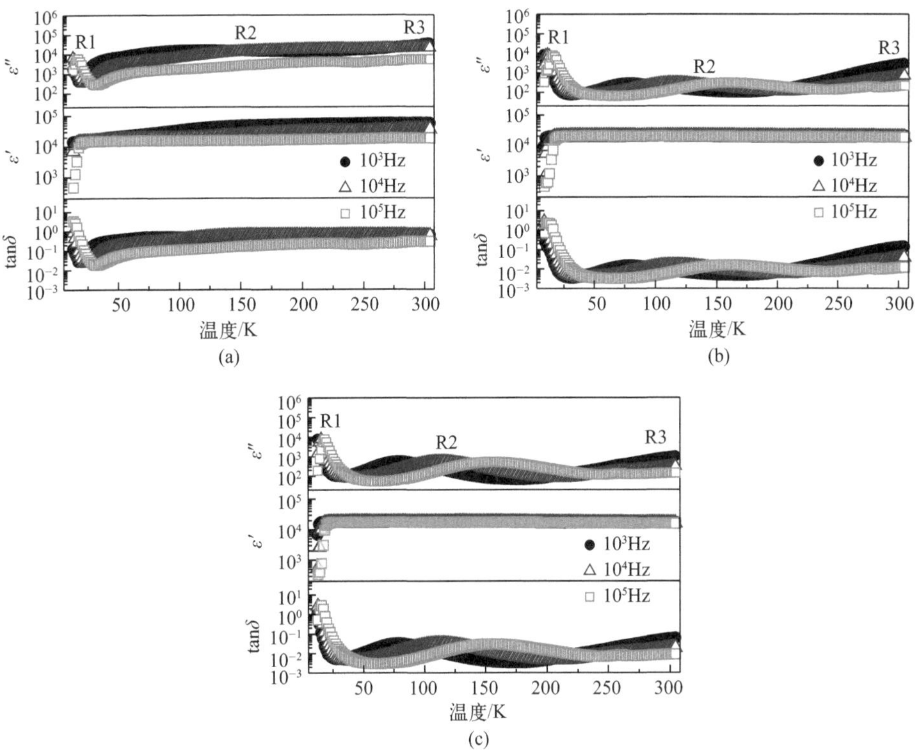

图 8.7　$(La_{0.5}Nb_{0.5})_{0.01}Ti_{0.99}O_2$ 陶瓷介电性能随温度的变化

(a) 0T；(b) 12T-pe；(c) 12T-pa

如图 8.8 (a) 所示，计算得到 0T、12T-pe 和 12T-pa 的 $(La_{0.5}Nb_{0.5})_{0.01}Ti_{0.99}O_2$

陶瓷的 R1 活化能分别为 12.5meV、15.4meV 和 22.6meV。如图 8.8（b）所示，0T、12T-pe 和 12T-pa 的（$La_{0.5}Nb_{0.5}$）$_{0.01}$ $Ti_{0.99}O_2$ 陶瓷的 R2 活化能分别为 36.0meV、70.1meV 和 71.7meV。图 8.8（c）为 0T、12T-pe 和 12T-pa 的（$La_{0.5}Nb_{0.5}$）$_{0.01}$ $Ti_{0.99}O_2$ 陶瓷的 R1 和 R2 活化能变化趋势。由图可见，织构化处理增加了 R1 和 R2 在平行和垂直磁场方向上的活化能。（$La_{0.5}Nb_{0.5}$）$_{0.01}$ $Ti_{0.99}O_2$ 陶瓷在 12T-pe 和 12T-pa 之间 R1 活化能的显著差异表明：R1 的内部结构受到磁场的影响，并与磁场的方向有关。对于 R2，磁场在平行方向和垂直方向上也使活化能增加，但这两个方向的活化能相似。

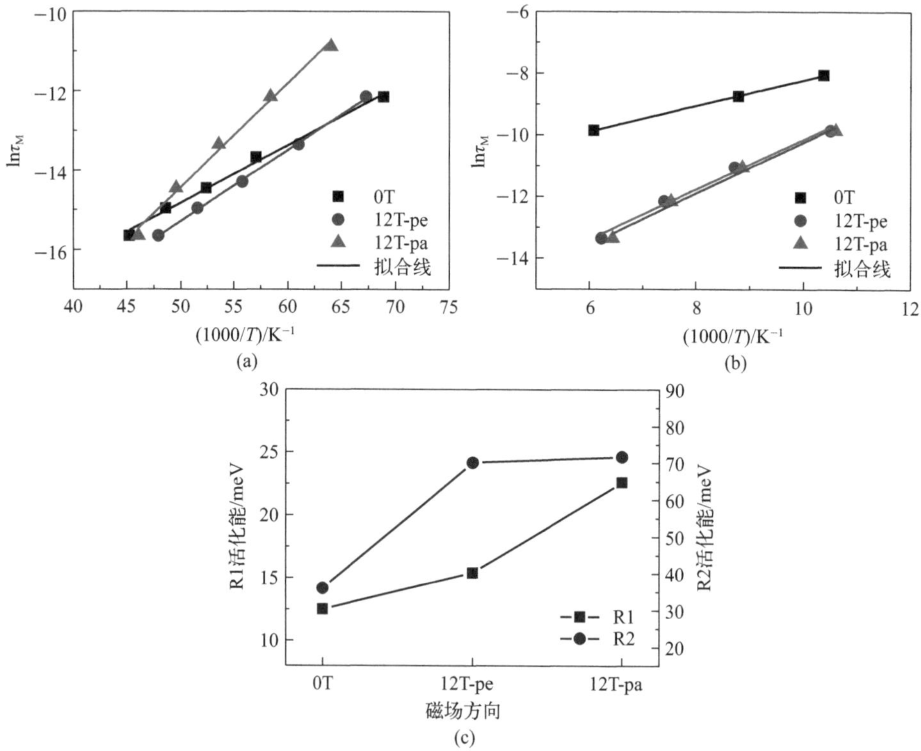

图 8.8 （$La_{0.5}Nb_{0.5}$）$_{0.01}$ $Ti_{0.99}O_2$ 陶瓷的活化能

（a）R1；（b）R2，其中点表示实验结果，线表示数据拟合公式的结果；

（c）（$La_{0.5}Nb_{0.5}$）$_{0.01}$ $Ti_{0.99}O_2$ 陶瓷在不同磁场方向上 R1 和 R2 活化能的变化趋势

在此过程中，氧空位和电子的生成由式（8-2）～式（8-5）表示：

$$La_2O_3 + 2TiO_2 \longrightarrow 2La'_{Ti} + V_O^{\cdot\cdot} + 3O_O \tag{8-2}$$

$$Nb_2O_5 + 2TiO_2 \longrightarrow 2Ti'_{Ti} + 2Nb'_{Ti} + 8O_O + \frac{1}{2}O_2 \uparrow \tag{8-3}$$

$$O_O \longrightarrow 1/2O_2 + V_O^{\cdot\cdot} + 2e'$$

$$O_O \longrightarrow \frac{1}{2}O_2 + V_O^{\cdot\cdot} + 2e' \tag{8-4}$$

$$Ti^{4+} + e' \longrightarrow Ti^{3+} \tag{8-5}$$

系统不仅产生氧空位和电子，还会产生复杂的团簇，包括 La_{Ti}'、$Nb_{Ti}^{\cdot}$、Ti_{Ti}'、$V_O^{\cdot\cdot}$、$La_{Ti}' \rightarrow Nb_{Ti}^{\cdot}$、$Nb_{Ti}^{\cdot} \rightarrow Ti_{Ti}'$、$La_{Ti}' \rightarrow V_O^{\cdot\cdot} \leftarrow La_{Ti}'$、$Ti_{Ti}' \rightarrow V_O^{\cdot\cdot} \leftarrow Ti_{Ti}'$ 等。R1 与低温缺陷团簇中的局域电子（EPDDs）相关[10]。R2 与 Ti^{3+} 和 Ti^{4+} 之间的电子跃迁有关。这些缺陷团簇可能被磁场定向。在 $NiNb_2O_6$ 材料中，外加磁场影响离子的自旋取向和自旋-晶格耦合的强度，进而影响介电响应是合理的。在 LNTO 陶瓷中，磁场可以影响陶瓷内部的缺陷团簇，从而增加 R1 和 R2 的活化能。R3 与 IBLC 效应有关，IBLC 效应对应于织构化陶瓷在阻抗谱中具有较高的晶粒电阻和晶界电阻。这些都证明了磁场定向对 LNTO 陶瓷的缺陷团簇、电子跃迁、晶粒和晶界产生了显著的影响。

图 8.9（a）～（c）分别为 0T、12T-pe 和 12T-pa 的 $(La_{0.5}Nb_{0.5})_xTi_{1-x}O_2$（$x$=0.25%、0.5%、1%）陶瓷在室温下的阻抗谱。图中的插图为高频数据的放大图。在图谱中，高频区域和低频区域的弧分别对应材料的晶粒和晶界。阻抗谱可以用等效电路模型来拟合［图 8.9（a）内插图］，图中曲线为拟合数据。根据等效电路计算了室温下 0T、12T-pe 和 12T-pa LNTO 陶瓷的晶粒电阻和晶界电阻，具体数值见表 8.1。所有 $(La_{0.5}Nb_{0.5})_xTi_{1-x}O_2$ 陶瓷均存在导电晶粒和绝缘晶界，这表明巨介电常数与内部阻挡层电容效应（IBLC）密切相关。如图 8.9（d）所示，0T 的 $(La_{0.5}Nb_{0.5})_{0.01}Ti_{0.99}O_2$ 陶瓷的晶粒电阻和晶界电阻最低，12T-pa 陶瓷的最高。在 0T 条件下，LNTO 陶瓷的晶粒电阻和晶界电阻随掺杂量的增加而降低，这与其他 TiO_2 基巨介电材料一致。在 12T 时，晶粒和晶界的电阻不再严格遵守这一规律，说明磁场不仅影响了陶瓷的微观结构，也影响了其介电性能。

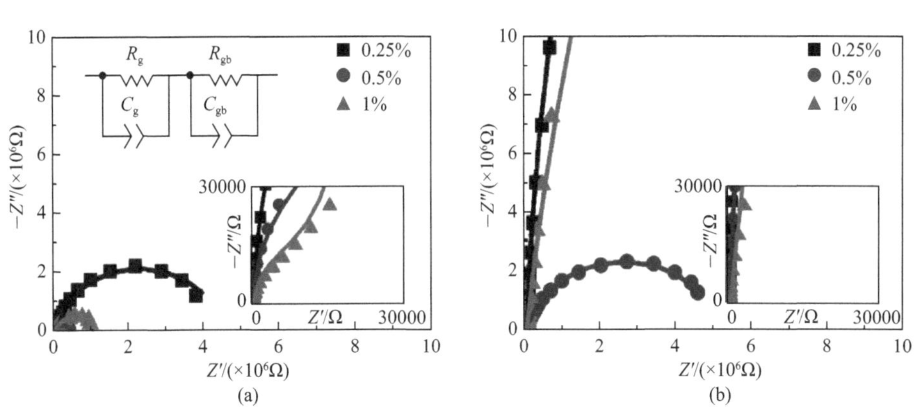

图 8.9

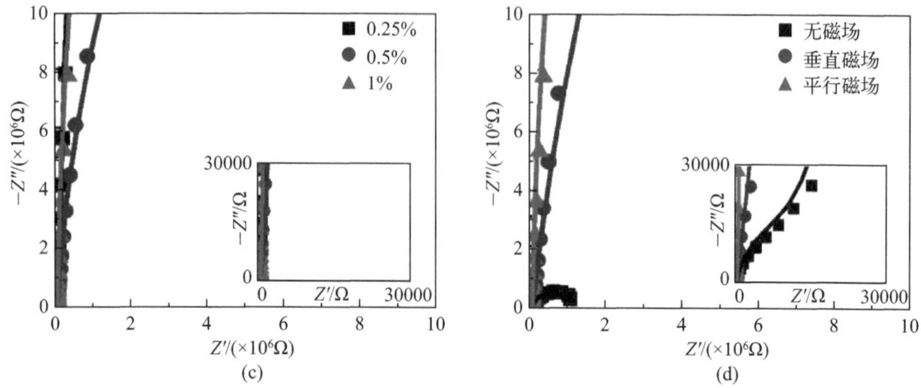

图 8.9 $(La_{0.5}Nb_{0.5})_xTi_{1-x}O_2$ 陶瓷的室温阻抗谱

(a) 0T；(b) 12T-pe；(c) 12T-pa；(d) $(La_{0.5}Nb_{0.5})_{0.01}Ti_{0.99}O_2$ 陶瓷

表 8.1 室温下 $(La_{0.5}Nb_{0.5})_xTi_{1-x}O_2$ 陶瓷在 0T、12T-pe 和 12T-pa 条件下的晶粒电阻和晶界电阻

组分	0T		12T-pe		12T-pa	
	$R_g/(\Omega\cdot cm)$	$R_{gb}/(\Omega\cdot cm)$	$R_g/(\Omega\cdot cm)$	$R_{gb}/(\Omega\cdot cm)$	$R_g/(\Omega\cdot cm)$	$R_{gb}/(\Omega\cdot cm)$
$x=0.25\%$	6.31×10^5	2.10×10^7	3.05×10^7	1.13×10^{10}	8.77×10^7	1.84×10^{11}
$x=0.5\%$	6.70×10^4	1.18×10^6	8.89×10^5	2.42×10^7	3.03×10^7	2.82×10^9
$x=1\%$	9.07×10^3	8.27×10^5	3.55×10^5	1.87×10^8	5.19×10^7	6.30×10^{10}

图 8.10 (a) ～ (c) 分别为 0T、12T-pe 和 12T-pa$(La_{0.5}Nb_{0.5})_{0.01}Ti_{0.99}O_2$ 陶瓷的 XPS 元素价态表征。陶瓷中 Ti^{3+} 的含量可以用 XPS 测定，在 LNTO 陶瓷中起重要作用。在所有 $(La_{0.5}Nb_{0.5})_{0.01}Ti_{0.99}O_2$ 陶瓷中均检出 Ti^{3+} 和 Ti^{4+}。如图 8.10 (a) ～ (c) 所示，0T、12T-pe 和 12T-pa$(La_{0.5}Nb_{0.5})_{0.01}Ti_{0.99}O_2$ 陶瓷的 Ti^{3+} 含量分别为 5.16%、4.90%和 4.68%。与 0T 条件相比，织构化陶瓷中 Ti^{3+} 含量降低。这一结果与介电性能测量结果一致，即 Ti^{3+} 含量越高，介电常数越高。织构化 $(La_{0.5}Nb_{0.5})_xTi_{1-x}O_2$ 陶瓷具有晶粒取向生长的微观形貌，晶粒和晶界的改变有效地阻止了自由电子的迁移，并影响了介电弛豫峰 R3。磁场还会影响 $(La_{0.5}Nb_{0.5})_xTi_{1-x}O_2$ 陶瓷中的缺陷团簇，进而影响介电弛豫峰 R1 和 R2。织构化陶瓷具有较高的介电弛豫峰 R1 活化能和 R2 活化能，较大的晶粒电阻和晶界电阻是其具有高介电常数和低介电损耗的原因。12T-pa 的 $(La_{0.5}Nb_{0.5})_{0.01}Ti_{0.99}O_2$ 陶瓷具有较高的 R1 和 R2 活化能，以及较大的晶

粒和晶界电阻，这是陶瓷在平行磁场方向上获得优异介电性能的关键。

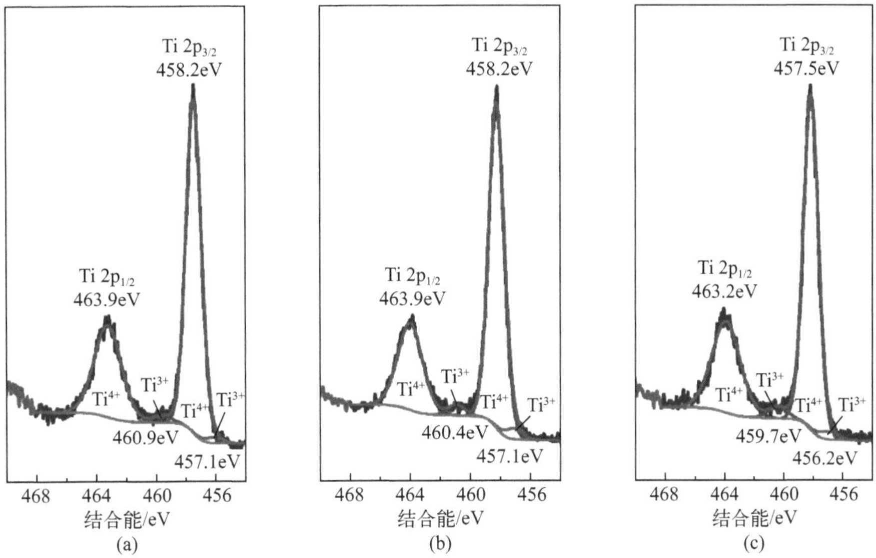

图 8.10　$(La_{0.5}Nb_{0.5})_{0.01}Ti_{0.99}O_2$ 陶瓷 XPS 元素价态表征

(a) 0T；(b) 12T-pe；(c) 12T-pa

8.3　强磁场织构化 $(Al_{0.5}Nb_{0.5})_xTi_{1-x}O_2$ 陶瓷的巨介电性能

提高电子设备的微型化程度，使其具有较高的介电常数、较低的介质损耗，一直是科研学者追求的目标。大量的研究表明，由于晶粒和晶界的存在，界面极化在很大程度上影响着陶瓷材料的巨介电性能，研究者们也尝试着对其进行晶粒和晶界的调控，以进一步提升其巨介电性能。目前常用的一种方法是在巨介电材料中引入高阻的第二相，调控其微观结构，进而提高材料的巨介电性能。然而，复合材料会使材料原有的巨介电常数下降，因此为了实现在不牺牲介电常数的基础上调控晶界和晶粒的形貌，本工作采用强磁场定向法来改善陶瓷的巨介电性能。宋永利等采用不同方法将 Al^{3+} 元素掺杂到 TiO_2 陶瓷中，证实陶瓷的巨介电性能与 IBLC 效应相关。刘芸等通过对不同厚度的 Al^{3+} 和 Nb^{5+} 共掺杂 TiO_2 陶瓷进行研究，发现陶瓷的巨介电性能起源于 SBLC 效应。不管是 IBLC 还是 SBLC 效应，都属于界面极化，这说明在 Al^{3+} 与 Nb^{5+} 共掺

杂的 TiO_2 陶瓷中，晶粒和晶界的形貌是决定陶瓷巨介电性能的关键因素。Suzuki 等研究发现，在 12T 的强磁场条件下，金红石型 TiO_2 陶瓷被成功织构化并且具有较高的取向度，同时观察到陶瓷晶粒沿着磁场方向定向排列，形成特殊的微观结构，这种结构使 TiO_2 陶瓷在平行磁场方向暴露出更多的晶界，从而提高了陶瓷平行方向上对自由电子运动的拦截能力。本工作选择 Al^{3+} 与 Nb^{5+} 共掺杂 TiO_2 陶瓷为研究对象，在垂直于样品重力方向 12T 的磁场下，采用强磁场定向法制备了 $(Al_{0.5}Nb_{0.5})_xTi_{1-x}O_2$（$x$=0%、10%、20%、30%）陶瓷，烧结温度为 1673K，在氮气气氛下烧结 10h。

$(Al_{0.5}Nb_{0.5})_xTi_{1-x}O_2$（$x$ = 10%、20%、30%）陶瓷的 XRD 图谱如图 8.11 所示，在所有 ANTO 陶瓷中均检测到金红石型 TiO_2 相。沿垂直磁场方向（12T-pe）的 ANTO 陶瓷的 XRD 图谱如图 8.11（a）所示。与标准的衍射图谱相比，观察到（110）、（101）、（111）、（211）和（220）峰强度明显减弱，而（002）和（210）峰强度有所增强。图 8.11（b）为沿平行磁场方向（12T-pa）的 ANTO 陶瓷的 XRD 图谱。发现（110）峰强度最大，（101）、（111）、（211）、（002）峰几乎消失。图 8.11（c）为 0T、12T-pe 和 12T-pa $(Al_{0.5}Nb_{0.5})_{0.1}Ti_{0.9}O_2$ 陶瓷的 XRD 图谱。垂直磁场方向的 $(Al_{0.5}Nb_{0.5})_{0.1}Ti_{0.9}O_2$ 陶瓷的（110）、（220）峰几乎消失，而（002）峰强度明显增强，取代（110）峰成为新的主峰 $[(110)_{rutile}\perp(001)_{rutile}]$。与之相反，在平行磁场方向的 $(Al_{0.5}Nb_{0.5})_{0.1}Ti_{0.9}O_2$ 陶瓷中，（110）峰强度非常明显，而（002）峰几乎消失。此外，在这两个方向上（101）、（111）和（211）峰强度减弱。根据 XRD 谱图，在强磁场下得到了晶粒按特定方向排列的取向晶体。晶粒取向度由 Lotgering 因子（LF）表示，该因子可由 XRD 图谱数据计算得出，取向峰由（002）峰计算。当 x 从 10%增加到 30%时，$(Al_{0.5}Nb_{0.5})_xTi_{1-x}O_2$ 陶瓷的 LF 分别为 0.95、0.90 和 0.89。结果表明，在 12T 强磁场中，随着掺杂量的增加，ANTO 陶瓷的织构度略有降低。

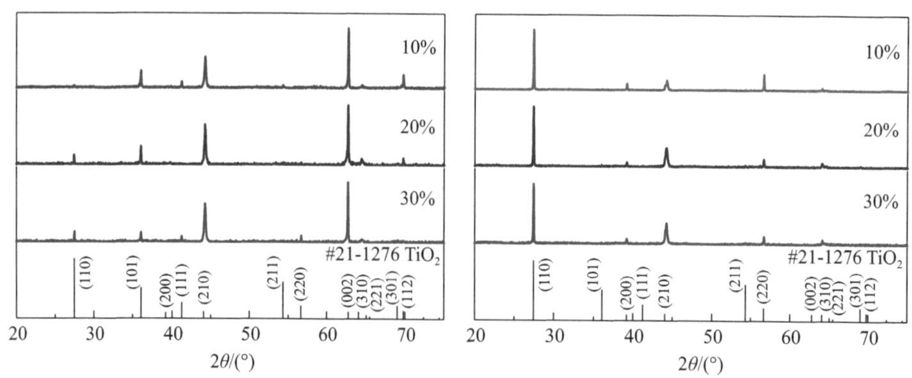

(a) (b)

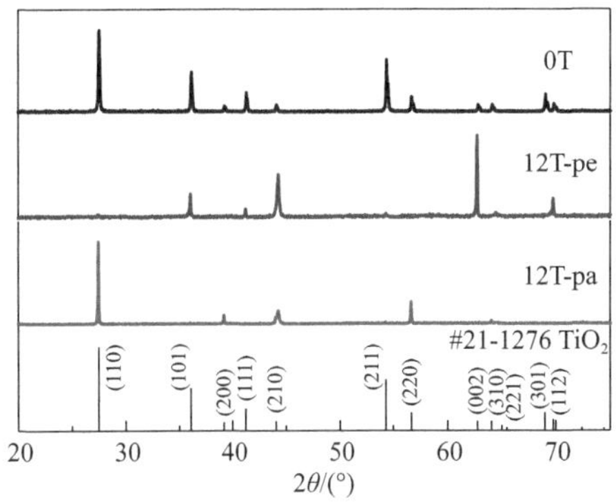

(c)

图 8.11　XRD 图谱

(a) 12T-pe 的 $(Al_{0.5}Nb_{0.5})_xTi_{1-x}O_2$ 陶瓷；(b) 12T-pa 的 $(Al_{0.5}Nb_{0.5})_xTi_{1-x}O_2$ 陶瓷；(c) 0T、12T-pe 和 12T-pa 的 $(Al_{0.5}Nb_{0.5})_{0.1}Ti_{0.9}O_2$ 陶瓷

图 8.12 为抛光和腐蚀后的 $(Al_{0.5}Nb_{0.5})_xTi_{1-x}O_2$ (x = 10%、20%、30%) 陶瓷的 SEM 图像。图 8.12 (a) ～ (c) 为 ANTO 陶瓷沿平行磁场方向的 SEM 图像。观察到拉长的晶粒沿平行于磁场的方向整齐地排列在表面上。随着组成 x 从 10%增加到 30%，平均晶粒尺寸增大，这与其他非织构化 TiO_2 基巨介电材料相同，且晶粒形状逐渐从条形向圆形转变。当 x=10%、20%和 30%时，平均晶粒长度分别为 21.41μm、23.68μm 和 24.37μm，平均晶粒宽度分别为 10.32μm、12.66μm 和 16.93μm。图 8.12 (d) ～ (f) 为 ANTO 陶瓷沿垂直于磁场方向的扫描电镜图像。观察到所有 ANTO 陶瓷样品具有等轴晶粒，其平均晶粒尺寸分别为 10.92μm、13.72μm 和 17.61μm。平行磁场方向上的晶粒宽度与垂直磁场方向上的平均晶粒尺寸相似，表明晶粒沿磁场方向生长。随着 x 的增加，陶瓷晶粒尺寸逐渐增大，条状晶粒不再明显，织构度减弱。

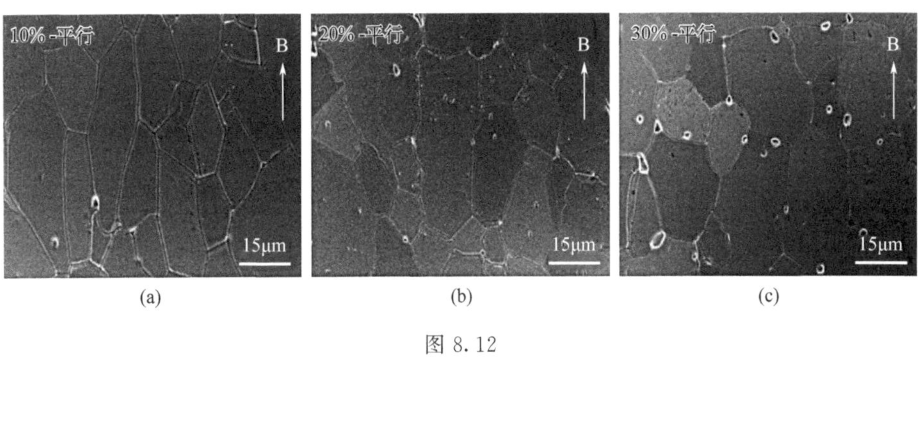

(a)　(b)　(c)

图 8.12

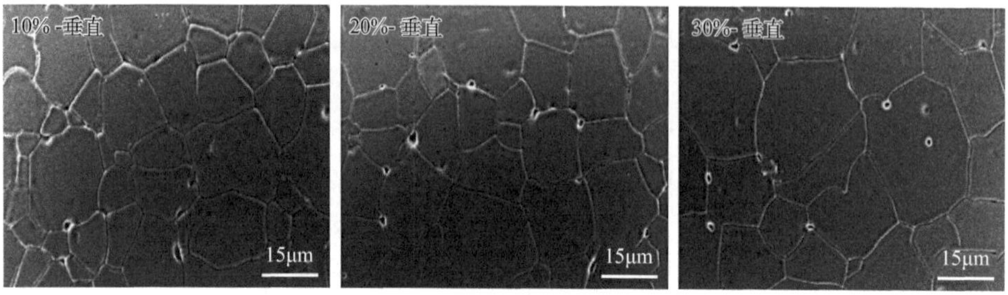

(d) (e) (f)

图 8.12 $(Al_{0.5}Nb_{0.5})_xTi_{1-x}O_2$ 陶瓷的扫描电镜图像

(a) $x=10\%$ (12T-pa); (b) $x=20\%$ (12T-pa); (c) $x=30\%$ (12T-pa);

(d) $x=10\%$ (12T-pe); (e) $x=20\%$ (12T-pe); (f) $x=30\%$ (12T-pe)

图 8.13 (a) ～ (c) 分别显示了 0T、12T-pe 和 12T-pa 的 $(Al_{0.5}Nb_{0.5})_xTi_{1-x}O_2$ ($x=10\%$、20%、30%) 陶瓷在室温下的介电性能随频率的变化。所有的 ANTO 陶瓷都具有巨介电常数，且介电常数随掺杂量 x 的增大而增大。与 0T 的样品相比，织构化陶瓷具有更低的介电损耗。在 12T-pa 的样品中，介电损耗最低。$(Al_{0.5}Nb_{0.5})_{0.1}Ti_{0.9}O_2$ 陶瓷介电性能随频率的变化如图 8.13 (d) 所示。0T 的 $(Al_{0.5}Nb_{0.5})_{0.1}Ti_{0.9}O_2$ 陶瓷的介电常数和介电损耗最高，12T-pa 陶瓷的介电常数和介电损耗最低。12T-pa 的 $(Al_{0.5}Nb_{0.5})_{0.1}Ti_{0.9}O_2$ 陶瓷在 10^3 Hz 时保持巨介电常数 $\varepsilon_r \approx 5.6\times10^4$，同时具有极低的介电损耗 $\tan\delta\approx0.048$。结果表明，织构化是提高 ANTO 陶瓷介电性能的有效手段。

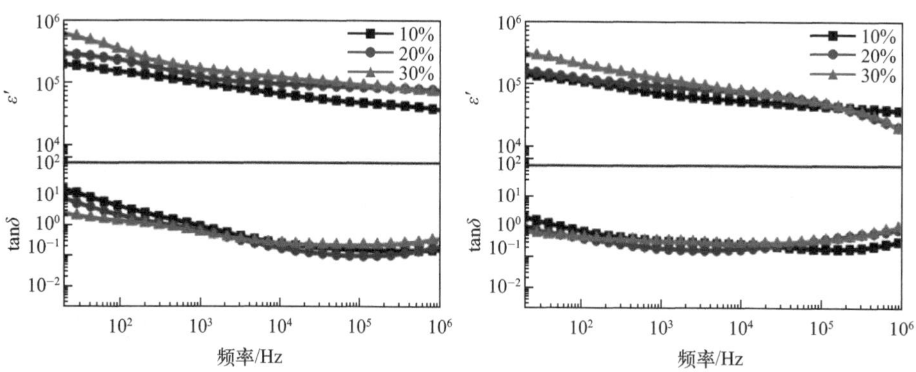

(a) (b)

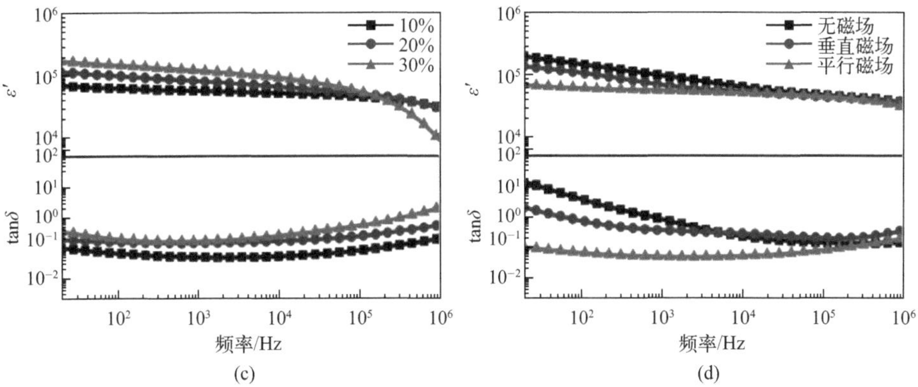

图 8.13　室温下的介电性能随频率变化

(a) 0T 的 $(Al_{0.5}Nb_{0.5})_xTi_{1-x}O_2$ 陶瓷；(b) 12T-pe 的 $(Al_{0.5}Nb_{0.5})_xTi_{1-x}O_2$ 陶瓷；(c) 12T-pa 的 $(Al_{0.5}Nb_{0.5})_xTi_{1-x}O_2$ 陶瓷；(d) 0T、12T-pe 和 12T-pa 的 $(Al_{0.5}Nb_{0.5})_{0.1}Ti_{0.9}O_2$ 陶瓷

图 8.14 (a) ～ (c) 分别为 0T、12T-pe 和 12T-pa 的 $(Al_{0.5}Nb_{0.5})_xTi_{1-x}O_2$ (x=10%、20%、30%) 陶瓷在室温下的阻抗谱。图中的插图为高频数据的放大图。在图谱中，高频区域和低频区域的弧分别对应材料的晶粒和晶界。阻抗谱可以用等效电路模型来拟合 [图 8.14 (a) 内插图]，图中曲线为拟合数据。根据等效电路计算了室温下 0T、12T-pe 和 12T-pa 的 ANTO 陶瓷的晶粒电阻和晶界电阻，具体数值见表 8.2。所有 $(Al_{0.5}Nb_{0.5})_xTi_{1-x}O_2$ 陶瓷均存在导电晶粒和绝缘晶界，这表明巨介电常数与内部阻挡层电容效应 (IBLC) 密切相关。如图 8.14 (d) 所示，与 0T 陶瓷相比，织构化陶瓷的晶粒电阻和晶界电阻都有所增加。0T 的 $(Al_{0.5}Nb_{0.5})_xTi_{1-x}O_2$ 陶瓷的晶粒电阻和晶界电阻最低，12T-pa 陶瓷的最高。这种独特的微观结构增加了陶瓷的晶粒电阻和晶界电阻，从而降低了介电损耗。因此，高介电常数和低介电损耗可归因于 IBLC 效应。

表 8.2　室温下 $(Al_{0.5}Nb_{0.5})_xTi_{1-x}O_2$ 陶瓷在 0T、12T-pe 和 12T-pa 条件下的晶粒电阻 (R_g) 和晶界电阻 (R_{gb})

组分	0T		12T-pe		12T-pa	
	R_g/(Ω·cm)	R_{gb}/(Ω·cm)	R_g/(Ω·cm)	R_{gb}/(Ω·cm)	R_g/(Ω·cm)	R_{gb}/(Ω·cm)
x=10%	3.89×10^3	9.99×10^3	1.07×10^3	9.93×10^4	9.91×10^5	6.72×10^7
x=20%	3.40×10^3	1.12×10^4	1.53×10^4	7.76×10^4	1.11×10^5	7.90×10^6
x=30%	2.46×10^3	5.30×10^4	1.44×10^4	1.38×10^5	4.99×10^5	2.00×10^6

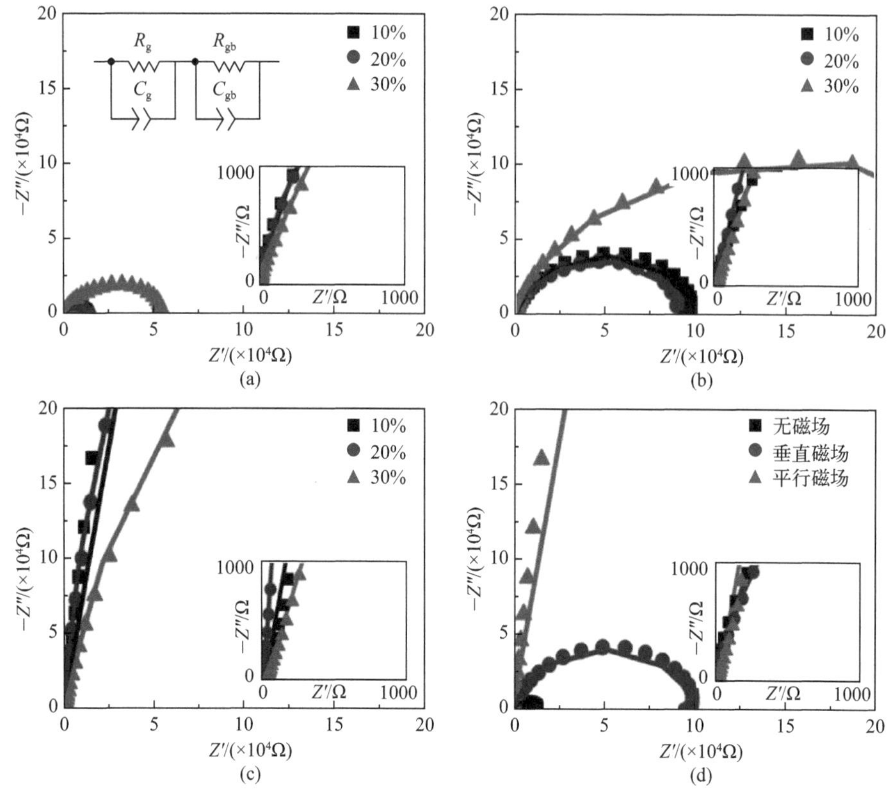

图 8.14 室温阻抗谱

(a) 0T 的 $(Al_{0.5}Nb_{0.5})_xTi_{1-x}O_2$ 陶瓷；(b) 12T-pe 的 $(Al_{0.5}Nb_{0.5})_xTi_{1-x}O_2$ 陶瓷；(c) 12T-pa 的 $(Al_{0.5}Nb_{0.5})_xTi_{1-x}O_2$ 陶瓷；(d) 0T、12T-pe、12T-pa 的 $(Al_{0.5}Nb_{0.5})_{0.1}Ti_{0.9}O_2$ 陶瓷，插图中放大高频数据，拟合数据以实线显示

图 8.15 (a) ～ (c) 分别为 0T、12T-pe 和 12T-pa 的 $(Al_{0.5}Nb_{0.5})_{0.1}Ti_{0.9}O_2$ 陶瓷的 XPS 元素价态表征。在所有 $(Al_{0.5}Nb_{0.5})_{0.1}Ti_{0.9}O_2$ 陶瓷中均检出 Ti^{3+} 和 Ti^{4+}。如图 8.15 (a) ～ (c) 所示，0T、12T-pe 和 12T-pa $(Al_{0.5}Nb_{0.5})_{0.1}Ti_{0.9}O_2$ 陶瓷的 Ti^{3+} 含量分别为 4.14%、3.70% 和 3.65%。与 0T 条件相比，织构化陶瓷中 Ti^{3+} 含量降低。这一结果与介电性能测量结果一致，即 Ti^{3+} 含量越高，介电常数越高。织构化 $(Al_{0.5}Nb_{0.5})_xTi_{1-x}O_2$ 陶瓷具有晶粒取向生长的微观形貌，晶粒和晶界的改变有效地阻止了自由电子的迁移。与其他样品相比，12T-pa 陶瓷存在更多的晶界，这会阻挡更多的电子，导致这种材料表现出低介电损耗。因此，本研究中 $(Al_{0.5}Nb_{0.5})_xTi_{1-x}O_2$ 陶瓷巨介电的起源可归因于材料中存在导电晶粒和绝缘晶界极化，这表明陶瓷经过织构化处理后 IBLC 效应最佳。

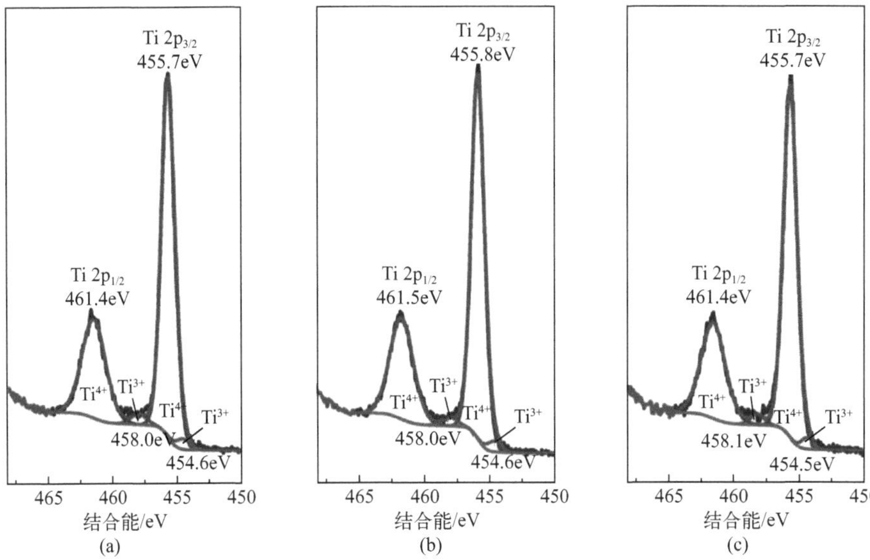

图 8.15　$(Al_{0.5}Nb_{0.5})_{0.1}Ti_{0.9}O_2$ 陶瓷 XPS 元素价态表征

(a) 0T；(b) 12T-pe；(c) 12T-pa

8.4　不同磁场强度和磁场方向下织构化共掺杂 TiO_2 陶瓷的微观结构和性能

控制陶瓷中的晶体取向是提高其压电和力学性能的有效方法。强磁场已用于制造具有取向结构的非磁性材料，晶粒的各向异性磁能足以诱导晶体取向。磁场产生的磁力可分为两种，一种是引力或斥力，另一种是使晶轴平行于磁场的旋转力。前者应用于磁悬浮、磁分离和物质磁化率的测定，后者应用于由于磁各向异性而具有磁化率差异的材料的晶体排列。许多晶体材料具有磁各向异性，其中磁化率在各个晶体方向上不同。在强磁场中，晶体磁各向异性的能量与热运动的能量相当或大于热运动能量。分散性良好的悬浮液是有效利用强磁场的前提条件。二氧化钛是一种用于各种应用的重要电子陶瓷，主要分为锐钛矿相（低温相）和金红石相（高温相）。二氧化钛颗粒有各种形状，如球形颗粒和条形晶须等。研究发现使用二氧化钛晶须通过 10T 的磁场定向时[10]，当磁场方向平行于重力方向时，样品顶部和侧面强度与没有磁场时的强度相似，这一现象表明磁能小于重力能，分散系统中重力能量占主导地位；当磁场方向垂直于重力方向时，二氧化钛晶须的排列可以通过强磁场来控制，得到 c 轴取向的晶体。在这些研究中，对粉末悬浮液施加高磁场，并使用传统的烧结工艺对生坯进行烧结。由于在强磁场下，重力对晶体取向也起着重要作用，因此本部分使用 6T 平行于重力方向的磁场，通过强磁场定向法制备 $(La_{0.5}Nb_{0.5})_{0.01}Ti_{0.99}O_2$ 陶瓷和 $(Al_{0.5}Nb_{0.5})_{0.3}Ti_{0.7}O_2$ 陶瓷，对比前面得到的施加垂直于重力方向磁场的结果，考虑粉末形状、磁场方向和磁场强度对陶瓷材料晶体取向的影响。

施加 6T 平行重力方向磁场的 $(La_{0.5}Nb_{0.5})_{0.01}Ti_{0.99}O_2$ 陶瓷的 XRD 图谱如图 8.16（a）所示，对比施加 12T 垂直重力方向磁场的 $(La_{0.5}Nb_{0.5})_{0.01}Ti_{0.99}O_2$ 陶瓷［图 8.16（b）］，在垂直磁场方向样品上，图 8.16（a）中主峰仍为（110），而图 8.16（b）中（110）峰强度基本消失，（101）、（210）和（002）峰的强度明显增大。在平行磁场方向上，图 8.16（a）中（211）峰取代（110）峰成

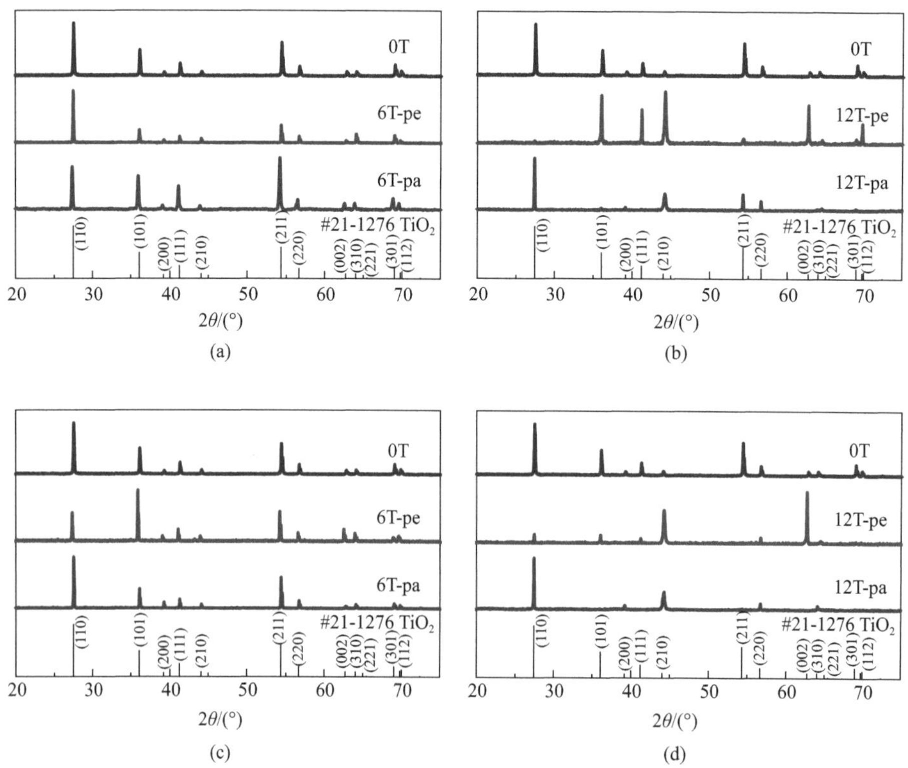

图 8.16 XRD图谱

（a）平行重力方向 6T 磁场下的 $(La_{0.5}Nb_{0.5})_{0.01}Ti_{0.99}O_2$ 陶瓷；（b）垂直重力方向 12T 磁场下的 $(La_{0.5}Nb_{0.5})_{0.01}Ti_{0.99}O_2$ 陶瓷；（c）平行重力方向 6T 磁场下的 $(Al_{0.5}Nb_{0.5})_{0.3}Ti_{0.7}O_2$ 陶瓷；（d）垂直重力方向 12T 磁场下的 $(Al_{0.5}Nb_{0.5})_{0.3}Ti_{0.7}O_2$ 陶瓷

为新的主峰，(101) 和 (111) 峰的强度有所增大，而在图 8.16 (b) 中只有主峰 (110) 的强度较为明显，其他峰均被明显抑制。施加 6T 平行重力方向磁场的 $(Al_{0.5}Nb_{0.5})_{0.3}Ti_{0.7}O_2$ 陶瓷的 XRD 图谱如图 8.16 (c) 所示，对比施加 12T 垂直重力方向磁场的 $(Al_{0.5}Nb_{0.5})_{0.3}Ti_{0.7}O_2$ 陶瓷 [图 8.16 (d)]，在垂直磁场方向上，图 8.16 (c) 中 (101) 峰强度超过 (110) 峰强度，而图 8.16 (d) 中，(002) 峰和 (210) 峰强度明显增强，其他峰强度全部减弱，并且发现在相同磁场强度和方向下，不同掺杂元素的情况下，施加 6T 平行重力方向磁场的 $(La_{0.5}Nb_{0.5})_{0.01}Ti_{0.99}O_2$ 陶瓷的垂直磁场方向图谱和 $(Al_{0.5}Nb_{0.5})_{0.3}Ti_{0.7}O_2$ 陶瓷的平行磁场方向图谱比较相似；施加 12T 垂直重力方向磁场的 $(La_{0.5}Nb_{0.5})_{0.01}Ti_{0.99}O_2$ 陶瓷的平行磁场方向图谱和 $(Al_{0.5}Nb_{0.5})_{0.3}Ti_{0.7}O_2$ 陶瓷的平行磁场方向图谱比较相似。晶粒取向度由 Lotgering 因子 (LF) 计算得到，6T 平行重力方向磁场下的 $(La_{0.5}Nb_{0.5})_{0.01}Ti_{0.99}O_2$ 陶瓷和 $(Al_{0.5}Nb_{0.5})_{0.3}Ti_{0.7}O_2$ 陶瓷的取向度分别为 0.28 和 0.46。12T 垂直重力方向磁场下相同组分的陶瓷取向度分别为 0.88 和 0.89，说明 12T 垂直重力方向磁场下的织构效果更好。

图 8.17 (a) ～ (d) 分别为抛光和腐蚀后的 6T-pa 的 $(La_{0.5}Nb_{0.5})_{0.01}Ti_{0.99}O_2$ 陶瓷、6T-pe 的 $(La_{0.5}Nb_{0.5})_{0.01}Ti_{0.99}O_2$ 陶瓷、6T-pa 的 $(Al_{0.5}Nb_{0.5})_{0.3}Ti_{0.7}O_2$ 陶瓷和 6T-pe 的 $(Al_{0.5}Nb_{0.5})_{0.3}Ti_{0.7}O_2$ 陶瓷的 SEM 图像。观察到 $(La_{0.5}Nb_{0.5})_{0.01}Ti_{0.99}O_2$ 陶瓷和 $(Al_{0.5}Nb_{0.5})_{0.3}Ti_{0.7}O_2$ 陶瓷的平行磁场方向和垂直磁场方向都有长方形晶粒和圆形晶粒，测量得到图 8.17 (a) 中平均晶粒尺寸的长和宽约为 21.69μm 和 11.61μm，图 8.17 (b) 中平均晶粒尺寸的长和宽约为 22.33μm 和 12.84μm，图 8.17 (c) 中平均晶粒尺寸的长和宽约为 18.65μm 和 11.40μm，图 8.17 (d) 中平均晶粒尺寸的长和宽约为 18.93μm 和 13.57μm。与施加 12T 垂直重力方向磁场的陶瓷样品相比，晶粒沿某个方向的排列或对齐没有那么明显，如图 8.18 (a) 所示，12T 垂直重力方向磁场下的陶瓷样品晶粒会沿磁场方向对齐，整齐排列，Top 面对应平行磁场方向样品表面，Side 面对应垂直磁场方向样品表面。而 6T 平行重力方向磁场下的陶瓷样品更接近于图 8.18 (b) 中的排列方式，Top 面对应垂直磁场方向样品表面，Side 面对应平行磁场方向样品表面，由于磁场方向和强度的影响，织构度有所减弱。

图 8.19 (a) ～ (b) 分别显示了 0T、6T-pe 和 6T-pa 的 $(La_{0.5}Nb_{0.5})_{0.01}Ti_{0.99}O_2$ 陶瓷和 $(Al_{0.5}Nb_{0.5})_{0.3}Ti_{0.7}O_2$ 陶瓷在室温下的介电性能随频率的变化。所有的 LNTO 和 ANTO 陶瓷都具有巨介电常数，且 0T 下样品的介电常数和介电损耗最高，织构化样品的介电常数和介电损耗有所降低，在平行磁场方向的样品中，样品具有最低的介电损耗。观察到图 8.19 (a) 中 $(La_{0.5}Nb_{0.5})_{0.01}Ti_{0.99}O_2$ 陶瓷在 0T、6T-pe 和 6T-pa 三种条件下介电常数和介电损耗随着频率的增高而降低，在

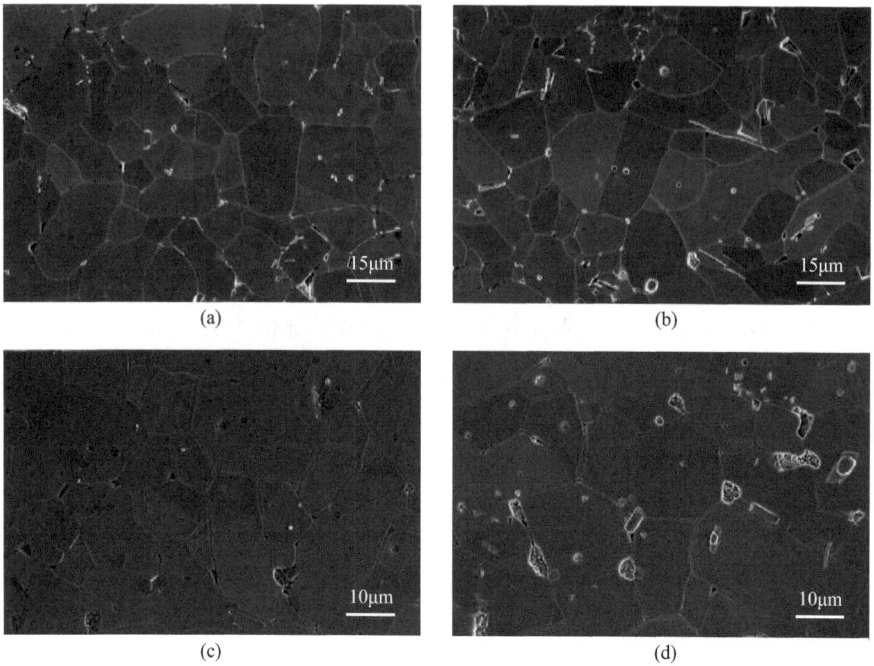

图 8.17 陶瓷样品的 SEM 图像

(a) 6T-pa$(La_{0.5}Nb_{0.5})_{0.01}Ti_{0.99}O_2$；(b) 6T-pe $(La_{0.5}Nb_{0.5})_{0.01}Ti_{0.99}O_2$；(c) 6T-pa$(Al_{0.5}Nb_{0.5})_{0.3}Ti_{0.7}O_2$；(d) 6T-pe $(Al_{0.5}Nb_{0.5})_{0.3}Ti_{0.7}O_2$

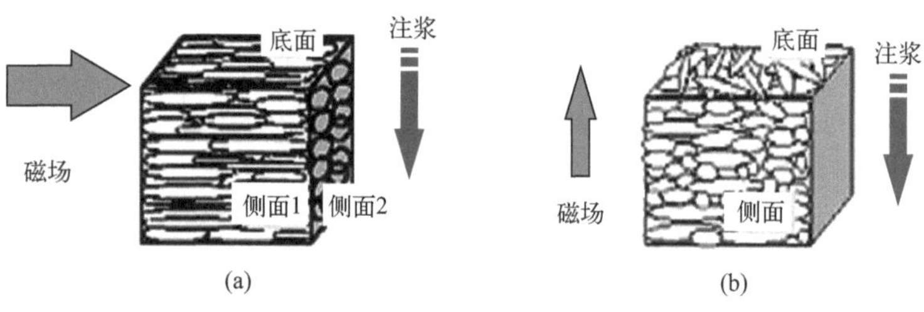

图 8.18 陶瓷样品晶粒排布示意图

(a) 12T 垂直重力方向磁场；(b) 6T 平行重力方向磁场

6T-pa 方向上 10^5 Hz 时介电常数 $\varepsilon_r \approx 2.0\times10^4$，介电损耗 $\tan\delta\approx0.021$，并且观察到在高频状态下 $(La_{0.5}Nb_{0.5})_{0.01}Ti_{0.99}O_2$ 陶瓷样品的介电常数没有明显的降低，具有较好的频率稳定性。图 8.19 (b) 所示 $(Al_{0.5}Nb_{0.5})_{0.3}Ti_{0.7}O_2$ 陶瓷中同样发现 0T 条件下样品的介电常数和介电损耗最高，平行磁场方向的样品介电常数和介电损耗最低。在 6T-pa 方向上 $(Al_{0.5}Nb_{0.5})_{0.3}Ti_{0.7}O_2$ 陶瓷样品在较宽的频率范围内介电损耗小于 0.1，在 10^5 Hz 时介电损耗约为 0.04。同时发现在高频状态下 $(Al_{0.5}Nb_{0.5})_{0.3}Ti_{0.7}O_2$ 陶瓷样品的介电常数有数量级的降低，频率稳定性较差。

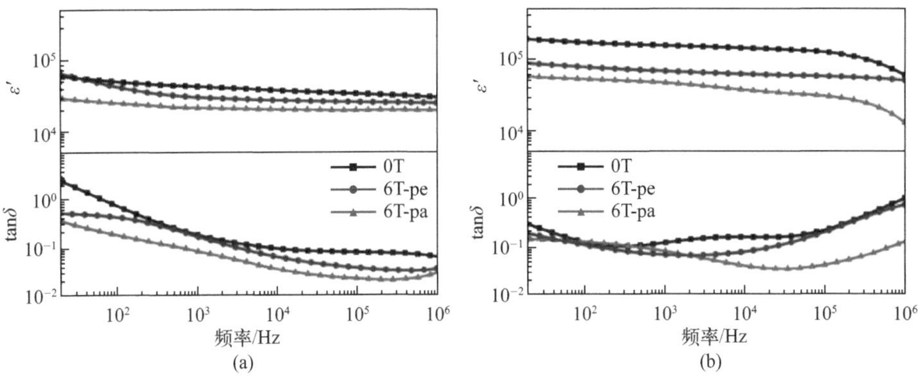

图 8.19　室温下的介电性能随频率变化

(a) 0T、6T-pe 和 6T-pa 的 $(La_{0.5}Nb_{0.5})_{0.01}Ti_{0.99}O_2$ 陶瓷；(b) 0T、6T-pe 和 6T-pa 的 $(Al_{0.5}Nb_{0.5})_{0.3}Ti_{0.7}O_2$ 陶瓷

图 8.20 (a) ～ (b) 分别为 0T、6T-pe 和 6T-pa 的 $(La_{0.5}Nb_{0.5})_{0.01}Ti_{0.99}O_2$ 陶瓷和 $(Al_{0.5}Nb_{0.5})_{0.3}Ti_{0.7}O_2$ 陶瓷在室温下的阻抗谱。图中的插图为高频数据的放大图。在阻抗图谱中，高频区域和低频区域的弧分别对应材料的晶粒和晶界。阻抗谱可以用等效电路模型来拟合，图中的曲线为拟合数据。根据等效电路计算了 $(La_{0.5}Nb_{0.5})_{0.01}Ti_{0.99}O_2$ 陶瓷和 $(Al_{0.5}Nb_{0.5})_{0.3}Ti_{0.7}O_2$ 陶瓷的晶粒电阻和

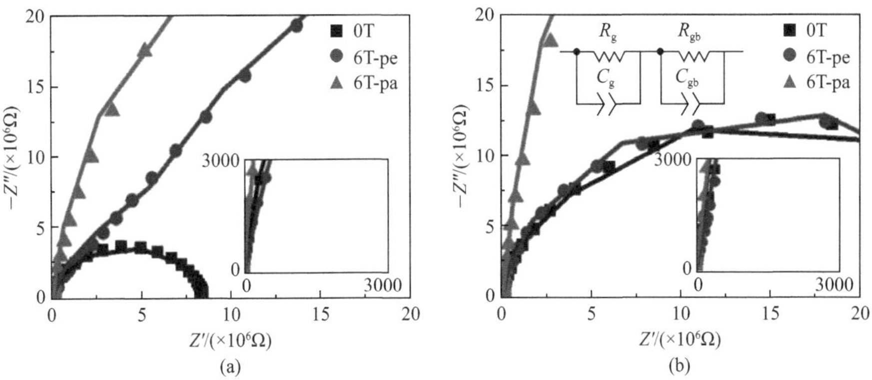

图 8.20　室温阻抗谱

(a) 0T、6T-pe、6T-pa 的 $(La_{0.5}Nb_{0.5})_{0.01}Ti_{0.99}O_2$ 陶瓷；(b) 0T、6T-pe、6T-pa 的 $(Al_{0.5}Nb_{0.5})_{0.3}Ti_{0.7}O_2$ 陶瓷

(插图中为高频数据，拟合数据为实线)

晶界电阻，具体的数值见表8.3。发现所有陶瓷均存在导电晶粒和绝缘晶界，这表明巨介电常数与内部阻挡层电容效应（IBLC）密切相关。与0T条件下相比，织构化$(La_{0.5}Nb_{0.5})_{0.01}Ti_{0.99}O_2$陶瓷和织构化$(Al_{0.5}Nb_{0.5})_{0.3}Ti_{0.7}O_2$陶瓷的晶粒电阻和晶界电阻增加。0T陶瓷的晶粒电阻和晶界电阻最低，6T-pa陶瓷的最高。织构化形成的独特微观结构增加了陶瓷的晶粒电阻和晶界电阻，从而降低了介电损耗。

表8.3 室温下$(La_{0.5}Nb_{0.5})_{0.01}Ti_{0.99}O_2$陶瓷和$(Al_{0.5}Nb_{0.5})_{0.3}Ti_{0.7}O_2$陶瓷在0T、6T-pe和6T-pa条件下的晶粒电阻和晶界电阻

样品	0T		6T-pe		6T-pa	
	R_g/(Ω·cm)	R_{gb}/(Ω·cm)	R_g/(Ω·cm)	R_{gb}/(Ω·cm)	R_g/(Ω·cm)	R_{gb}/(Ω·cm)
$(La_{0.5}Nb_{0.5})_{0.01}Ti_{0.99}O_2$	3.76×10^4	4.57×10^4	4.85×10^4	9.46×10^5	4.30×10^5	1.54×10^6
$(Al_{0.5}Nb_{0.5})_{0.3}Ti_{0.7}O_2$	1.08×10^4	2.80×10^5	1.74×10^4	2.91×10^5	1.29×10^5	6.19×10^6

高性能的电容器不但要满足介电常数、介电损耗、耐击穿电场强度等方面的要求，还要具备较高的偏压稳定性。对于高容量电容器来说，它的偏压特性非常明显，随着电压的升高，电容器的容量会不断下降。目前报道的（In^+、Nb^{5+}）共掺杂TiO_2陶瓷由于Maxwell-Wagner效应而导致其偏压稳定性较差，其原因是半导体晶粒与绝缘晶界的电阻存在较大差别，在外置偏压的作用下，电子会在晶界处变得活跃起来，而外加偏压还会使晶界绝缘层的厚度变薄，从而增强Maxwell-Wagner效应，使电子变得更为活跃，导致陶瓷偏压稳定性的下降。图8.21（a）～（d）分别为0T的$(La_{0.5}Nb_{0.5})_{0.01}Ti_{0.99}O_2$陶瓷、6T-pa的$(La_{0.5}Nb_{0.5})_{0.01}Ti_{0.99}O_2$陶瓷、0T的$(Al_{0.5}Nb_{0.5})_{0.3}Ti_{0.7}O_2$陶瓷和6T-pa的$(Al_{0.5}Nb_{0.5})_{0.3}Ti_{0.7}O_2$陶瓷在0～7V不同直流偏压场下介电性能随频率的变化。发现在外置偏压的作用下，0T条件下制备的$(La_{0.5}Nb_{0.5})_{0.01}Ti_{0.99}O_2$陶瓷和$(Al_{0.5}Nb_{0.5})_{0.3}Ti_{0.7}O_2$陶瓷的介电常数和介电损耗很不稳定，尤其是在较低的频率范围下。对比发现，无论是$(La_{0.5}Nb_{0.5})_{0.01}Ti_{0.99}O_2$陶瓷还是$(Al_{0.5}Nb_{0.5})_{0.3}Ti_{0.7}O_2$陶瓷，6T-pa条件下的样品偏压稳定性都优于0T条件下的样品。随着外加电压的增大，0T条件下陶瓷在低频处的介电常数急剧降低，介电损耗急剧增大，陶瓷的性能变差；6T-pa条件下介电常数与介电损耗相对稳定一些，说明织构化可以有效提高陶瓷的偏压稳定性。

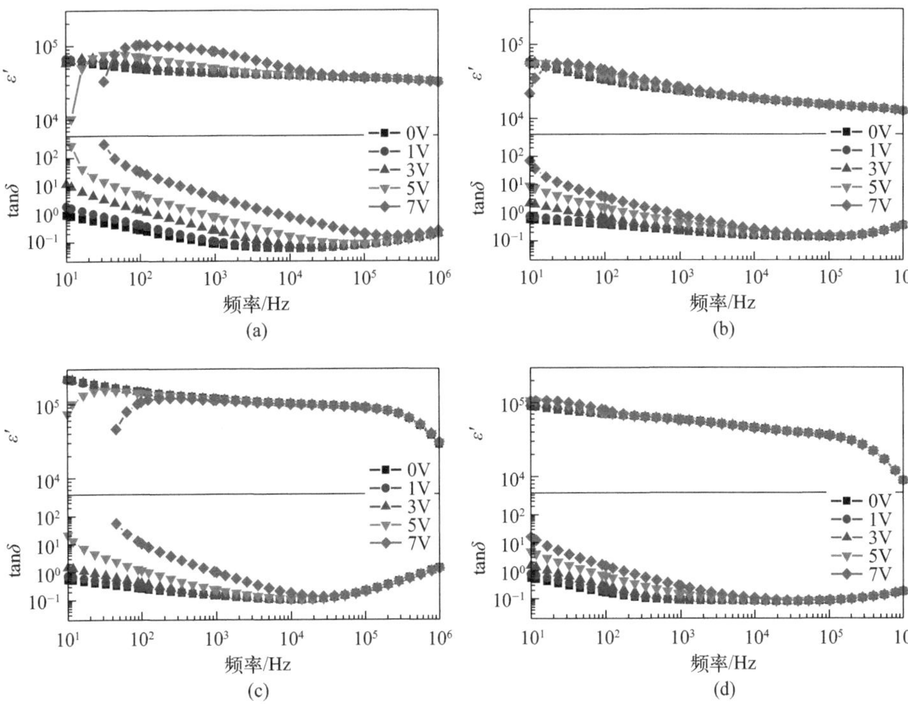

图 8.21　不同直流偏压场下介电性能随频率的变化

(a) 0T 的 $(La_{0.5}Nb_{0.5})_{0.01}Ti_{0.99}O_2$ 陶瓷；(b) 6T-pa 的 $(La_{0.5}Nb_{0.5})_{0.01}Ti_{0.99}O_2$ 陶瓷；(c) 0T 的 $(Al_{0.5}Nb_{0.5})_{0.3}Ti_{0.7}O_2$ 陶瓷；(d) 6T-pa 的 $(Al_{0.5}Nb_{0.5})_{0.3}Ti_{0.7}O_2$ 陶瓷

8.5　小结

通过强磁场定向法制备了一系列织构化 $(La_{0.5}Nb_{0.5})_xTi_{1-x}O_2$ 陶瓷和 $(Al_{0.5}Nb_{0.5})_xTi_{1-x}O_2$ 陶瓷，实现了陶瓷材料中的各向异性晶粒沿着一定方向有序排列并择优生长，在保持材料原有特点的同时提高特定方向的性能。通过多种表征手段，系统研究不同掺杂元素、掺杂量、磁场强度、磁场方向对陶瓷材料的相结构、微观形貌、介电性能、阻抗性能、偏压性能和元素价态的影响，并探究其中的介电弛豫过程和巨介电起源。发现织构化陶瓷具有独特的微观形貌和优异的介电性能。主要结论如下。

(1) 强磁场定向对 La^{3+} 与 Nb^{5+} 共掺杂 TiO_2 陶瓷巨介电性能的影响

采用 12T 强磁场定向法制备了 $(La_{0.5}Nb_{0.5})_xTi_{1-x}O_2$ ($x=0\%$、0.25%、0.5%、1%) 织构化陶瓷，磁场方向垂直于重力方向。发现织构化陶瓷的晶粒沿磁场方向排列，组分 x 由 0.25%升高到 1%，取向度从 0.49 增加到 0.88。$(La_{0.5}Nb_{0.5})_{0.01}Ti_{0.99}O_2$ 陶瓷沿平行磁场方向具有较高的相对介电常数（$\varepsilon_r \approx 1.6\times10^4$）和超低介电损耗（$\tan\delta \approx 0.0038$）。在 218～473K 温度范围内，温度系数 η 值≤±7.1%，满足 X9R 电容器的要求。织构化陶瓷的巨介电常数特性主要来源于三种介电弛豫，包括电子钉扎缺陷偶极极化、电子跃迁和内阻挡层电容效应。磁场增加了介电弛豫的活化能，增加了晶粒和晶界电阻，形成了各向异性和优良的介电性能。

（2）强磁场定向对 Al^{3+} 与 Nb^{5+} 共掺杂 TiO_2 陶瓷巨介电性能的影响

采用 12T 强磁场定向法制备了 $(Al_{0.5}Nb_{0.5})_xTi_{1-x}O_2$（$x=0\%$、10%、20%、30%）织构化陶瓷，磁场方向垂直于重力方向。所有组分陶瓷都具有较高的取向度，陶瓷的平均晶粒尺寸随掺杂量的增加而增大，$(Al_{0.5}Nb_{0.5})_{0.1}Ti_{0.9}O_2$ 具有较为明显的长条状微观形貌，陶瓷的晶粒沿着磁场方向定向排列生长。织构化陶瓷的介电性能明显优于随机排列的陶瓷。12T-pa 的 $(Al_{0.5}Nb_{0.5})_{0.1}Ti_{0.9}O_2$ 陶瓷室温下 10^3Hz 时具有较大的相对介电常数（$\varepsilon_r \approx 5.6\times10^4$），同时具有较低的介电损耗 $\tan\delta \approx 0.048$，在 30～300K 的温度范围内 10^3 Hz 时，最低介电损耗约为 0.01。其巨介电常数特性主要来源于界面极化，平行于磁场方向的陶瓷样品具有最大的晶粒和晶界电阻，在具有巨介电常数的同时，降低了介电损耗。

（3）不同的磁场方向和磁场强度对 TiO_2 基织构化陶瓷微观结构和介电性能的影响

采用 6T 强磁场定向法制备了 $(La_{0.5}Nb_{0.5})_{0.01}Ti_{0.99}O_2$ 和 $(Al_{0.5}Nb_{0.5})_{0.3}Ti_{0.7}O_2$ 织构化陶瓷，磁场方向平行于重力方向。在改变磁场方向和磁场强度后，发现晶粒对齐排布减弱，陶瓷的取向度降低。此时织构化陶瓷样品顶部 X 射线衍射图的特征峰与不加磁场只受本身重力影响时情况相似，说明磁能小于重力能。对于这种晶粒尺寸较大的棒状晶粒，当重力能量在分散体系中占主导地位时，施加垂直于重力方向的磁场效果较好。织构化陶瓷具有较低的介电损耗和较大的晶粒电阻，此外，织构化陶瓷的偏压稳定性也得到提高。

· 参考文献 ·

[1] 王俊波．多层陶瓷电容器的技术现状及未来发展趋势[J]．绝缘材料，2008,41(3)：30-35.

[2] 萨法·卡萨普．电子材料与器件原理-下册：应用篇[M]．汪宏，译．西安：西安交通大学出版社，2009.

[3] Homes C C, Vogt T, Shapiro S M, et al. Optical re-

sponse of high-dielectric-constant perovskite-related oxide[J]. Science, 2001, 293(5530): 673-676.

[4] Krohns S, Lunkenheimer P, Meissner S, et al. The route to resource-efficient novel materials[J]. Nature Materials, 2011, 10(12): 899-901.

[5] Wang Y, Jie W, Yang C, et al. Colossal permittivity materials as superior dielectrics for diverse applications[J]. Advanced Functional Materials, 2019, 29(27): 1808118.

[6] Hu W, Liu Y, Withers R L, et al. Electron-pinned defect-dipoles for high-performance colossal permittivity materials[J]. Nature Materials, 2013, 12(9): 821-826.

[7] Zhao C, Wu J. Effects of secondary phases on the high-performance colossal permittivity in titanium dioxide ceramics[J]. ACS Applied Materials & Interfaces, 2018, 10(4): 3680-3688.

[8] Liu J, Song Y, Wu W, et al. Giant permittivity in $(Nb_{0.5}La_{0.5})_xTi_{1-x}O_2$ ceramics prepared by slip casting in a strong magnetic field[J]. Journal of the American Ceramic Society, 2023, 106(10): 5922-5932.

[9] Song Y, Liu P, Wu W, et al. High-performance colossal permittivity for textured(Al + Nb) co-doped TiO_2 ceramics sintered in nitrogen atmosphere[J]. Journal of the European Ceramic Society, 2021, 41(7): 4146-4152.

[10] Sakka Y, Suzuki T S, Tanabe N. Alignment of titania whisker by colloidal filtration in a high magnetic field[J]. Japanese Journal of Applied Physics, 2002, 41(12A): L1416.